水利工程质量与安全监督探索

袁洁　李华春　朱立柱　著

吉林科学技术出版社

图书在版编目（ＣＩＰ）数据

水利工程质量与安全监督探索 / 袁洁，李华春，朱
立柱著. -- 长春：吉林科学技术出版社，2022.8
ISBN 978-7-5578-9386-6

Ⅰ. ①水… Ⅱ. ①袁… ②李… ③朱… Ⅲ. ①水利工
程－质量管理－研究②水利工程－质量监督－研究 Ⅳ.
①TV512

中国版本图书馆 CIP 数据核字(2022)第 113540 号

水利工程质量与安全监督探索

著	袁　洁　李华春　朱立柱	
出 版 人	宛　霞	
责任编辑	赵　沫	
封面设计	北京万瑞铭图文化传媒有限公司	
制　　版	北京万瑞铭图文化传媒有限公司	
幅面尺寸	185mm×260mm	
开　　本	16	
字　　数	330 千字	
印　　张	15.375	
印　　数	1-1500 册	
版　　次	2022年8月第1版	
印　　次	2022年8月第1次印刷	

出　　版	吉林科学技术出版社	
发　　行	吉林科学技术出版社	
地　　址	长春市南关区福祉大路5788号出版大厦A座	
邮　　编	130118	
发行部电话/传真	0431-81629529　81629530　81629531	
	81629532　81629533　81629534	
储运部电话	0431-86059116	
编辑部电话	0431-81629510	
印　　刷	廊坊市印艺阁数字科技有限公司	

书　　号	ISBN 978-7-5578-9386-6	
定　　价	58.00 元	

《水利工程质量与安全监督探索》
编审会

前言 PREFACE

　　水利工程无论是治理江河、兴建城市防洪、低洼地区除涝，还是蓄水灌溉、解决饮水、防治污染、开发水电，其质量好坏都关系到国计民生，关系到城乡人民生命财产的安全。工程质量与安全不仅关系到工程效益，而且直接影响到国民经济可持续健康快速发展，可以毫不夸张地说"质量责任重于泰山"。多年建设工程实践证明，明确水利工程参建各方责任、落实工程质量责任制、加强工程质量管理、提高建设各方质量控制和质量保证人员的整体素质，是保障国家财产及人民生命财产安全，增强企业信誉，提高经济效益的重要举措。

　　随着一系列水利工程规程、规范和规章制度的制定实施，进一步规范了水利基本建设程序，提高和保证了水利工程质量，以及整体建设的水平。作者在多年水利工程建设实践中深切地认识到一线质量检查员迫切需要一本能系统、先进、科学解决以上实际问题的工具书。因此尽管自己能力和水平有限，但还是凭着对水利建设事业的热爱，结合十多年质量管理和控制的经验，撰写了此书，希望能尽量满足从事质量检查和安全控制人员的实际工作需要。

　　本书力求做到通用性强、适用性广、内容完整、可操作性强，既有详实的技术数据，又有基本的工作方法或基本工作步骤。但水利施工复杂，涉及的技术种类繁多，质量管理和安全控制的方法也多种多样，由于作者水平有限，因此本书还存在着不少缺点和疏漏之处，热诚希望读者把在使用中发现的问题和意见反馈给作者，以便今后得以补充和修正。

目 录 CONTENTS

第一章　水利工程的基本认知 ·· 1
　　第一节　工程的定义与内涵 ·· 1
　　第二节　水利工程的含义与基本情况 ······················ 2
　　第三节　水利工程管理的概念、内容与目标 ············ 8
第二章　水利施工基本技术 ·· 12
　　第一节　土方施工 ··· 12
　　第二节　爆破工程施工 ··· 19
　　第三节　软基开挖与处理 ·· 30
　　第四节　岩基开挖与处理 ·· 33
　　第五节　岩基灌浆 ··· 36
　　第六节　砂砾石地基灌浆 ·· 43
第三章　水利工程施工组织管理 ··································· 48
　　第一节　水利工程施工项目管理 ······························ 48
　　第二节　水利工程建设项目管理模式 ······················ 58
　　第三节　水利工程建设程序与施工组织 ··················· 61
　　第四节　水利工程进度控制 ····································· 66
第四章　水利工程施工项目进度管理 ···························· 70
　　第一节　工程项目进度计划编制 ······························ 70
　　第二节　网络计划时间参数的计算 ·························· 75
　　第三节　网络计划优化 ··· 79
　　第四节　施工进度控制 ··· 83
第五章　水利工程施工排水 ··· 87
　　第一节　施工导流 ··· 87
　　第二节　施工现场排水 ··· 99
　　第三节　基坑排水 ··· 101
　　第四节　施工排水安全防护 ····································· 102
　　第五节　施工排水人员安全操作 ······························ 106
第六章　水利工程质量管理 ··· 108
　　第一节　水利工程质量管理的基本概念 ··················· 108

　第二节　质量体系建立与运行 ……………………………………………… 116
　第三节　工程质量统计与分析 ……………………………………………… 127
　第四节　工程质量评定与验收 ……………………………………………… 130
　第五节　工程质量事故的处理 ……………………………………………… 133

第七章　水利工程安全管理 …………………………………………………… 136
　第一节　水利工程安全管理的概述 ………………………………………… 136
　第二节　施工安全因素与安全管理体系 …………………………………… 140
　第三节　施工安全控制与安全应急预案 …………………………………… 148
　第四节　安全健康管理体系与安全事故处理 ……………………………… 161

第八章　水利工程施工用电安全 ……………………………………………… 167
　第一节　施工现场临时用电原则与管理 …………………………………… 167
　第二节　接地装置与防雷 …………………………………………………… 170
　第三节　供配电与基本保护系统 …………………………………………… 173
　第四节　配电线路、配电装置及用电设备 ………………………………… 176
　第五节　施工现场用电安全管理、危险因素防护及安全措施 …………… 179

第九章　水利工程环境安全保护 ……………………………………………… 191
　第一节　水利工程环境安全保护的概述 …………………………………… 191
　第二节　水利工程建设项目环境保护要求 ………………………………… 200
　第三节　水利工程建设项目水土保持管理 ………………………………… 206
　第四节　水利工程文明施工 ………………………………………………… 210

第十章　水利工程发展战略与工程验收 ……………………………………… 214
　第一节　水利工程发展战略的保障措施和政策 …………………………… 214
　第二节　水利工程验收监督管理 …………………………………………… 221

参考文献 ………………………………………………………………………… 236

第一章 水利工程的基本认知

第一节 工程的定义与内涵

一、工程的定义

（一）工程一词的起源

我国古代：《新唐书·魏知古传》：会造金仙、玉真观，虽盛夏，工程严促。此处指：土木构筑。

十八世纪，欧洲创造了"工程"一词，其本来含义是兵器制造、军事目的的各项劳作，并扩展到许多领域，如建筑屋宇、制造机器、架桥修路等。

（二）工程定义解释

工程是将自然科学原理应用到工农业生产部门中去而形成各学科的总称。

"工程"是科学的某种应用，通过这一应用，使自然界的物质和能源的特性能够通过各种结构、机器、产品、系统和过程，是以最短的时间和精而少的人力做出高效、可靠且对人类有用的东西。

随着人类文明的发展，人们可以建造出比单一产品更大、更复杂的产品，这些产品不再是结构或功能单一的东西，而是各种各样的所谓"人造系统"（比如建筑物、轮船、飞机等等），于是工程的概念就产生了，并且它逐渐发展为一门独立的学科和技艺。

在现代社会中，"工程"一词有广义和狭义之分。就狭义而言，工程定义为以某组设想的目标为依据，应用有关的科学知识和技术手段，通过一群人的有组织活动将某个（或某些）现有实体（自然的或人造的）转化为具有预期使用价值的人造产品过程。

如：水利工程、化学工程、土木建筑工程、遗传工程、系统工程、生物工程、海洋工程、环境微生物工程。就广义而言，工程则定义为由一群人为达到某种目的，在一个较长时间周期内进行协作活动的过程。如：城市改建工程、菜篮子工程、南水北调工程。

二、工程的内涵和外延

从工程的定义可知，工程的内涵包括两个方面：各种知识的应用和材料、人力等某种组合以达到一定功效的过程。因而，工程活动具有"狭义"和"广义"之分。狭义工程指将某个（或某些）现有实体（自然的或人造的）转化为具有预期使用价值的人造产品过程；就广义而言，工程则定义为由一群人为达到某种目的，在一个较长时间周期内进行协作活动的过程。工程学即指将自然科学的理论应用到具体工农业生产部门中形成的各学科的总称。根据工程特征，传统工程可分为四类：化学工程、土木工程（水利工程是其一个分支）、电气工程、机械工程；随着科学技术的发展和新领域的出现，产生了新的工程分支，如人类工程、地球系统工程等。实际建设工程是以上这些工程的综合。

第二节　水利工程的含义与基本情况

一、水利工程的含义

水利工程是用于控制和调配自然界的地表水和地下水，达到除害兴利目的而修建的工程，也称为水工程，包括防洪、排涝、灌溉、水力发电、引（供）水、滩涂治理、水土保持、水资源保护等各类工程。水是人类生产和生活必不可少的宝贵资源，但其自然存在的状态并不完全符合人类的需要。只有修建水利工程，才能控制水流，防止洪涝灾害，并进行水量的调节和分配，以满足人民生活和生产对水资源的需要。水利工程主要服务于防洪、排水、灌溉、发电、水运、水产、工业用水、生活用水和改善环境等方面。

二、我国水利工程的分类

水利工程的分类可以有两种方式：从投资和功能进行分类。

（一）按照工程功能或服务对象分类

1.防洪工程
防止洪水灾害的防洪工程；
2.农业生产水利工程
为农业、渔业服务的水利工程总称，具体包括以下几类：

农田水利工程：防止旱、涝、渍灾，为农业生产服务的农田水利工程（或称灌溉和排水工程）；

渔业水利工程：保护和增进渔业生产的渔业水利工程；

海涂围垦工程：围海造田，满足工农业生产或交通运输需要的海涂围垦工程等。

3. 水力发电工程

将水能转化为电能的水力发电工程；

4. 航道和港口工程

改善和创建航运条件的航道和港口工程；

5. 供（排）水工程

为工业和生活用水服务，并处理和排除污水和雨水的城镇供水和排水工程；

6. 环境水利工程

防止水土流失和水质污染，维护生态平衡的水土保持工程和环境水利工程。

一项水利工程同时为防洪、灌溉、发电、航运等多种目标服务的，称为综合利用水利工程。

（二）按照水利工程投资主体的不同性质分类

1. 中央政府投资的水利工程

这种投资也称国有工程项目。这样的水利工程一般都是跨地区、跨流域，建设周期长、投资数额巨大的水利工程，对社会和群众的影响范围广大而深远，在国民经济的投资中占有一定比重，其产生的社会效益和经济效益也非常明显。如黄河小浪底水利枢纽工程、长江三峡水利枢纽工程、南水北调工程等。

2. 地方政府投资兴建的水利工程

有一些水利工程属地方政府投资的，也属国有性质，仅限于小流域、小范围的中型水利工程，但其作用并不小，在当地发挥的作用相当大，不可忽视。也有一部分是国家投资兴建的，之后又交给地方管理的项目，这也属于地方管辖的水利工程。如陆浑水库、尖岗水库等。

3. 集体兴建的水利工程

这还是计划经济时期大集体兴建的项目，由于农村经济体制改革，又加上长年疏于管理，这些工程有的已经废弃，有的处于半废状态，只有一小部分还在发挥着作用。其实大大小小、星罗棋布的小型水利设施，仍在防洪抗旱方面发挥着不小的作用。例如以前修的引黄干渠，农闲季节开挖的排水小河、水沟等。

4. 个体兴建的水利工程

这是在改革开放之后，特别是在20世纪90年代之后才出现的。这种工程虽然不大，但一经出现便表现出很强的生命力，既有防洪、灌溉功能，又有恢复生态的功能，还有旅游观光的功能，工程项目管理得也好，这正是我们局部地区应当提倡和兴建的水利工程但是、政府在这方面要加强宏观调控，防止盲目重复上马。

三、我国水利工程的特征

水利工程原是土木工程的一个分支，但随着水利工程本身的发展，逐渐具有自己的特点，以及在国民经济中的地位日益重要，并已成为一门相对独立的技术学科，具有以下几大特征。

（一）规模大，工程复杂

水利工程一般规模大，工程复杂，工期较长。工作中涉及天文地理等自然知识的积累和实施，其中又涉及各种水的推力、渗透力等专业知识与各地区的人文风情和传统水利工程的建设时间很长，需要几年甚至更长的时间准备和筹划，人力物力的消耗也大。例如丹江口水利枢纽工程、三峡工程等。

（二）综合性强，影响大

水利工程的建设会给当地居民带来很多好处，消除自然灾害。可是由于兴建会导致人与动物的迁徙，有一定的生态破坏，同时也要与其他各项水利有机组合，符合国民经济的政策，为了使损失和影响面缩小，就需要在工程规划设计阶段系统性、综合性地进行分析研究，从全局出发，统筹兼顾，达到经济和社会环境的最佳组合。

（三）效益具有随机性

每年的水文状况或其他外部条件的改变会导致整体的经济效益的变化。农田水利工程还与气象条件的变化有密切联系。

（四）对生态环境有很大影响

水利工程不仅对所在地区的经济和社会产生影响，而且对江河、湖泊以及附近地区的自然面貌、生态环境、自然景观都将产生不同程度的影响。甚至会改变当地的气候和动物的生存环境这种影响有利有弊：

从正面影响来说，主要是有利于改善当地水文生态环境，修建水库可以将原来的陆地变为水体，增大水面面积，增加蒸发量，缓解局部地区在温度和湿度上的剧烈变化、在干旱和严寒地区尤为适用；可以调节流域局部小气候，主要表现在降雨、气温、风等方面由于水利工程会改变水文和径流状态，因此会影响水质、水温和泥沙条件、从而改变地下水补给，提高地下水位，影响土地利用。

从负面影响来说，由于工程对自然环境进行改造，势必会产生一定的负面影响。以水库为例，兴建水库会直接改变水循环和径流情况从国内外水库运行经验来看，蓄水后的消落区可能出现滞流缓流，从而形成岸边污染带；水库水位降落侵蚀，会导致水土流失严重，加剧地质灾害发生；周围生物链改变、物种变异，影响生态系统稳定。

任何事情都有利有弊，关键在于如何最大限度地削弱负面影响，随着技术的进步，水利工程的作用，不仅要满足日益增长的人民生活和工农业生产发展对水资源的需要，而且要更多地为保护和改善环境服务。

四、我国水利工程基本情况

经过几十年的投资建设，我国兴建了许多大大小小的水利工程，小到农村的蓄水库，大到三峡大坝、南水北调等大型水利工程，形成 47 万多个水利工程管理单位，并且形成的固定资产达到了数千亿元，集排涝、发电、灌溉、供水、防洪、养殖、旅游、水运等功能，为国民经济发展和居民生活改善发挥了基础性的决定作用，从工程具体功能来说，我国可分为九大水利工程，即水库、水电站、水闸、堤防、泵站、灌溉排水泄系、取水井、农村供水、塘坝与窖池：分析这些水利工程的数量、分布、规模等对水利工程管理政策和发展战略形成是非常必要的。

（一）水库

水库是指在河道、山谷或低洼地带修建挡水坝或堤堰形成的具有拦洪蓄水和调节水流功能的水利工程。作为水资源开发利用最为重要的水利工程，水库对地表水资源的调控作用是其他工程不可替代的大中型水库主要集中在大江大河上，对大江大河水资源的开发利用起着极为重要的调控作用，小型水库主要分布在中小河流上，数量众多，分布较广，对中小河流水资源开发利用起着重要作用。

（二）水电站

总体上我国水力资源的开发程度较高。水电站再开发的整体潜力不大，但部分河流仍具备开发大中型水电站的条件，如长江干流和雅砻江等。

长江区和珠江区的区域面积大、河流水系发达，降雨量多且经济发展水平高，其水电站的数量和规模占全国的比重较大；松花江区、辽河区和海河区虽经济相对发达，但降雨较少，区域地形平缓，所建设的水电站数量较少，且规模较小。

从省级行政区看，水电站主要分布在雨量丰沛、河流众多、落差较大、水力资源蕴藏量丰富、宜于水电站开发的广东、四川、福建、湖南和云南 5 省。

（三）水闸

水闸是指修建在河道和渠道上利用闸门控制流量和调节水位的低水头水工建筑物，起到防洪、蓄水和通航等作用。根据工程承担的任务，水闸分为节制闸、分（泄）洪闸、引（进）水闸、排（退）水闸、挡潮闸 5 类。从水资源空间分布看，引（进）水闸主要分布在长江区和淮河区，节制闸主要分布在长江区和淮河区，（退）水闸主要分布在长江区和珠江区，分（泄）洪闸主要分布在长江区和珠江区，挡潮闸主要分布在珠江区和东南诸河区。从水闸数量和规模看，小型引（进）水闸数量较多，引水能力较大，大中型引（进）水闸数量较少，引水能力较小。

（四）堤防

沿河、渠、湖、海岸或行洪区、分洪区、围垦区的边缘修筑的挡水建筑物统称为堤防：这是世界上最早广为采用的一种重要防洪工程。堤防工程的类型较多，可分为河（江）

堤、湖堤、海堤和围堤 4 种类型。

（五）泵站

从水资源一级区看，南方地区各种类型泵站数量均远高于北方地区。南方 4 区河流水系发达，降雨丰沛，水资源蕴藏量大，泵站数量较多，占全国的 61.2%，其中长江区泵站数量最多，占全国的 49.6%；北方 6 区泵站占全国的 38.8%，其中淮河区泵站数量最多，占全国的 19.5%。大型泵站主要分布在长江区、淮河区和珠江区，南方地区和北方地区的数量相差较小。从省级行政区看，泵站主要分布在江苏、湖北、安徽、湖南和四川 5 省，总数占全国的 54.1%。

（六）灌溉排水工程

1.灌溉面积数量及分布

灌溉面积最多的 8 个省（自治区），分别为新疆、山东、河南、河北、黑龙江、安徽、江苏、内蒙古。除了新疆，这些省份皆属粮食主产区，大部分地处河流冲积平原，灌溉水源条件好，灌排基础设施比较雄厚，灌溉历史悠久，同时辖区面积较大，其灌溉面积、耕地灌溉面积均较大。新疆灌溉面积达到 9000 多万亩，位列全国第一。

从水资源一级区分析，耕地面积分布不均衡，不同水源工程灌溉面积中，长江区的水库、塘坝、河湖引水闸、河湖泵站灌溉面积最大，且所占比例相近，约占 1/4；西北诸河区以河湖引水闸（坝、堰）灌溉面积为主，海河区、辽河区、松花江区以机电井灌溉面积为主；黄河区以机电井和河湖引水闸（坝、堰）灌溉面积为主；淮河区以机电井和河湖泵站灌溉面积为主；东南诸河区以水库和河湖引水闸（坝、堰）灌溉面积为主；珠江区以水库和河湖引水闸（坝、堰）灌溉面积为主；西南诸河和西北诸河区均以河湖引水闸（坝、堰）灌溉面积为主。

2.灌区数量与分布

灌区数量超过 10 万处的有河南、河北、内蒙古、安徽、山东、黑龙江等省（自治区），6 省（自治区）灌区数量之和占全国 50 亩及以上灌区总数的 64.45%。新疆、山东、河南等省区灌溉面积较大，共占全国 50 亩及以上灌区灌溉面积的 26%；上海、北京城镇化水平高，耕地面积少，故两市灌区灌溉面积都少。

3.灌区灌排渠系

灌区灌排渠系包括灌溉渠道及建筑物、灌排结合渠道及建筑物灌区、排水沟及建筑物三类。

灌溉渠道及建筑物。灌区灌溉渠道总长度较长的有新疆、湖南、江苏、湖北、甘肃等省（自治区），其中新疆最长，占全国灌溉渠道总长度的 16.5%。灌溉渠系建筑物数量较多的省（自治区）为新疆、甘肃、江苏、湖南、湖北，5 省（自治区）合计建筑物数量占全国灌溉渠系建筑物数量的 55.3%。

灌排结合渠道及建筑物。沿江、沿湖以及河网地区的一些渠道既承担引水灌溉的任务，又承担排水、排涝的功能，这种既灌溉又排水的渠系称为灌排结合渠道。

灌区排水沟及建筑物。灌区排水沟主要用于农田除涝、排渍、防盐，有时也起到蓄水和滞水作用。排水沟主要分布在江苏、湖南、湖北、山东、安徽等省，5省的排水沟长度占全国排水沟长度的65.6%。其中，江苏省排水沟长度最长，主要是由于省内河网密布、湖泊众多，平原洼地多，降雨过多或过于集中，容易形成涝渍，需及时排除地表水和地下水以控制地下水位。排水沟建筑物数量分布与排水沟长度分布一致，主要集中在江苏、湖北、湖南等。

（七）取水井工程

取水井分为机电井和人力井。机电井是指以电动机、柴油机等动力机械带动水泵抽取地下水的水井；人力井是指以人力或畜力提取地下水的水井，如手压井、车古辘井等。

从取水井的取水用途看，规模以上机电井以灌溉用途为主，规模以下机电井以生活和工业供水为主，人力井主要用于生活供水。从所取用的地下水类型看，浅层地下水取水井占地下水取水井总数的99.7%；深层承压水取水井占地下水取水井总数的0.3%，全部为规模以上机电井。

从水资源分区看，全国地下水取水井数量呈现北方多、南方少的特点，尤其是规模以上机电井，北多南少的特征更为明显。

从行政分区看，全国各省级行政区地下水取水井数量差异较大，规模以上机电井数量差异更为明显。

（八）农村供水工程

农村供水工程分集中式供水工程和分散式供水工程两大类。集中式供水工程指集中供水人口20人及以上，且有输配水管网的农村供水工程；分散式供水工程为除集中式供水工程以外、无配水管网、以单户或联户为单元的供水工程。

从省级行政区看，农村供水工程数量较多的省份为河南、四川、安徽和湖南4省。这主要是由于这4省的分散式供水工程的数量较大。农村供水工程数量较少的为上海、北京和天津市，3市的农村人口少，供水多被规模化的集中式供水所覆盖，分散式供水工程数量少。农村供水工程受益人口较多的为山东、河南、四川、广东、河北、江苏、安徽、湖南和广西9省（自治区），受益人口较少的为上海、西藏、青海和宁夏4省（自治区、直辖市）。

（九）塘坝与窖池

塘坝与窖池是为了解决农村缺水地区而修建的蓄水工程，塘坝工程是指在地面开挖修建或在洼地上形成的拦截和贮存当地地表径流，用于农业灌溉、农村供水的蓄水工程。窖池工程是指采取防渗措施拦蓄、收集天然来水，用于农业灌溉、农村供水的蓄水工程。

第三节　水利工程管理的概念、内容与目标

一、水利工程管理的概念

从专业角度看，水利工程管理分为狭义水利工程管理和广义水利工程管理狭义的水利工程管理是指对已建成的水利工程进行检查观测、养护修理和调度运用，保障工程正常运行并发挥设计效益的工作。广义的水利工程管理是指除以上技术管理工作外，还包括水利工程行政管理、经济管理和法治管理等方面，例如水利事权的划分。显然，我们更关注广义水利工程管理，即在深入区别各种水利工程的性质和具体作用的基础上，尽最大可能趋利避害，充分发挥水利工程的社会效益、经济效益和生态效益，加强对水利工程的引导和管理只有通过科学管理，才能发挥水利工程最佳的综合效益；保护和合理运用已建成的水利工程设施，调节水资源，为社会经济发展和人民生活服务。

二、工程技术视角下我国水利工程管理的主要内容

从利用和保障水利工程的功能出发，我国水利工程管理工作的主要内容包括：水利工程的使用，水利工程的养护工作，水利工程的检测工作，水利工程的防汛抢险工作，水利工程扩建和改建工作。

（一）水利工程的使用

水利工程与河川径流有着密切的关系，其变化同河川径流一样是随机的，具有多变性和复杂性，但径流在一定范围内有一定的变化规律，要根据其变化规律，对工程进行合理运用，确保工程的安全和发挥最大效益工程的合理运用主要是制定合理的工程防汛调度计划和工程管理运行方案等。

（二）水利工程的养护工作

由于各种主观原因和客观条件的限制，水利工程建筑物在规划、设计和施工过程中难免会存在薄弱环节，使其在运用过程中，出现这样或那样的缺陷和问题：特别是水利工程长期处在水下工作，自然条件的变化和管理运用不当，将会使工程发生意外的变化。所以，要对工程进行长期的监护，发现问题及时维修，消除隐患，保持工程的完好状态和安全运行，以发挥其应有的作用。

（三）水利工程的检测工作

水利工程的检测工作也是水利工程的重要工作内容。要做到定期对水利工程进行

检查，在检查中发现问题，要及时进行分析，找出问题的根源，尽快进行整改，以此来提高工程的运用条件，从而不断提高科学技术管理水平。

（四）水利工程的防汛抢险工作

防汛抢险是水利工程的一项重点工作。特别是对于那些大中型的病险工程，要注意日常的维护，以避免危情的发生。同时，防汛抢险工作要立足于大洪水，提前做好防护工作，确保水利工程的安全。

（五）水利工程扩建和改建工作

对于原有水工建筑物不能满足新技术、新设备、新的管理水平的要求时，在运用过程中发现建筑物有重大缺陷需要消除时，应对原有建筑物进行改建和扩建，从而提高工程的基础能力，满足工程的运行管理的发展和需求。

基于我国水利工程的特点及分类，我国水利工程管理也成立了相应的机构、制定了相应的管理规则。从流域来说，成立了七大流域管理局，负责相应流域水行政管理职责，包括长江水利委员会、黄河水利委员会、淮河水利委员会、海河水利委员会、松辽水利委员会、珠江水利委员会、太湖流域管理局。对于特大型水利工程成立专门管理机构，如三峡工程建设委员会、小浪底水利枢纽管理中心、南水北调办公室等，以及针对各种水利设施的管理，如农村农田水利灌溉管理、水库大坝安全管理等。

三、科学管理视角下我国水利工程管理的主要内容

从科学管理的视角出发，我国水利工程管理的主要内容是指水利事权的划分。水利事权即处理水利事务的职权和责任。我国水旱灾害频发，兴水利、除水害，历来是安邦治国的重大任务。合理划分各级政府的水利事权是我国全面深化水利改革的重要内容和有效制度保障历史上水利工程事权、财权划分格局主要表现为两个特征：一是政府组织建设与管理关系国计民生的重要公益性水利工程，例如防洪工程；二是政府与受益群众分担投入具有服务性质的一些工程，例如农田水利工程。新中国成立后，由于水利部门职能的转变，水利事权也在不断发生着变化，大致分为以下四个阶段：

第一阶段（1949年~1996年），中央、地方分级负责，中央主要负责兴建重大水利工程以治理大江大河，其他水利工程建设与管理主要以地方与群众集体的力量为主，国家支援为辅。

第二阶段(1997年~2002年),水利工程项目按事权被划分为中央项目和地方项目;按效益被区分为甲类（以社会效益为主）和乙类（以经济效益为主），或者说公益性项目与经营性项目。国家主要负责跨省（自治区、直辖市）、对国民经济全局有重大影响的项目，局部受益的地方项目由地方负责。具体的，中央项目的投资由中央和受益省（自治区、直辖市）按受益程度、受益范围、经济实力共同分担，其中重点水土流失区的治理主要由地方负责，中央适当给予补助。

第三阶段（2002年~2011年），水利基本建设项目被区分为公益性、准公益性

和经营性三类；中央项目在第二阶段的基础上扩大到对国民经济全局、社会稳定和生态与环境有重大影响的项目，或中央认为负有直接建设责任的项目，从而解决了准公益性项目的管理问题。

第四阶段（2011年至今），水利事权划分进入全面深化改革阶段。中央事权被进一步明确为国家水安全战略和重大水利规划、政策、标准制订，跨流域、跨国界河流湖泊以及事关流域全局的水利建设、水资源管理、河湖管理等涉水活动管理；地方事权具体为区域水利建设项目、水利社会管理和公共服务以及由地方管理更方便有效的水利事项。中央和地方共同事权被确定为跨区域重大水利项目建设维护等；同时，企业和社会组织的事权也得以明确，即对适合市场、社会组织承担的水利公共服务，要引入竞争机制，通过合同、委托等方式交给市场和社会组织承担。

四、我国水利工程管理的目标

水利工程管理的目标是确保项目质量安全，延长工程使用寿命，保证设施正常运转，做好工程使用全程维护，充分发挥工程和水资源的综合效益，逐步实现工程管理科学化、规范化，为国民经济建设提供更好的服务。

（一）确保项目的质量安全

因水利工程涉及防洪、抗旱、治涝、发电、调水、农业灌溉、居民用水、水产经济、水运、工业用水、环境保护等重要内容，一旦出现工程质量问题，所有与水利相关的生活生产活动都将受到阻碍，沿区上游和下游都将受到威胁。因此工程的质量安全不仅关系着一方经济的发展，更承担着人民身体健康与安全。

（二）延长工程的使用寿命

由于水利工程消耗资金较多，施工规模较大，影响范围较广，所以一项工程的运转就是百年大计。因此水利工程管理要贯穿项目的始末，从图纸设计到施工内容、竣工验收、工程使用等各个方面在科学合理的范围内对如何延长使用寿命进行管理，以减少资源的浪费，充分发挥最大效益。

（三）保证设施的正常运转

水利工程管理具有综合性、系统性特征，因此水利工程项目的正常运转需要各个环节的控制、调节与搭配，正确操作器械和设备，协调多样功能的发挥，提高工作效率、加强经营管理，提高经济效益，减少事故发生，确保各项事业不受影响。

（四）做好工程使用的全程维护

对于综合性的大型项目或大型组合式机械设备来说，都需要定期进行保养与维护——由于设备某一部分或单一零件出现问题，都会对工程的使用和寿命造成影响，因此水利工程管理工作还要对出现的问题在使用的整个过程中进行维护，更新零部件，及时发现隐患，促进工程的正常使用。

（五）最大限度发挥水利工程的综合效益

除了从工程方面保障水利工程的正常运行和安全外，水利工程管理还应当通过不断深化改革，最大限度地发挥水利工程的综合效益。我国必须坚持社会主义市场经济改革方向，充分考虑水利公益性、基础性、战略性特点，构建有利于增强水利保障能力、提升水利社会管理水平、加快水生态文明建设的科学完善的水利制度体系。

第二章 水利施工基本技术

第一节 土方施工

一、土的分级和特性

对土方工程施工影响较大的因素有土的工程分级与特性。

（一）土的工程分级

土方施工的工程分级，按十六级分类法，Ⅰ~Ⅳ级称为土，Ⅴ~ⅩⅥ为岩石。土又按外形特征、开挖方法、自然密度不同，分成Ⅰ级、Ⅱ级、Ⅲ级和Ⅳ级土；岩石按强度系数不同，分为松软岩石、中等硬度岩石、坚硬岩石，强度越大，级别越高。土的级别不同，采用的施工方法便不同，施工成本也不同。

（二）土的工程特性

土的工程特性指标有土的表观密度、含水量、可松性、自然倾斜角等。土的工程特性对土方施工和组织具有重要影响，是选择施工方法、施工机具，确定施工劳动定额，分配施工任务，计量与计价要考虑的重要因素。

1. 表观密度

土壤表观密度，就是单位体积土壤的质量。土壤保持其天然组织、结构和含水量时的表观密度称为自然表观密度。单位体积湿土的质量称为湿表观密度。单位体积干土的质量称为干表观密度。它是体现黏性土密实程度的指标，常用来控制压实的质量。

2. 含水量

含水量表示土壤空隙中含水的程度，常用土壤中水的质量与干土质量的百分比表示。含水量的大小直接影响黏性土压实质量。

3.可松性

可松性是自然状态下的土经开挖后因变松散而使体积增大的特性。

4.自然倾斜角

自然堆积土壤的表面与水平面间所形成的角度,称为土自然倾斜角。挖方与填方边坡的大小,与土壤的自然倾斜角有关。确定土体开挖边坡和填土边坡应慎重考虑,重要的土方开挖应通过专门的设计和计算确定稳定边坡。

5.土粒与分类

根据土的颗粒级配,土可分为碎石类土、砂土和黏性土。按土的沉积年代,黏性土又可分为老黏性土、一般黏性土和新近沉积黏性土。按照土的颗粒大小分类,土粒又可分为块石、碎石、砂粒等。

6.土的松实关系

当自然状态的土挖后变松,再经过人工或机械碾压、振动,土可被压实,例如,在填筑拦河坝时,从土区取1 m3的自然方,经过挖松运至坝体进行碾压后的实体方,就小于原1 m3的自然方,这种性质叫土的可压缩性。

在土方工程施工中,经常有三种土方的名称,即自然方、松方、实体方,它们之间有着密切的关系。

7.土的体积关系

土体在自然状态下是由土粒、水和气体三相组成的。当自然土体松动后,气体体积(即孔隙)增大,当土粒数量不变,原自然土体积 V 自 < 松动后的土体积 V 松;当经过碾压或振动后,气体被排出,则压实后的土体 V 实 < V 自。三者之间的关系为:V 实 < V 自 < V 松。

对于砾、卵石和爆破后的块碎石,由于它们的块度大或颗粒粗,可塑性远小于黏土,因而它们的压实方大于自然方。

二、土方开挖

土方开挖常用的方法有人工法和机械法,一般采用机械施工。用于土方开挖的机械有单斗式挖掘机、多斗式挖掘机、铲运机械及水力开挖机械。

(一) 单斗式挖掘机

单斗式挖掘机是仅有一个铲斗的挖掘机械,它由行走装置、动力装置和工作装置三部分组成。行走装置分为履带式、轮胎式和步行式三类。履带式是最常用的一种,它对地面的单位压力小,可在各种地面上行驶,但转移速度慢。动力装置分为电驱动式和内燃机驱动式两种。工作装置由铲土斗、斗柄、推压和提升装置组成。铲土斗按铲土方向和铲土原理分为正向铲、反向铲、拉铲和抓铲四种类型,用钢索或液压操纵。钢索操纵用于大型正向铲,液压操纵用于正铲和反铲较多。

1.正向铲挖掘机

正向铲挖掘机由推压和提升完成挖掘,开挖断面呈弧形,最适于挖停机面以上的土方，也能挖停机面以下的浅层土方。由于稳定性好，铲土能力大，可以挖各种土料及软岩进行装车。它的特点是循环式开挖，由挖掘、回转、卸土、返回构成一个工作循环，其生产率的大小取决于铲斗大小和循环时间长短。正铲的斗容从 0.5 m3 至几十立方米，工程中常用的为 1 ~ 4 m3。基坑土方开挖常采用正面开挖，土料场及渠道土方开挖常用侧面开挖，还要考虑与运输工具配合问题。

2. 反向铲挖掘机

反向铲挖掘机能用来开挖停机面以下的土料，挖土时由远而近，就地卸土或装车，适用于中小型沟渠、清基、清淤等工作。由于稳定性及铲土能力均比正铲差，只用来挖Ⅰ、Ⅱ级土，硬土要先进行预松。反铲的斗容有 0.5 m3、1.0 m3、1.6 m3 几种，目前最大斗容已超过 3 m3。沟槽开挖中，在沟端站立倒退开挖；当沟槽较宽时，采用沟侧站立，侧向开挖。

3. 拉铲挖掘机

拉铲挖掘机的铲斗用钢索控制，利用臂杆回转将铲斗抛至较远距离，回拉牵引索，靠铲斗自重下切铲土装满铲斗，然后回转装车或卸土。其挖掘半径、卸土半径、卸土高度较大，最适用于水下土砂及含水量大的土方开挖，在大型渠道、基坑及水下砂卵石开挖中应用广泛。开挖方式有沟端开挖和沟侧开挖两种，当开挖宽度和卸土半径较小时，用沟端开挖；开挖宽度大，卸土距离远时，用沟侧开挖。

4. 抓铲挖掘机

抓铲挖掘机靠铲斗自由下落中斗瓣分开切入土中，抓取土料合瓣后提升，回转卸土。它适用于挖掘窄深型基坑或沉井中的水下淤泥开挖，也可用于散粒材料装卸，在桥墩等柱坑开挖中应用较多。

5. 单斗挖掘机生产率

挖掘机是土方机械化施工的主导机械，为提高生产率，应采取如下措施：加长斗齿，减小切土阻力；合并一个工作循环各个工作过程，小角度装车或卸土，采用大铲斗；合理布置工作面和运输道路；加强机械保养和维修，维持机械良好性能状态等措施。

（二）多斗挖掘机

多斗挖掘机是有多个铲土斗的挖掘机械，它能够连续地挖土，是一种连续工作的挖掘机械；按其工作方式不同，分为链斗式和斗轮式两种。

1. 链斗式

链斗式挖掘机最常用的形式是采砂船。它是一种构造简单，生产率高，适用于规模较大的工程，可以挖河滩及水下砂砾料的多斗式挖掘机械。

2. 斗轮式

斗轮式挖掘机的斗轮装在斗轮臂上，在斗轮上装有 7 ~ 8 个铲土斗。当斗轮转动时，下行至拐弯时挖土，上行运土至最高点时，土料靠自重和旋转惯性卸入受料皮带上，转送到运输工具或料堆上。其主要特点是斗轮转速较快，作业连续，斗臂倾角可以改变并做 360° 回转，生产率高，开挖范围大。

（三）铲运机械

铲运机械可同时完成开挖、运输和卸土任务，常用的这种具有双重功能的机械有推土机、铲运机、装载机等。

1. 推土机

推土机是一种在履带式拖拉机上安装推土板等工作装置而成的一种铲运机械，是水利水电工程建设中最常用、最基本的机械，可用来完成场地平整、基坑与渠道开挖、推平填方、堆积土料、回填沟槽、清理场地等作业，还可以牵引振动碾、松土器、拖车等机械作业。它在推运作业中，距离不能超过 60～100 m，挖深不宜大于 1.5～2.0m，填高小于 2～3 m。推土机按安装方式分为固定式和万能式；按操纵方式分为钢索和液压操纵；按行驶分为履带式和轮胎式。

2. 铲运机

铲运机是一种能连续完成铲土、运土、卸土、铺土、平土等工序的综合性土方工程机械，能开挖黏土、砂砾石等。其生产率高，运转费用低，适用于开挖大型基坑、渠道、路基开挖，以及大面积场地的平整、土料开采、填筑堤坝等。

铲运机按牵引方式分为自行式和拖式；按操纵方式分为钢索和液压操纵；按卸土方式分为自由卸土、强制卸土、半强制卸土；按行走装置分履带式和轮胎式。

3. 装载机

装载机是一种挖土、装土和运土连续作业的机械设备，分轮胎式和履带式两种。轮胎式装载机行走灵活，运转快，效率高，适合于松土、轻质土、基坑清淤以及无地下水影响的河渠开挖。挖出的土方可直接卸土、装车或外运，其运距以不超过 150 m 为宜。还适用于砂料的采挖及零星材料的挖装及短距离的运输，斗容有 0.5m3、1.0m3、1.5m3、2.0 m3 等。履带式装载机用于恶劣作业条件下作业。

（四）水力开挖机械

水力开挖机械包括水枪和吸泥船。

1. 水枪开挖

水枪开挖是利用水枪喷嘴射出的高速水流切割土体形成泥浆，然后输送到指定地点的开挖方法。水枪可在平面上回转 360°，在立面上仰俯 50°～60°，射程 20～30 m，切割分解形成泥浆后，沿输泥沟自流或由吸泥泵经管道输送至填筑地点。利用水枪开挖土料场、基坑，节约劳力和大型挖运机械，经济效益明显。水枪开挖适于砂土、亚黏土和淤泥，可用于水力冲填筑坝。对于硬土，可先进行预松，提高水枪挖土的工效。

2. 吸泥船开挖

即利用挖泥船下的绞刀将水下土方绞成泥浆，由泥浆泵吸起经浮动输泥管运至岸上或运泥船。

三、土料运输

在土方施工中，土方运输的费用往往占土方工程总费用的 60% ~ 90%，因此，确定合理的运输方案，进行合理的运输布置，对于降低土方工程造价具有重要意义。土方运输的特点是：运输线路多是临时性的，变化比较大，几乎全是单向运输，运输距离比较短，运输量和运输强度较大。

（一）无轨运输

1.汽车运输

汽车运输具有操纵灵活、机动性大、适应各种复杂地形的优点，但燃料较贵，运输费用较高，维修的要求也高。土方运输一般采用自卸汽车。随着土木工程的飞速发展，工程规模越来越大，大型自卸汽车采用越来越多，其载重量为 18 ~ 25 t，最大为 100 ~ 110 t。

2.拖拉机运输

拖拉机运输是以拖拉机牵引拖车进行运输。拖拉机分履带式和轮胎式两种。履带式牵引力大，对道路要求低，对地面压强小，但行驶速度慢，适用于运距短、道路不良而汽车运行困难的情况。轮胎式拖拉机对于道路的要求与汽车相同，行驶速度较大，适用于运距较大的情况。

3.手推车运输

手推车是一种人力胶轮车，容积小（0.1 ~ 0.2 m3），使用轻便灵活，其运距以不超过 1 km 为宜。

（二）有轨运输

工程施工所用的有轨运输均为窄轨铁路，其轨距有 1 000 mm、762 mm、610 mm 几种。轨距 1 000 mm 和 762 mm 窄轨铁路的钢轨质量为 11 ~ 18 kg/m，其上可行驶 3 m3、6 m3、15 m3 可倾翻的车厢，用机车牵引。轨距 610 mm 的钢轨质量为 8 kg/m，其上可行驶 0.6 ~ 1.5 m3 可倾翻的铁斗车。

（三）带式运输机

带式运输机是一种连续式运输设备，生产率高，机身结构简单、轻便，造价低廉；可做水平运输，也可做斜坡运输，而且可以转任何方向；在运输中途任何地点都可卸料；适用于通过地形复杂、坡度较大和跨越沟壑的情况，特别适用于运输大量的粒状材料。带式运输机是由胶带（通常称皮带）、两端的鼓筒、承托带条的辊、拉紧装置、机架和喂料设备、卸料设备等部分组成。带式运输机按照能否移动，分为固定式和移动式两种。

（四）索道运输

索道运输是一种架空式运输。在地形崎岖复杂的地区，用支塔架立起空中索道，运料斗沿索道运送土料、砂石料、碎石等。特别是由高处向低处运送材料时，利用索道的自重下滑，不需要动力，更为经济。当用索道由低处向高处或水平运土时，则需由动力设备通过牵引索拖动。

四、土料压实

（一）土料压实基本理论

土是松散颗粒的集合体，其自身的稳定性主要取决于土料内摩擦力和粘结力。而土料的内摩擦力、凝聚力和抗渗性都与土的密实性有关，密实性越大，物理力学性能越好。例如，干表观密度为 1.4 t/m3 的砂壤土，压实后若提高到 1.7 t/m3，其抗压强度可提高 4 倍，渗透系数将降至原来的 1/200。由于土料压实，可使坝坡加陡，减少工程量，加快施工进度。

土料压实效果与土料的性质、颗粒组成与级配、含水量以及压实功能有关。黏性土与非黏性土的压实有显著的差别。一般黏性土的粘结力较大，摩擦力较小，具有较大的压缩性，但由于它的透水性小，排水困难，压缩过程慢，所以很难达到固结压实。而非黏性土料正好相反，它的粘结力小，摩擦力大，具有较小的压缩性，但由于它的透水性大，排水容易，压缩过程快，能很快达到密实。

（二）土料压实方法与机械

压实方法按其作用原理分为碾压、夯击和振动三类。

碾压和夯击适用于各类土，振动法仅适用于砂性土。根据压实原理可制成各种机械，常用的有平碾、肋形碾、羊脚碾、气胎碾、振动碾、蛙夯等。

1. 羊脚碾

羊脚碾的滚筒表面设有交错排列的柱体，形若羊脚。碾压时，羊脚插入土料内部，使羊脚底部土料受到正压力，羊脚四周侧面土料受到挤压力，碾筒转动时，土料受到羊脚的揉搓力，从而使土料层均匀受压，压实层厚，层间结合好，压实度高，压实质量好，但仅适于黏土。用于非黏性土压实时，由于土颗粒产生竖向及侧向移动，效果不好。

2. 气胎碾

气胎碾是利用充气轮胎作为碾子，由拖拉机牵引的一种碾压机械。这种碾子是一种柔性碾，碾压时碾和土料共同变形。胎面与土层表面的接触压力与碾重关系不大。增加碾重（可达几十吨至上百吨）可以增加与土层的接触面积，从而增大压实影响深度，提高生产率。它既适用于黏性土的压实，也可以压实砂土、砂砾石、黏土与非黏性土的结合带等。其与羊脚碾联合作业效果更佳，如用气胎碾压实，用羊脚碾收面，有利于层间结合；用羊脚碾碾压，用气胎碾收面，有利于防雨。

3. 振动碾

振动碾是一种具有静压和振动双重功能的复合型压实机械。常见的类型是振动平碾，也有振动变形（表面设凸块、肋形、羊脚等）碾。它是由起振柴油机带动碾滚内的偏心轴旋转，通过连接碾面的隔板，将振动力传至碾滚表面，然后以压力波的形式传到土体内部。非黏性土的颗粒比较粗，在这种小振幅、高频率的振动力的作用下，摩擦力大大降低，由于颗粒不均匀，惯性力大小不同而产生相对位移，细粒滑入粗粒孔隙而使空隙体积减小，从而使土料达到密实。

4.夯实机械

夯实机械利用冲击能来击实土料，分强夯机、挖掘机夯板等，既可用于夯实砂砾料，也可以用于夯实黏性土，适于在碾压机械难于施工的部位压实土料。

（1）强夯机

是一种发展很快的强力夯实械机。它由高架起重机和铸铁块或钢筋混凝土块做成的夯碇组成。夯铊的重量一般为 10 ~ 40 t，由起重机提升 10 ~ 40 m 高后自由下落冲击土层，影响深度达 4 ~ 5 m，压实效果好，生产率高，用于杂土填方、软基及水下地层。

（2）挖掘机夯板

是一种用起重机械或正铲挖掘机改装而成的夯实机械。夯板一般做成圆形或方形，面积约 1 m2，重量为 1 ~ 2 t，提升高度为 3 ~ 4 m。主要优点是压实功能大，生产率高，有利于雨期、冬期施工。当石块直径大于 50 cm 时，工效大大降低，压实黏土料时，表层容易发生剪力破坏，目前看有逐渐被振动碾取代之势。

（3）蛙夯

蛙夯由电动机带动偏心块旋转，在离心力作用下带动夯头上下跳动而夯击土层。夯击作业时，各夯之间要套压，一般适用于施工场地狭窄、碾压机械难以施工的部位。

（三）压实机械的选择

选择压实机械主要考虑以下原则：

1.适应筑坝材料的特性。黏性土优先采用气胎碾、羊脚碾；砾质土宜用气胎碾、夯板；堆石与含有特大粒径的砂卵石宜用振动碾。

2.应与土料含水量、原状土的结构状态和设计压实标准相适应。对含水量高于最优含水量 1% ~ 2% 的土料，宜用气胎碾压实；当重黏土的含水量低于最优含水量，原状土天然密度高并接近设计标准时，宜用重型羊脚碾、夯板；当含水量很高且要求压实标准较低时，黏性土也可选用轻型的肋形碾、平碾。

3.应与施工强度大小、工作面宽窄和施工季节相适应。气胎碾、振动碾适用于生产要求强度高和抢时间的雨期作业；夯击机械宜用于坝体与岸坡或刚性建筑物的接触带、边角和沟槽等狭窄地带。冬期作业选择大功率、高效能的机械。

4.应与施工单位现有机械设备情况和常用某种设备的经验相适应。

第二节 爆破工程施工

一、爆破理论

（一）无限介质中的爆破

当具有一定质量的球形药包在无限均质介质内部爆炸时，在爆炸力作用下，距离药包中心不同区域的介质，由于受到的作用力有所不同，因而产生不同程度的破坏或振动现象。整个被影响的范围叫爆破作用圈，这种现象随着与药包中心间的距离增大而逐渐消失，按对介质作用不同，可分为四个作用圈，如图 2-1 所示。

1. 压缩圈

图 2-1 中 R_1 表示压缩圈半径，在这个作用圈范围内，介质直接承受了药包爆炸而产生的极其巨大的作用力，因而如果介质是可塑性的土壤，便会受到压缩形成孔腔；如果是坚硬的脆性岩石，便会被粉碎。因此，把 R_1 这个球形地带称为压缩圈或破碎圈。

2. 抛掷圈

围绕在压缩圈范围以外至 R_2 的地带，其受到的爆破作用力虽较压缩圈内的小，但介质原有的结构受到破坏，分裂成为各种尺寸和形状的碎块，而且爆破作用力尚有余力，足以使这些碎块获得运动速度。如果这个地带的某一部分处在临空的自由面条件下，破坏了的介质碎块便会产生抛掷现象，因而叫作抛掷圈。

3. 松动圈

又称破坏圈。在抛掷圈以外至 R_3 的地带，爆破的作用力更弱，除了能使

介质结构受到不同程度的破坏外，没有余力可以使破坏了的碎块产生抛掷运动，因而叫作破坏圈。工程上为了实用起见，一般还把这个地带被破碎成为独立碎块的一部分叫作松动圈，而把只是形成裂缝、互相间仍然连成整块的一部分叫作裂缝圈或破裂圈。

4. 振动圈

在破坏圈范围之外，微弱的爆破作用力甚至不能使介质产生破坏。这时介质只能在应力波的传播下，发生振动现象，这就是图 2-1 中 R_4 所包括的地带，通常叫作振动圈。振动圈以外，爆破作用的能量就完全消失了。

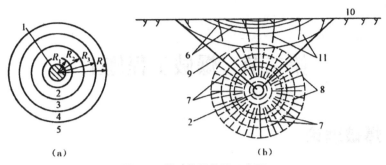

图 2-1　爆破作用范围示意图

1—药包；2—压缩圈；3—抛掷圈；4—松动圈；5—振动圈；6—弧向裂缝
7—径向裂缝；8—环向裂缝；9—爆破漏斗；10—临空面；11—临空面裂缝

（二）有限介质中的爆破

在有限介质中，被爆破介质与空气或水的接触面称为临空面。在有限介质中，进行单孔爆破，当药包埋设较浅，爆破后将形成以药包中心为顶点的倒圆锥形爆破坑，称为爆破漏斗，如图 2-2 所示。

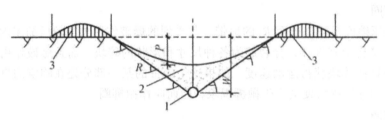

图 2-2　爆破漏斗示意图

1—药包；2—回落的石渣；3—坑外堆积体

爆破漏斗的几何参数有：最小抵抗线长度 W（即药包中心至临空面的最短距离），爆破漏斗底半径 n，爆破作用半径 R，可见漏斗深度 h。

爆破漏斗底半径 r 与最小抵抗线长度 W 的比值称为爆破作用指数，它反映漏斗形状和爆破作用的强弱，即

$$n = \frac{r}{W}$$

根据爆破作用指数的大小，可判断爆破作用性质及岩石抛掷的远近程度，其也是计算药包量、决定漏斗大小和药包距离的重要参数。

为了爆破某一物体而在其中放置一定数量的炸药，称为药包。药包的类型不同，爆破效果也各不相同。按形状的不同，药包分为集中药包和延长药包，当药包的最长

边与最短边之比小于 4 时,为集中药包,大于 4 时为延长药包。

爆破工程中的炸药用量计算是一个十分复杂的问题,因为影响因素很多。实践证明,无论在何种情况下,炸药的用量总是与被破碎的介质体积成正比的。而被破碎的单位体积介质的炸药用量称为单位耗药量,其最基本的影响因素又与介质的硬度有关。

二、爆破材料

(一)炸药

1.炸药的基本性能

(1)爆力

爆力是指炸药在介质内部爆炸时对其周围介质产生的整体压缩、破坏和抛移能力。它的大小与炸药爆炸时释放出的能量大小成正比,炸药的爆能越高,生成气体量越多,爆力也就越大。测定炸药爆力的方法常用铅柱扩孔法和爆破漏斗法。

(2)猛度

猛度是指炸药在爆炸瞬间对与药包接邻的介质所产生的局部压缩、粉碎和击穿能力。炸药爆速越高,密度越大,其猛度越大。测量炸药猛度的方法是铅柱压缩法。

(3)氧平衡

氧平衡是指炸药在爆炸分解时的氧化情况。如果炸药中的氧恰好等于其中可燃物完全氧化所需的氧量,即产生二氧化碳和水,没有剩余的氧,称为零氧平衡;若含氧量不足,可燃物不能完全氧化且产生一氧化碳,此时称为负氧平衡;若含氧量过多,将炸药所放出的氮也氧化成有害气体一氧化氮,此时称为正氧平衡。

(4)安定性

安定性指炸药在长期储存中保持原有物理化学性质的能力,有物理安定性与化学安定性之分。物理安定性主要是指炸药的吸湿性、挥发性、可塑性、机械强度、结块、老化、冻结、收缩等一系列物理性质。物理安定性的大小,取决于炸药的物理性质。炸药化学安定性的大小,取决于炸药的化学性质及常温下化学分解速度的大小,特别是取决于储存温度的高低。

(5)敏感度

炸药在外能作用下起爆的难易程度称为该炸药的敏感度。不同的炸药在同一外能作用下起爆的难易程度是不同的,起爆某炸药所需的外能小,则该炸药的敏感度高;起爆某炸药所需的外能大,则该炸药的敏感度低。炸药的敏感度对于炸药的制造加工、运输、储存、使用的安全十分重要。

(6)爆速

爆速是指爆炸时爆轰波沿炸药内部传播的速度。爆速测定方法有导爆索法、电测法和高速摄影法。

(7)殉爆

炸药爆炸时引起与它不相接触的邻近炸药爆炸的现象叫殉爆。殉爆反映了炸药对冲击波的敏感度。主发药包的爆炸引爆被发药包爆炸的最大距离称为殉爆距离。影响殉爆的因素有装药密度、药量和直径、药卷约束条件和药卷放置方向等。

2. 常用炸药的品种

常用的炸药主要有 TNT、硝铵类炸药、胶质炸药、黑火药等。

(二) 起爆器材

起爆材料包括雷管、导火索和传爆线等。

1. 火雷管

即普通雷管，由管壳、正副起爆药和加强帽三部分组成。管壳材料有铜、铝、纸、塑料等。上端开口，中段设加强帽，中有小孔，副起爆药压于管底，正起爆药压在上部。在管沟开口一端插入导火索，引爆后，火焰使正起爆药爆炸，最后引起副起爆药爆炸。

2. 电雷管

电雷管有即发、延期和毫秒微差三种。

（1）即发电雷管

即发电雷管由火雷管和 1 个发火元件组成。接通电源后，电流通过桥丝发热，使引火药头发火，导致整个雷管起爆。

（2）延期电雷管

普通延期电雷管是雷管通电后，间隔一定时间才起爆的电雷管。延期时间为 0.5 ~ 1 s；延期时间是用精致导火索段或延期药来达到的。延期时间由其长度、药量和延期药配比来调节。采用精致导火索段的结构称为索式结构；采用延期药的结构称为装配式结构。

（3）毫秒电雷管

毫秒电雷管的结构有多种形式，按延期药的装配关系，分为直填式和装配式，装配式又有管式、索式和多芯结构式。毫秒电雷管还有等间隔和非等间隔之分，段与段之间的间隔时间相等的称为等间隔，反之为非等间隔。

3. 导火索

导火索用来起爆火雷管和黑火药，多用于一般爆破工程，不宜用于有瓦斯或矿尘爆炸危险的作业面。导火索用黑火药作芯药，用麻、棉纱和纸作包皮，外面涂有沥青、油脂等防潮剂。

4. 导爆索

导爆索用强度大、爆速高的烈性黑索金作药芯，以棉线、纸条作包缠物，并涂以防潮剂，表面涂以红色。索头涂以防潮剂。

导爆索的优点是：不受电的干扰，使用安全；起爆准确可靠，并能同时起爆多个炮孔，同步性好，故在控制爆破中应用广泛；施工装药比较安全，网络敷设简单可靠；可在水孔或高温炮孔中使用。

5. 导爆管

导爆管是一种半透明的，具有一定强度、韧性、耐温、不透水的塑料管起爆材料。它在塑料软管内壁涂薄薄一层胶状高性能混合炸药（主要为黑索金或奥克托金），涂药量为（16±1.6）g/m；具有抗火、抗电、抗冲击、抗水以及导爆安全等特性。

三、起爆方法

雷管常用的起爆方法可分为电力起爆法、非电力起爆法和无线起爆法三类。非电力起爆法又包括火花起爆法、导爆索起爆法和导爆管起爆法。

（一）电力起爆法

电力起爆法就是利用电能引爆电雷管进而起爆炸药的起爆方法，它所需的起爆器材有电雷管、导线和起爆源等。本法可以同时起爆多个药包；可间隔延期起爆，安全可靠。但是操作较复杂；准备工作量大；需较多电线，需一定检查仪表和电源设备。它适用于大中型重要的爆破工程。

电力起爆网络主要由电源、导线、电雷管、脚线等组成。

1.起爆电源

电力起爆的电源可用普通照明电源或动力电源，最好是使用专线。当缺乏电源而爆破规模较小或起爆的雷管数量不多时，也可用干电池或蓄电池组合使用。另外，还可以使用电容式起爆电源，即发爆器起爆。国产的发爆器有10发、30发、50发和100发等几种型号，最大一次可起爆100个以内串联的电雷管，十分方便。但因其电流很小，故不能起爆并联雷管。常用的形式有DF-100型、FR81-25型、FR81-50型。

2.导线

电爆网络中的导线一般采用绝缘良好的铜线和铝线。在大型电爆网络中的常用导线按其位置和作用划分为端线、连接线、区域线和主线。端线用来加长电雷管脚线，使之能引出孔口或洞室之外。端线通常采用断面0.2～0.4mm2的铜芯塑料皮软线。连接线是用来连接相邻炮孔或药室的导线，通常采用断面为1～4 mm2的铜芯或铝芯线。主线是连接区域与电源的导线，常用断面为16～150 mm2的铜芯或铝芯线。

3.电雷管的主要参数

电雷管在电流作用下由于电流通过桥丝使其灼热，灼热的桥丝引燃了引火头，从而导致起爆药爆炸。其主要参数有最高安全电流、最低准爆电流、电雷管电阻。

4.电爆网络的连接方式

当有多个药包联合起爆时，电爆网络的连接可以采用串联、并联、串并联、并串联等方法。

（二）非电力起爆法

1.火花起爆法

火花起爆法是以导火索燃烧时的火花引爆雷管进而起爆炸药的起爆方法。火花起爆法所用的材料有火雷管、导火索及点燃导火索的电火材料等。

2.导爆索起爆法

导爆索起爆法是用导爆索爆炸产生的能量直接引爆药包的起爆方法。这种起爆方法所用的起爆器材有雷管、导爆索、继爆管等。

3. 导爆管起爆法

导爆管起爆法是利用塑料导爆管来传递冲击波引爆雷管，然后使药包爆炸的一种新式起爆方法。导爆管起爆网络通常由激发元件、传爆元件、起爆元件和连接元件组成。这种方法导爆速度快，可同时起爆多个药包；作业简单、安全；抗杂散电流，起爆可靠。其导爆管连接系统和网络设计较为复杂，适用于露天、井下、深水、杂散电流大和一次起爆多个药包的微差爆破作业中进行瞬发或秒延期爆破。

四、爆破施工

（一）爆破基本方法

1. 裸露爆破法

裸露爆破法又称表面爆破法，是将药包直接放置于岩石的表面进行爆破。

药包放在块石或孤石的中部凹槽或裂隙部位，体积大于 1 m3 的块石，药包可分数处放置，或在块石上打浅孔或浅穴破碎。为提高爆破效果，表面药包底部可做成集中爆力穴，药包上护以草皮或是泥土砂子，其厚度应大于药包高度或以粉状炸药敷 30 cm 厚。用电雷管或导爆索起爆。

2. 浅孔爆破法

浅孔爆破法是在岩石上钻直径小于 75 mm、深小于 5m 的圆柱形炮孔，装延长药包进行爆破。

炮孔直径通常用 35 mm、42 mm、45 mm、50 mm 几种。浅孔爆破法常采用阶梯开挖法。

炮孔布置，一般为梅花形，依次逐排起爆，同时起爆多个炮孔应采用电力起爆或导爆索起爆。

3. 深孔爆破法

深孔爆破法是将药包放在直径大于 75 mm、深大于 5 m 的圆柱形深孔中爆破。爆前宜先将地面爆成倾角大于 55° 的阶梯形，钻孔用轻、中型露天潜孔钻。

深孔爆破法采用分段或连续装药。爆破时，边排先起爆，后排依次起爆。

4. 药壶爆破法

药壶爆破法又称葫芦炮、坛子炮，是在普通浅孔或深孔炮孔底先放入少量的炸药，经过一次至数次爆破，扩大成近似圆球形的药壶。然后装入一定数量的炸药进行爆破。爆破前，地形宜先造成较多的临空面，最好是立崖和台阶。

每次爆扩药壶后，须间隔 20 ~ 30 min。扩大药壶用小木柄铁勺掏渣或用风管通入压缩空气吹出。渣。药壶法一般宜与炮孔法配合使用，以提高爆破效果。

5. 洞室爆破法

洞室爆破法又称竖井法、蛇穴法，是在岩石内部开挖导洞（横洞或竖井）和药室进行爆破。蛇穴底部即为药室。导洞及药室用人力或机械打炮孔爆破方法进行，横洞用轻轨小平板车出渣；竖井用卷扬机、绞车或桅杆吊斗出渣。横洞堵塞长度不应小于洞高的3倍，堵塞材料用碎石和黏土（或砂）的混合物，靠近药室处宜用黏土或砂土堵塞密实。本法操作简单，爆破效果比炮孔法高，节约劳动力，出渣容易（对横洞而言），凿孔工作量少，技术要求不高，同时，不受炸药品种限制，可用黑火药。但开洞工作量大，较费时，排水、堵洞较困难，速度慢，比药壶法费工稍多，工效稍低。

洞室爆破法适较大量的坚硬石方爆破；竖井适于场地整平、基坑开挖松动爆破；蛇穴适于阶梯高不超过6 m的软质岩石或有夹层的岩石松爆。

（二）爆破施工程序

水利工程施工中一般多采用炮眼法爆破。其施工程序大体为：炮孔位置选择、钻孔、制作起爆药包、装药与堵塞、起爆等。

1.炮孔位置选择

选择炮孔位置时应注意以下几点：

（1）炮孔方向尽量不要与最小抵抗线方向重合，以免产生冲天炮。

（2）充分利用地形或利用其他方法增加爆破的临空面，提高爆破效果。

（3）炮孔应尽量垂直于岩石的层面、节理与裂隙，且不要穿过较宽的裂缝，以免漏气。

2.钻孔

有人工钻孔和机械钻孔之分，工程中多用机械钻孔。浅孔作业一般采用轻型手提式风钻钻垂直孔；向上及倾斜钻孔，则多采用支架式重型风钻。

3.制作起爆药包

（1）火线雷管的制作

将导火索和火雷管连接在一起，叫火线雷管。制作火线雷管应在专用房间内，禁止在炸药库、住宅、爆破工点进行。制作的步骤如下：

①检查雷管和导火索。

②按照需要长度，用锋利小刀切齐导火索，最短导火索不应少于60 cm。

③把导火索插入雷管，直到接触火帽为止。不要猛插和转动。

④用被钳夹夹紧雷管口（距管口5 mm以内）。固定时，应使该钳夹的侧面与雷管口相平；若无铰钳夹，可用胶布包裹，严禁用嘴咬。

⑤在结合部包上胶布防潮。当火线雷管不马上使用时，导火索点火的一端也应包上胶布。

（2）电雷管检查

对于电雷管，应先做外观检查，把有擦痕、生锈、有铜绿、有裂隙或其他损坏的雷管剔除，再用爆破电桥或小型欧姆计进行电阻及稳定性检查。为了保证安全，测定电雷管的仪表输出电流不得超过50 mA。如发现有不导电的情况，应作为不良的电雷管处理。

（3）制作起爆药包

起爆药包只许在爆破工点于装药前制作该次所需的数量，不得先做成成品备用。

制作好的起爆药包应小心妥善保管，不得振动，亦不得抽出雷管。

4.装药、堵塞及起爆

（1）装药

在装药前首先了解炮孔的深度、间距、排距等，由此决定装药量。根据孔中是否有水，决定药包的种类或炸药的种类。同时还要清除炮孔内的岩粉和水分。在装药前，先用硬纸或镀锌薄钢板在炮孔底部架空，形成聚能药包。炸药要分层用木棍压实，雷管的聚能穴指向孔底，雷管装在炸药全长的中部偏上处。在有水炮孔中装吸湿炸药时，注意不要将防水包装捣破，以免炸药受潮而拒爆。当孔深较大时，药包要用绳子吊下，不允许直接向孔内抛投，以免发生爆炸危险。

（2）堵塞

装药后即进行堵塞，对堵塞材料的要求是：与炮孔壁摩擦作用大，材料本身能结成一个整体，充填时易于密实，不漏气。可用1：2的黏土粗砂堵塞，堵塞物要分层用木棍压实。在堵塞过程中，注意不要将导火线折断或破坏导线的绝缘层。

五、控制爆破

控制爆破是为达到一定预期目的的爆破，如定向爆破、预裂爆破、光面爆破、岩塞爆破、微差控制爆破、拆除爆破、静态爆破、燃烧剂爆破等。下面仅介绍水利工程常用的几种。

（一）定向爆破

定向爆破是一种加强抛掷爆破技术，它利用炸药爆炸能量的作用，在一定的条件下，可将一定数量的土岩经破碎后按预定的方向抛掷到预定地点，形成具有一定质量和形状的建筑物或开挖成一定断面的渠道。

在水利建设中，可以用定向爆破技术修筑土石坝、围堰、截流以及开挖渠道、溢洪道等。在一定条件下，采用定向爆破方法修建上述建筑物，较之用常规方法可缩短施工工期，节约劳力和资金。

（二）预裂爆破

进行石方开挖时，在主爆区爆破之前沿设计轮廓线先爆出一条具有一定宽度的贯穿裂缝，以缓冲、反射开挖爆破的振动波，控制其对保留岩体的破坏影响，使之获得较平整的开挖轮廓，此种爆破技术为预裂爆破。

在水利水电工程施工中，预裂爆破不仅在垂直、倾斜开挖壁面上得到广泛应用；在规则的曲面、扭曲面以及水平建基面等也取得了一定成果。它对避免超挖、降低工程造价和缩短工期都有好处，应予以积极采用。

（三）光面爆破

光面爆破也是控制开挖轮廓的爆破方法之一。它与预裂爆破的不同之处在于，光爆孔的爆破在开挖主爆孔的药包爆破之后进行。它可以使爆裂面光滑平顺，超、欠挖均很少，能近似形成设计轮廓要求的爆破。光面爆破一般多用于地下工程的开挖，露天开挖工程中用得比较少，只是在一些有特殊要求或者条件有利的地方才使用。光面爆破的要领是孔径小、孔距密、装药少、同时爆。

（四）岩塞爆破

岩塞爆破是一种水下控制爆破。在已建成水库或天然湖泊内取水发电、灌溉、供水或泄洪时，为修建隧洞的取水工程，避免在深水中建造围堰，采用岩塞爆破是一种经济且有效的方法。它的施工特点是先从引水隧洞出口开挖，直到掌子面到达库底或湖底邻近，然后预留一定厚度的岩塞，待隧洞和进口控制闸门井全部建完后，一次将岩塞炸除，使隧洞和水库连通。

岩塞的布置应根据隧洞的使用要求、地形、地质因素来确定。岩塞宜选择在覆盖层薄、岩石坚硬完整且层面与进口中线交角大的部位，特别应避开节理、裂隙、构造发育的部位。岩塞的开口尺寸应满足进水流量的要求。岩塞厚度应为开口直径的 1~1.5 倍。太厚，难一次爆通；太薄，则不安全。

（五）微差控制爆破

微差控制爆破是一种应用特制的毫秒延期雷管，以毫秒级时差顺序起爆各个（组）药包的爆破技术。其原理是把普通齐发爆破的总炸药能量分割为多数较小的能量，采取合理的装药结构、最佳的微差间隔时间和起爆顺序，为每个药包创造多面临空条件，将齐发大量药包产生的地震波变成一长串小幅值的地震波，同时，各药包产生的地震波相互干涉，从而降低地震效应，把爆破振动控制在给定水平之下。爆破布孔和起爆顺序有排间微差、排内微差（又称 V 形式）、对角式、波浪式、径向式等，或由它们组合变换成的其他形式，其中以对角式效果最好，成排顺序式最差。采用对角式时，应使实际孔距与抵抗线比大于 2.5 以上，对软石可为 6~8；相同段爆破孔数，根据现场情况和一次起爆的允许炸药量而定，装药结构一般采用空气间隔装药或孔底留空气柱的方式，所留空气间隔的长度通常为药柱长度的 20%~35%。间隔装药可用导爆索或电雷管齐发或孔内微差引爆，后者能更有效降振。

爆破采用毫秒延迟雷管。最佳微差间隔时间一般取（3~6）W（W 为最小抵抗线，m），刚性大的岩石取下限。

一般相邻两炮孔爆破时间间隔宜控制在 20~30 ms，不宜过大或过小；爆破网络宜采取可靠的导爆索与继爆管相结合的爆破网络，每孔至少一根导爆索，确保安全起爆；非电爆管网络要设复线，孔内线脚要设保护措施，避免装填时把线脚拉断；导爆索网络连接要注意搭接长度、拐弯角度、接头方向，并捆扎牢固，不得松动。

六、爆破安全

爆破工作的安全极为重要，从爆破材料的运输、储存、加工，到施工中的装填、起爆和销毁，均应严格遵守各项爆破安全技术规程。

（一）材料的储存与保管

1. 爆破材料应储存在干燥、通风良好、相对湿度不大于65%的仓库内，库内温度应保持在18℃～30℃；周围5 m内的范围须清除一切树木和草皮。库房应有避雷装置。库内应有消防设施。

2. 爆破材料仓库与民房、工厂、铁路、公路等应有一定的安全距离。炸药与雷管（导爆索）须分开储存，两库房的安全距离不应小于有关规定。同一库房内不同性质、批号的炸药应分开存放。严防虫鼠等啃咬。

3. 炸药与雷管成箱（盒）堆放要平稳、整齐。成箱炸药宜放在木板上，堆摆高度不得超过1.7 m，宽不超过2 m，堆与堆之间应设不小于1.3 m的通道，药堆与墙壁间的距离不应小于0.3 m。

4. 施工现场临时仓库内爆破材料严格控制储存数量，炸药不得超过3 t，雷管不得超过10 000个。雷管应放在专用的木箱内，距离炸药不少于2 m。

（二）装卸、运输与管理

1. 爆破材料的装卸均应轻拿轻放，不得受到摩擦、振动、撞击、抛掷或转倒。堆放时要摆放平稳，不得散装、改装或倒放。

2. 爆破材料应使用专车运输，炸药与起爆材料、硝铵炸药与黑火药均不得在同一车辆、车厢装运。用汽车运输时，装载不得超过允许载重量的2/3，且行驶速度不应超过20km/h。车顶部需遮盖，用马车运输，单车装载以300 kg为限；双马车以500 kg为限；人力运输不超过25 kg。

（三）爆破安全要求

1. 装填炸药应按照设计规定的炸药品种、数量、位置进行。装药要分次装入，用竹棍轻轻压实，不得用铁棒或用力压入炮孔内，不得用铁棒在药包上钻孔安设雷管或导爆索，必须用木或竹棒进行。当孔深较大时，药包要用绳子吊下，或用木制炮棍护送，不允许直接往孔内丢药包。

2. 起爆药卷（雷管）应设置在装药全长（从炮孔口算起）的1/3～1/2位置上，雷管应置于装药中心，聚能穴应指向孔底，导爆索只许用锋利刀一次切割好。

3. 遇有暴风雨或闪电打雷时，应禁止装药、安设电雷管和连接电线等操作。

4. 在潮湿条件下进行爆破，药包及导火索表面应涂防潮剂加以保护，以防受潮失效。

5. 爆破孔洞的堵塞应保证要求的堵塞长度，充填密实不漏气。填充直孔可用干细砂、砂子、黏土或水泥等惰性材料。最好用1∶2～1∶3（黏土∶粗砂）的泥砂混合物，含水量在20%，分层轻轻压实，不得用力挤压。水平炮孔和斜孔宜用2∶1土砂混合物，做成直径比炮孔小5～8 mm、长100～150 mm的圆柱形炮泥棒（或泥蛋）填塞密实。填塞长度应大于最小抵抗线长度的10%～15%，堵塞时，应注意勿捣坏导火索和雷管的线脚。

6.导火索长度应根据爆破员在完成全部炮眼和进入安全地点所需的时间来确定，其最短长度不得少于1 m。

（四）爆破防护

1.基础或地面以上构筑物爆破时，可在爆破部位铺盖湿草垫或草袋（内装少量砂土）做头道防线，再在其上铺放胶管帘或胶垫，外面再以帆布棚覆盖，用绳索拉住捆紧，以阻挡爆破碎块，降低声响。

2.离建筑物较近或在附近有重要设备的地下设备基础爆破时，应采用橡胶防护垫（用废汽车轮胎编织成排）或环索连接在一起的粗圆木、铁丝网、脚手板等掩盖其上防护。

3.对于一般破碎爆破，防飞石可用韧性好的铁丝爆破防护网、布垫、帆布、胶垫、旧布垫、荆笆、草垫、草袋或竹帘等作防护覆盖。

4.对平面结构如钢筋混凝土板或墙面的爆破，可在板（或墙面）上架设可拆卸的钢管架子（或作活动式），上盖铁丝网，然后上铺内装少量砂土的草包形成一个防护罩防护。

5.爆破时，为保护周围建筑物及设备不被打坏，可在其周围用厚5 cm的木板加以掩护，并用铁丝捆牢，距炮孔距离不得小于50 cm。若爆破体靠近钢结构或需保留部分，必须用砂袋加以保护，其厚度不小于50 cm。

（五）瞎炮的处理

通过引爆而未能爆炸的药包叫瞎炮。处理之前，必须查明拒爆原因，然后根据具体情况慎重处理。

1.重爆法

瞎炮是由于炮孔外的电线电阻、导火索或电爆网（线）路不合要求而造成的，经检查可燃性和导电性能完好，纠正后，可以重新接线起爆。

2.诱爆法

当炮孔不深（在50 cm以内）时，可用裸露爆破法炸毁；当炮孔较深时，可在炮孔近旁60 cm处（若为人工打孔，则30 cm以上）钻（打）一与原炮孔平行的新炮孔，再重新装药起爆，将原瞎炮销毁。钻平行炮孔时，应将瞎炮的堵塞物掏出，插入木棍，作为钻孔的导向标志。

3.掏炮法

可用木制或竹制工具，小心地将炮孔上部的堵塞物掏出；如硝铵类炸药，可用低压水浸泡并冲洗出整个药包，或以压缩空气和水混合物把炸药冲出来，将拒爆的雷管销毁，或将上部炸药掏出部分后，再重新装入起爆药包起爆。

在处理瞎炮时，严禁把带有雷管的药包从炮孔内拉出来，或者拉动电雷管上的导火索或雷管脚线，把电雷管从药包内拔出来，或掏动药包内的雷管。

第三节　软基开挖与处理

一、软基开挖

（一）淤泥

淤泥的特点是颗粒细、水分多、人无法立足，应视情况不同分别采取措施。

1.稀淤泥

稀淤泥的特点是含水量高、流动性大、此挖彼来、装筐易漏。当稀淤泥较薄、面积较小时，可将干砂倒入，进占挤淤，形成土埂，可在土坡上进行挖运作业；如面积大，要同时填筑多条土埂，分区治理，以防乱流；若淤泥深度大、面积广，可将稀泥分区围埋，分别排入附近挖好的深坑内。

2.烂淤泥

烂淤泥的特点是淤泥层较厚、含水量较小、黏稠、锹插难拔、粘锹不易脱离。为避免粘锹，挖前先将锹蘸水，也可用三股钗或五股钗代替铁锹。为解决立足问题，采取一点突破，此法自坑边沿起，集中力量突破一点，一直挖到硬土上，再向四周扩展；或者采用苇排铺路法，即将芦席扎成捆枕，每三枕用桩连成苇排，铺在烂泥上，人在苇排上挖运。

3.夹砂淤泥

夹砂淤泥的特点是淤泥中有一层或几层夹砂层。如果淤泥厚度较大，可采用上述方法挖除；如果淤泥层很薄，先将砂面晾干，能站人时，方可进行，开挖时连同下层淤泥一同挖除，露出新砂面。切勿将夹砂层挖混，造成开挖困难。

（二）流砂

采用明式排水开挖基坑时，由于形成了较大的水力坡降，造成渗流挟带细砂从坑底上冒，或在边坡上形成管涌、流土等现象，即为流砂。流砂现象一般发生在非黏性土中，主要与砂土的含水量、孔隙率、黏粒含量和动水压力的水力坡度有关，在细砂、中砂中常发生，也可能在粗砂中发生。治理流砂主要是解决好"排"与"封"的问题："排"即及时将流砂层中的水排出，降低含水量和水力坡度；"封"即将开挖区的流砂封闭起来。如坑底翻砂冒水，可在较低的位置挖沉砂坑，将竹筐或柳条筐沉入坑底，水进筐内而砂被阻于其外，然后将筐内水排走。对于坡面流砂，当土质允许，流砂层又较薄（一般为 4～5 m）时，可采用开挖方法，一般放坡为 1：4～1：8，但这要扩大开挖面积，增加工程量。

当挖深不大、面积较小时，可以采取护面措施。做法如下：

1.砂石护面

在坡面上先铺一层粗砂，再铺一层小石子，各层厚 5 ~ 8 cm，形成反滤层。坡脚挖排水沟，做同样的反滤层，既防止渗水流出时挟带泥沙，又防止坡面径流冲刷。

2.柴枕护面

在坡面上铺设爬坡式柴枕，坡脚设排水沟，沟底及两侧均铺柴枕，以起到滤水拦砂的作用，一定距离打桩加固，可防止柴枕下坍移动。

当基坑坡面较长、基坑挖深较大时，可采用柴枕拦砂法处理。其做法是：在坡面渗水范围的下侧打入木桩，桩内叠铺柴枕。

（三）泉眼治理

泉眼产生的原因是基坑排水不畅，致使地下水从局部穿透薄弱土层，流出地面，或地基深层的承压水被击穿。发生的地点一般在地质钻孔处。若泉眼流出的水为清水，只需将流水引向集水井，排出基坑外；若泉眼流出的是浑水，则抛铺粗砂和石子各一层，经过滤变为清水流出，再引向集水井，排出基坑外；若泉眼位于建筑物底部，先在泉眼上铺设砂石反滤层，用插入的铁管将泉水引出混凝土之外，浇筑混凝土，最后用较干的水泥砂浆将排水管堵塞。

二、软土地基处理

软土地基承载力小，沉陷量大。按其原理不同，处理方法可分为挖除置换法、强夯法等几种类型。

（一）挖除置换法

当地基软弱层厚度不大时，可全部挖除，并换以砂土、黏土、壤土或砂壤土等回填夯实，回填时应分层夯实，严格掌握压实质量。这种方法用于软土层在 2 ~ 3 m 以内时较为经济。

（二）强夯法

当地基软土层厚度不大时，可以不开挖，采用强夯法处理。强夯法采用履带式起重机，配缓冲装置、自动脱钩器、夯锤等配件，其锤重 10 t，落距 10 m。强夯法可以省去大挖大填，有效深度可达 4 ~ 5 m。

（三）砂井预压法

砂井预压法又称为排水固结法，为了提高软土地基的承载能力，可采用砂井预压法。砂井直径一般为 20 ~ 30 cm，井距采用 6 ~ 10 倍井径，常用范围为 2 ~ 4 m。

井深主要取决于土层情况。当软土层较薄时，砂井宜贯穿软土层；当软土层较厚且夹有砂层时，一般可设在砂层上，软土层较厚又无砂层时，或软土层下有承压水时，则不应打穿。一般砂井深度以 10 ~ 20 m 为宜。

砂井顶部应设排水砂垫层，以连通各砂井并引出井中渗水。当砂井工程结束后，即开始堆积荷载预压。预压荷载一般为设计荷载的 1.2 ~ 1.5 倍，但不得超过当时的土基承载能力。

（四）深孔爆破加密法

深孔爆破加密法就是利用人工进行深层爆破，使饱和松砂液化，颗粒重新排列组合成为结构紧密、强度较高的砂。施工时，在砂层中钻孔埋设炸药，其孔深一般采用处理层深的 2/3，炮孔间距与爆破顺序宜通过现场试验确定，用药量以不致使地面冲开为度。此法适用于处理松散饱和的砂土地基。

（五）混凝土灌注桩法

软土地基承载能力小时，可采用混凝土灌注桩支承上部结构的荷载。混凝土灌注桩是在现场造孔达到设计深度后在孔内浇筑混凝土而成的桩。因此，它具有桩柱直径大、承载力强，且可根据桩身内力大小配筋以节约钢材等优点。但该法可能产生缩颈、断桩、夹土和混凝土离析等事故，应设法防止。

（六）振动水冲法

振动水冲法是用一种类似插入式混凝土振捣器的振冲器在土层中振冲造孔，并以碎石或砂砾填成碎石或砂砾桩，达到加固地基的一种方法。这种方法不仅适用于松砂地基，也可用于黏性土地基，因碎石桩承担了大部分传递荷载，同时又改善了地基排水条件，加速了地基的固结，提高了地基的承载能力。一般碎石桩的直径为 0.6 ~ 1.1m，桩距视地质条件在 1.2 ~ 2.5 m 范围内选择。采用此法时必须有充足的水源。

（七）旋喷法

旋喷法是利用旋喷机具造成旋喷桩以提高地基的承载能力，也可以作联锁桩施工或定向喷射成连续墙，用于地基防渗。旋喷法适用于砂土、黏性土、淤泥等地基的加固，对砂卵石（最大粒径不大于 20 cm）的防渗也有较好的效果。

旋喷法的一般施工程序为：孔位定点并埋设孔口管—钻机就位—钻孔至设计深度—旋喷高压浆液或高压水气流与浆体，同时提升旋喷管，直至桩顶高程—向桩中空穴进行低压注浆，起拔孔口管—转入下一孔位施工。

钻孔可以采用旋转、射水、振动或锤击等多种方法进行。旋喷管可以随钻头一次钻到设计孔深，接着自下而上进行旋喷，也可先行钻孔，终孔后下入旋喷管。

喷射方法有单管法、二重管法和三重管法。

1. 单管法

喷射水泥浆液或化学浆液，主要施工机具有高压泥浆泵、钻机、单旋喷管，成桩直径为 0.3 ~ 0.8 m。

2. 二重管法

高压水泥浆液（或化学浆液）与压缩空气同轴喷射。主要施工机具有高压泥浆泵、钻机、空压机、二重旋喷管，成桩直径介于单管法和三重管法之间。

3.三重管法

高压水、压缩空气和水泥浆液（或化学浆液）同轴喷射。主要施工机具有高压水泵、钻机、空压机、泥浆泵、三重旋喷管，成桩直径为 1.0 ~ 2.0m。

我国旋喷法使用的浆液一般以单液水泥浆为主，水灰比（质量比）为 1∶1 或 1.5∶1.0。根据需要也可适量加入外加剂，以达到减缓浆液沉淀、速凝、缓凝、抗冻等目的。

旋喷法为高压施工，施工时应注意以下事项：

（1）管路的旋转活接头和喷嘴等必须拧紧，做到安全密封；高压水泥浆液、高压水和压缩空气各管路系统均应不堵、不漏、不串。设备系统安装后，必须经过运行试验，试验压力要达到工作压力的 1.5 ~ 2.0 倍。

（2）旋喷管进入预定深度后，应先进行试喷，待达到预定压力、流量后，再提升旋喷。如中途发生故障，应立即停止提升和旋喷，以防止桩体中断。

（3）旋喷结束后要进行压力注浆，以补填桩柱凝结收缩后产生的顶部空穴。

（4）旋喷水泥浆液必须严格过滤，防止水泥结块和杂物堵塞喷嘴及管路。

第四节　岩基开挖与处理

一、岩基开挖

（一）开挖前的准备工作

1.熟悉基本资料：详细分析坝址区的工程地质和水文地质资料，了解岩性，掌握各种地质缺陷的分布及发育情况。

2.明确水工建筑物设计对地基的具体要求。

3.熟悉工程的施工条件和施工技术水平及装备力量。

4.业主、地质、设计、监理等人员共同研究，确定适宜的地基开挖范围、深度和形态。

（二）坝基开挖注意事项

坝基开挖是一个重要的施工环节，为保证开挖的质量、进度和安全，应解决好以下几个方面的问题：

1.做好基坑排水工作

在围堰闭气后，立即排除基坑积水及围堰渗水，布置好排水系统，配备足够的排水设备，边开挖基坑边排水，降低和控制水位，确保开挖工作不受水的干扰。

2.合理安排开挖程序

由于受地形、时间和空间的限制，水工建筑物基坑开挖一般比较集中，工种多，安全问题比较突出。因此，基坑开挖的程序，应本着自上而下、先岸坡后河槽的原则。如果河床很宽，也可考虑部分河床和岸坡平行作业，但应采取有效的安全措施。无论是河床还是岸坡，都要由上而下，分层开挖，逐步下降。

3. 选定合理的开挖范围和形态

基坑开挖范围主要取决于水工建筑物的平面轮廓，此外还要满足机械的运行、道路的布置、施工排水、立模与支撑的要求。放宽的范围一般从几米到十几米不等，视实际情况而定。开挖以后的基岩面，要求尽量平整，并尽可能略向上游倾斜，高差不宜太大，以利于水工建筑物的稳定。要避免基岩有尖突部分和应力集中。

4. 正确选择开挖方法，保证开挖质量

岩基开挖的主要方法是钻孔爆破法，应采用分层梯段松动爆破；边坡轮廓面开挖，应采用预裂爆破或光面爆破；紧邻水平建基面，应预留岩体保护层，并对保护层进行分层爆破。

开挖偏差的要求为：对节理裂隙不发育、较发育、发育和坚硬、中硬的岩体，水平建基面高程的开挖偏差不应大于 ±20 cm；设计边坡轮廓面的开挖偏差，在一次钻孔深度条件下开挖时，不应大于其开挖高度的 ±2%；在分台阶开挖时，其最下部一个台阶坡脚位置的偏差，以及整体边坡的平均坡度，均应符合设计要求。

保护层的开挖是控制基岩质量的关键，其要点是：分层开挖，梯段爆破，控制一次起爆药量，控制爆破震动影响。对于建基面 1.5 m 以上的一层岩石，应采用梯段爆破，炮孔装药直径不应大于 40 mm，手风钻钻孔，一次起爆药量控制在 300 kg 以内；保护层上层开挖，采用梯段爆破，控制药量和装药直径；中层开挖控制装药直径小于 32 mm，采用单孔起爆，距建基面 0.2 m 以内的岩石，应进行撬挖。

边坡预裂爆破或光面爆破的效果应符合以下要求：在开挖轮廓面上，残留炮孔痕迹应均匀分布，对于节理裂隙不发育的岩体，炮孔痕迹保存率应达到 80% 以上，对节理裂隙较发育和发育的岩体，应达到 50% ~ 80%，对节理裂隙极发育的岩体，应达到 10% ~ 50%；相邻炮孔间岩面的不平整度，不应大于 15 cm；预裂炮孔和梯段炮孔在同一个爆破网络中时，预裂孔先于梯段孔起爆的时间不得小于 75 ~ 100 ms。

二、岩基处理

对于表层岩石存在的缺陷，采用爆破开挖处理。当基岩在较深的范围内存在风化、节理裂隙、破碎带及软弱夹层等地质问题时，开挖处理不仅困难，而且费用太高，须采取专门的处理措施。

（一）断层破碎带处理

断层是岩石或岩层受力发生断裂并向两侧产生显著位移，常常出现破碎发育岩体，形成断层破碎带，长度和深度较大，强度、承载能力和抗渗性不能满足设计要求，必须进行处理。

对于宽度较小的表层断层破碎带，采用明挖换基方法，将破碎带一定深度两侧的破碎风化的岩石清除，回填混凝土，形成混凝土塞。

对于埋深较大且为陡倾角断层破碎带，在断层出露处回填混凝土，形成混凝土塞（取断层宽度的 1.5 倍），必要时可沿破碎带开挖斜井和平洞，回填混凝土，与断层相交一定长度，组成抗滑塞群，并有防渗帷幕穿过，组成混合结构。

（二）软弱夹层处理

软弱夹层是指基岩出现层面之间强度较低、已泥化或遇水容易泥化的夹层，尤其是缓倾角软弱夹层，处理不当会对坝体稳定带来严重影响。

对于陡倾角软弱夹层，如果没有与上下游河水相通，可在断层入口进行开挖，回填混凝土，提高地基的承载力；如果夹层与库水相通，除对坝基范围内的夹层进行开挖回填混凝土外，还要对夹层入渗部位进行封闭处理；对于坝肩部位的陡倾角软弱夹层，主要是防止不稳定岩石塌滑，进行必要的锚固处理。

对于缓倾角软弱夹层，如果埋藏不深，开挖量不是很大，最好的办法是彻底挖除；若夹层埋藏较深，当夹层上部有足够的支撑岩体能维持基岩稳定时，可只对上游夹层进行挖除，回填混凝土，进行封闭处理。

（三）岩溶处理

岩溶是可溶性岩层（石灰岩、白云岩）长期受地表水或地下水溶蚀作用产生的溶洞、溶槽、暗沟、暗河、溶泉等现象。这些地质缺陷削弱了地基承载力，形成了漏水通道，危及水工建筑物的正常运行。由于岩溶情况比较复杂，应查清情况，分别处理。对于坝基表层或埋藏较浅的溶槽等，进行开挖、清除冲洗后，用混凝土塞填；对于大裂隙破碎岩溶地段，采取群孔水气冲洗，高压灌浆；对于有松散物质的大型溶洞，可对洞内进行高压旋喷灌浆，使充填物与浆液混合胶固，形成若干个旋喷桩，连成整体后，可有效提高承载力和抗渗性。

（四）岩基锚固

对于缓倾角软弱夹层，当分布较浅、层数较多时，可设置钢筋混凝土桩和预应力锚索进行加固。在坝基范围，沿夹层自上而下钻孔或开挖竖井，穿过几层夹层，浇筑钢筋混凝土，形成抗剪桩。在一些工程中采用预应力锚固技术，加固软弱夹层，效果明显。其形式有锚筋和锚索，可对局部及大面积地基进行加固。

第五节　岩基灌浆

一、固结灌浆

（一）主要技术要求

1.固结灌浆孔可采用风钻或其他类型钻机造孔，孔位、孔向和孔深均应满足设计要求。

2.固结灌浆应按分序、加密的原则进行，一般分为两个次序，地质条件不良地段可分为三个次序。

3.固结灌浆宜采用单孔灌浆的方法，但在注入量较小的地段，可并联灌浆，孔数宜为两个，孔位宜保持对称。

4.固结灌浆孔基岩段长小于6 m时，可全孔一次灌浆。当地质条件不良或有特殊要求时，可分段灌浆。

5.钻孔相互串浆时，可采用群孔并联灌注，孔数不宜多于3个。应控制压力，防止混凝土面或岩石面抬动。

6.压水试验检查宜在该部位灌浆结束3 ~ 7 d后进行。检查孔的数量不宜少于灌浆总孔数的5%，孔段合格率应在80%以上。

7.岩体弹性波速和静弹性模量测试，应分别在该部位灌浆结束14 d和28 d后进行。其孔位的布置、测试仪器的确定、测试方法、合格批标以及工程合格标准，均应按照设计规定执行。

8.灌浆孔灌浆和检查孔检查结束后，应排除孔内积水和污物，采用压力灌浆法或机械压浆法进行封孔，并将孔口抹平。

（二）灌浆施工工艺

1.钻孔的布置

（1）无混凝土盖重固结灌浆

钻孔的布置有规则布孔和随机布孔两组。规则布孔形式有梅花形和方格形两种。

（2）有混凝土盖重固结灌浆

钻孔布置按方格形和六角形布置。

（3）固结灌浆孔的特点为"面、群、浅"

即固结灌浆面状布孔，群孔施工，孔深较浅。

2.固结灌浆钻孔

钻孔方法要考虑孔深情况。固结灌浆孔的深度一般是根据地质条件、大坝的情况以及基础应力的分布等多种条件综合考虑而定的。固结灌浆孔依据深度的不同，可分为以下三类。

（1）浅孔固结灌浆

是为了普遍加固表层岩石，固结灌浆面积大、范围广。孔深多为 5 m 左右。可采用风钻钻孔，全孔采用一次灌浆法灌浆。

（2）中深孔固结灌浆

是为了加固基础较深处的软弱破碎带以及基础岩石承受荷载较大的部位。孔深 5 ~ 15 m，可采用大型风钻或其他钻孔方法，孔径多为 50 ~ 65 mm。灌浆方法可视具体地质条件采用全孔一次灌浆或分段灌浆。

（3）深孔固结灌浆

在基础岩石深处有破碎带或软弱夹层，裂隙密集且深，而坝又比较高，基础应力也较大的情况下，常需要进行深孔固结灌浆。孔深在 15 m 以上。常用钻机进行钻孔，孔径多为 75 ~ 91 mm，采用分段灌浆法灌浆。

3. 钻孔冲洗及压水试验

（1）钻孔冲洗

固结灌浆施工，钻孔冲洗十分重要，特别是在地质条件较差、岩石破碎、含有泥质充填物的地带，更应重视这一工作。冲洗的方法有单孔冲洗和群孔冲洗两种。固结灌浆孔应采用压力水进行裂隙冲洗，直至回水清净时为止，冲洗压力可为灌浆压力的80%。地质条件复杂，多孔串通以及设计对裂隙冲洗有特殊要求时，冲洗方法宜通过现场灌浆试验或由设计确定。

（2）压水试验

固结灌浆孔灌浆前的压水试验应在裂隙冲洗后进行，试验孔数不宜少于总孔数的5%，选用一个压力阶段，压力值可采用该灌浆段灌浆压力的80%（或100%）。压水的同时，要注意观测岩石的抬动和岩面集中漏水情况，以便在灌浆时调整灌浆压力和浆液浓度。

4. 灌浆施工

（1）施工时间及次序

固结灌浆工程量较大，是筑坝施工中一个必要的工序。固结灌浆施工最好是在基础岩石表面浇筑有混凝土盖板或有一定厚度的混凝土，且在已达到其设计强度的80%后进行。

固结灌浆施工的特点是"围、挤、压"，就是先将灌浆区圈围住，再在中间插孔灌浆挤密，最后逐序压实，这样易于保证灌浆质量。固结灌浆的施工次序必须遵循逐渐加密的原则。

（2）施工方法

固结灌浆施工以一台灌浆机灌一个孔为宜。必要时可以考虑将几个吸浆量小的灌浆孔并联灌浆，严禁串联灌浆，并联灌浆的孔数不宜多于 4 个。

固结灌浆宜采用循环灌浆法。可根据孔深及岩石完整情况采用一次灌浆法或分段灌浆法。

（3）灌浆压力

灌浆压力直接影响灌浆效果，在可能的情况下，以采用较大的压力为好。但浅孔固结灌浆受地层条件及混凝土盖板强度的限制，往往灌浆压力较低。

对浅孔固结灌浆压力而言，在坝体混凝土浇筑前灌浆时，可采用 0.2 ～ 0.5 MPa，浇筑 1.5 ～ 3 m 厚混凝土后再灌浆时，可采用 0.3 ～ 0.7MPa。在地质条件差或软弱岩石地区，还可根据具体情况适当降低灌浆压力。深孔固结灌浆时，各孔段的灌浆压力值可参考帷幕灌浆孔选定压力的方法来确定。

固结灌浆过程中，要严格控制灌浆压力。循环式灌浆法是通过调节回浆流量来控制灌浆压力的，纯压式灌浆法则是直接调节压入流量。当吸浆量较小时，可采用"一次升压法"，尽快达到规定的灌浆压力；而在吸浆量较大时，可采用"分级升压法"，缓慢地升到规定的灌浆压力。

在调节压力时，要注意岩石的抬动，特别是基础岩石的上面已浇筑有混凝土时，更要严格控制抬动，以防止混凝土产生裂缝，破坏大坝的整体性。

（4）浆液浓度变换

灌浆开始时，一般采用稀浆开始灌注，根据单位吸浆量的变化，逐渐加浓。固结灌浆液浓度的变换比帷幕灌浆简单一些。灌浆开始后，尽快将压力升高到规定值，灌注 500 ～ 600 L。单位吸浆量减少不明显时，即可将浓度加大一级。在单位吸浆量很大、压力升不上去的情况下，也应采用限制进浆量的办法。

（5）结束标准与封孔

在规定的压力下，当注入率不大于 0.4 L/min 时，继续灌注 30 min 浆液即可结束。

固结灌浆孔封孔应采用机械压浆封孔法或压力灌浆封孔法。

（6）效果检查

固结灌浆完成后，应当进行灌浆质量和固结效果检查，检查方法和标准应视工程的具体情况和灌浆的目的而定。经检查，不符合要求的地段，根据实地情况，认为有必要时，需加密钻孔，补行灌浆。

①压水试验检查

灌浆结束 3 ～ 7d 后，施工人员应钻进检查孔，进行压水试验检查。采用单点法进行简易压水。当灌浆压力为 1 ～ 3MPa 时，压水试验压力采用 1MPa；当灌浆压力小于或等于 1MPa 时，压水试验压力为灌浆压力的 80%。压水检查后，应按规定进行封孔。

②测试孔检查

弹性波速检查、静弹性模量检查应分别在灌浆结束后 14 d、28 d 后进行。

③抽样检查

宜对灌浆孔与检查孔的封孔质量进行抽样检查。

④钻孔取岩心

观察水泥结石充填及胶结情况。根据需要，也可对岩心进行必要的物理力学性能试验。

二、帷幕灌浆

对于透水性强的基岩，采用灌浆帷幕的防渗效果显著。根据多年实践经验，在透水性较大地段，防渗帷幕常能使坝基幕后扬压力降低到 0.5H（H 为水头）左右；防渗帷幕再结合排水，则可降低到（0.2 ~ 0.3）H；若再采取抽排措施，扬压力将会更小。

（一）钻孔

帷幕灌浆孔呈"线、单、深"，即指帷幕灌浆线状布孔、单孔施工、孔深较深的特点。帷幕灌浆孔宜采用回转式钻机和金刚石钻头钻进，钻孔位置与设计位置的偏差不得大于 1%。因故变更孔位时，应征得设计部门同意。孔深应符合设计规定，帷幕灌浆孔宜选用较小的孔径，钻孔孔径上下均二、孔壁平直完整；必须保证孔向准确；帷幕灌浆孔应进行孔斜测量，发现偏斜超过要求，应及时纠正或采取补救措施。

钻孔遇有洞穴、塌孔或掉钻而难以钻进时，可先进行灌浆处理，然后继续钻进。如发现集中漏水，应查明漏水部位、漏水量和漏水原因，经处理后，再行钻进。钻进结束等待灌浆或灌浆结束等待钻进时，孔口均应堵盖，妥善保护。

钻进施工应注意如下事项：

1.按照设计要求定好孔位，孔位的偏差一般不宜大于 10 cm，当遇到难于依照设计要求布置孔位的情况时，应及时与有关部门联系，如允许变更孔位，则应依照新的通知重新布置孔位。在钻孔原始记录中一定要注明新钻孔的孔号和位置，以便分析查用。

2.钻进时，要严格按照规定的方向钻进，并采取一切措施保证钻孔方向正确。

3.孔径力求均匀，不要忽大忽小，以免灌浆或压水时栓塞塞不严，漏水返浆，造成施工困难。

4.在各钻孔中，均要计算岩心采取率。检查孔中，更要注意岩心采取率，并观察岩心裂隙中有无水泥结石及其填充和胶结的情况如何，以便逐序反映灌浆质量和效果。

5.检查孔的岩心一般应予保留。保留时间长短由设计单位确定，一般时间不宜过长。灌浆孔的岩心，一般在描述后再行处理，是否要有选择性地保留，应在灌浆技术要求文件中加以说明。

6.凡未灌完的孔，在不工作时，一定要把孔顶盖住并保护，以免掉入物件。

7.应准确、详细、清楚地填好钻孔记录。

（二）钻孔冲洗

1.洗孔

灌浆孔（段）在灌浆前应进行钻孔冲洗，孔内沉积厚度不得超过 20 cm。帷幕灌浆孔（段）在灌浆前宜采用压力水进行裂隙冲洗，直至回水清净时为止。冲洗压力可为灌浆压力的 80%，该值若大于 1 MPa，则采用 1 MPa。

洗孔的目的是将残存在孔底岩粉和黏附在孔壁上的岩粉、铁砂碎屑等杂质冲出孔外，以免堵塞裂隙的通道口而影响灌浆质量。钻孔钻到预定的段深并取出岩心后，将钻具下到孔底，用大流量水进行冲洗？直至回水变清，孔内残存杂质沉淀厚度不超过 10 ~ 20 cm 时，结束洗孔。

2. 冲洗

冲洗的目的是用压力水将岩石裂隙或空洞中所充填的松软、风化的泥质充填物冲出孔外，应将充填物推移到需要灌浆处理的范围外，这样裂隙被冲洗干净后，利于浆液流进裂隙并与裂隙接触面胶结，起到防渗和固结作用。使用压力水冲洗时，在钻孔内一定深度需要放置灌浆塞。

冲洗有单孔冲洗和群孔冲洗两种方式。

（1）单孔冲洗

单孔冲洗仅能冲净钻孔本身和钻孔周围较小范围内裂隙中的填充物，适用于较完整的、裂隙发育程度较轻、充填物情况不严重的岩层。

单孔冲洗有以下几种方法：

①高压水冲洗

整个过程在大的压力下进行，以便将裂隙中的充填物向远处推移或压实，但要防止岩层抬动变形。如果渗漏量大，升不起压力，就尽量增大流量，加大流速，增强水流冲刷能力，使之能挟带充填物走得远些。

②高压脉冲冲洗

首先用高压冲洗，压力为灌浆压力的 80% ~ 100%，在连续冲洗 5 ~ 10 min 后，孔口压力迅速降到 0，形成反向脉冲流，将裂隙中的碎屑带出，回水混浊。当回水变清后，升压用高压冲洗，如此一升一降，反复冲洗，直至回水洁净后，延续 10 ~ 20 min 为止。

③扬水冲洗

将管子下到孔底，上接风管，通入压缩空气，使孔内的水和空气混合，由于混合水体的密度小，孔内的水向上喷出孔外，孔内的碎屑随之喷出孔外。

（2）群孔冲洗

群孔冲洗是把两个以上的孔组成一组进行冲洗，可以把组内各钻孔之间岩石裂隙中的充填物清除出孔外。

群孔冲洗主要是使用压缩空气和压力水。冲洗时，轮换着向某一个或几个孔内压入气、压力水或气水混合体，使之由另一个孔或另几个孔出水，直到各孔喷出的水是清水后停止。

（三）压水试验

压水试验应在裂隙冲洗后进行。简易压水试验可在裂隙冲洗后或结合裂隙冲洗进行。压力可为灌浆压力的 80%，该值若大于 1 MPa，则采用 1 MPa。压水 20 min，每 5 min 测读一次压入流量，取最后的流量值作为计算流量，其成果以透水率表示。帷幕灌浆采用自下而上分段灌浆法时，先导孔仍应自上而下分段进行压水试验。各次序灌浆孔在灌浆前全孔应进行一次钻孔冲洗和裂隙冲洗。除孔底段外，各灌浆段在灌浆前可不进行裂隙冲洗和简易压水试验。

（四）灌浆施工

1.灌浆方法的选择

（1）按浆液灌注流动方式的不同，分为纯压式和循环式。纯压式浆液全扩散到岩石的裂隙中去，不再返回灌浆桶，适用于裂隙发育而渗透性大的孔段；循环式浆液在压力作用下进入孔段，一部分进入裂隙扩散，余下的浆液经回浆管路流回到浆液搅拌筒中去。循环式灌浆使浆液在孔段中始终保持流动状态，减少浆液中颗粒沉淀，灌浆质量高，国内外大坝岩石地基的灌浆工程大都采用此法。

（2）按灌浆孔中灌浆程序的不同，分为一次灌浆和分段灌浆。一次灌浆用在灌浆深度不大，孔内岩性基本不变，裂隙不大而岩层又比较坚固的情况下，可将孔一次钻完，全孔段一次灌浆。

分段灌浆用在灌浆孔深度较大、孔内岩性有一定变化而裂隙又大时，因为裂隙性质不同的岩层需用不同浓度的浆液进行灌浆，而且所用的压力也不同。此外，裂隙大则吸浆量大，灌浆泵不易达到冲洗和灌浆所需的压力，从而不能保证灌浆质量。在这种情况下，可将灌浆划分为几段，分别采用自下而上或自上而下的方法进行灌浆。灌浆段长度一般保持在5 m左右。

自下而上分段灌浆的灌浆孔，可一次钻到设计深度。用灌浆塞按规定段长由下而上依次塞孔、灌浆，直到孔口。此法允许上段灌浆紧接在下段结束时进行，这样可不用搬动灌浆设备，比较方便。

自上而下分段灌浆法施工步骤。这种方法的灌浆孔只钻到第一孔段深度后即进行该段的冲洗、压水试验和灌浆工作。经过待凝规定时间后，再钻开孔内水泥结石，继续向下钻第二孔段，进行第二孔段的冲洗、压水试验和灌浆工作。如此反复，直至设计深度。此法的缺点是钻机需多次移动，每次钻孔要多钻一段水泥结石，同时必须等上一段水泥浆凝固后方能进行下一段的工作。其优点是：从第二孔段以下各段灌浆时可避免沿裂隙冒浆；不会出现堵塞事故；上部岩石经灌浆提高了强度，下段灌浆压力可逐步加大，从而扩大灌浆有效半径，进一步保证了质量。此外，也可避免孔壁坍塌事故。

如果地表岩层比较破碎，下部岩层比较完整，可在一个孔位可将上述两种方法混合使用，即上部采用自上而下、下部采用自下而上的方法来进行灌浆。

2.灌浆材料的选择和浆液浓度的控制

岩石地基的灌浆一般采用水泥灌浆。水泥品种的选择及其质量要求如下：对无侵蚀性地下水的岩层，多选用普通硅酸盐水泥；如遇有侵蚀性地下水的岩层，以采用抗硫酸盐水泥或矾土水泥为宜。水泥的强度等级应大于32.5级。为提高岩基灌浆的早期强度，我国坝基帷幕灌浆一般多用42.5级水泥。对水泥细度的要求为水泥颗粒的粒径要小于1/3岩石裂隙宽度，如此灌浆才易生效。一般规定：灌浆用的水泥细度应能保证通过0.08 mm孔径标准筛孔的颗粒质量不少于85% ~ 90%。

灌浆过程中，必须根据吸浆量的变化情况适时调整浆液的浓度，使岩层的大小裂隙能灌满又不浪费。开始时用最稀一级浆液，在灌入一定的浆量没有明显减少时，即改为用浓一级的浆液进行灌注，如此下去，逐级变浓直到结束。

3.灌浆压力及其控制

灌浆压力通常是指作用在灌浆段中部的压力。确定灌浆压力的原则是：在不致破坏基岩和坝体的前提下，尽可能采用比较高的压力。使用较高的压力有利于提高灌浆质量和效果，但是灌浆压力也不能过高，否则会使裂隙扩大，引起岩层或坝体的抬动变形。

在实际工程中，由于具体条件千变万化，灌浆压力往往需要通过试验来确定，并在灌浆施工一中进一步检验和调整。

灌浆的结束条件用两个指标来控制：一个是残余吸浆量，又称最终吸浆量，即灌到最后的限定吸浆量；另一个是闭浆时间，即在残余吸浆量的情况下，保持、设计规定压力的延续时间。

国内帷幕灌浆工程中大多规定：在设计规定的压力之下，灌浆孔段的单位吸浆量小于 0.2 ~ 0.4 L/min，延续 30 ~ 60 min 以后，就可结束灌浆。

有的工程，由于岩层的细小裂隙过多，在高压作用下，后期吸浆量虽不大，但延续时间很长，仍达不到结束标准，且回浆有逐渐变浓的现象。这说明受灌的细小裂隙只进水不进浆，或只有细水泥颗粒灌入而粗颗粒灌不进。在这种情况下，或者改变水泥细度，或者经过两次稀释浓浆而仍达不到结束标准，确认只进水不进浆时，再延续10 ~ 30 min 就结束灌浆。

（五）回填封孔技术措施

在各孔灌浆完毕后，均应很好地将钻孔严密填实。回填材料多用水泥浆或水泥砂浆。砂的粒径为1 ~ 2 mm，砂的掺量一般为水泥的0.75 ~ 2倍。水灰比为0.5∶1或0.6∶1。机械回填法是将胶管（或铁管）下到钻孔底部，用泵将砂浆或水泥浆压入，浆液由孔底逐渐上升，将孔内积水顶出，直到孔口冒浆为止。要注意的是，软管下端必须经常保持在浆面以下。人工回填法与机械压浆回填法相同，但因浆液压力较小，封孔质量难以保证。

（六）特殊情况的处理方法

1.灌浆中断的处理方法

（1）因机械、管路、仪表等出现故障而造成灌浆中断时，应尽快排除故障，立即恢复灌浆，否则应冲洗钻孔，重新灌浆。

（2）恢复灌浆后，若停止吸浆，可用高于灌浆压力 0.14 MPa 的高压水进行冲洗而后恢复灌浆。

2.串浆处理方法

（1）相邻两孔段均具备灌浆条件时，可同时灌浆。

（2）相邻两孔段有一孔段不具备灌浆条件，首先给被串孔段充满清水，以防水泥浆堵塞凝固，影响未灌浆孔段的灌浆质量；然后用大于孔口管的实心胶塞放在孔口管上，用钻机立轴钻杆压紧。

3.冒浆处理方法

（1）混凝土地板面裂缝处冒浆，可暂停灌浆，用清水冲洗干净冒浆处，再用棉纱堵塞。

（2）冲洗后，用速凝水泥或水泥砂浆捣压封堵，再进行低压、限流、限量灌注。

4.漏浆处理方法

（1）浆液沿延伸较远的大裂隙通道渗漏在山体周围，可采取长时间间歇（一般在24 h以上）待凝灌浆方法灌注。若一次不行，再进行二次间歇灌注。

（2）浆液沿大裂隙通道渗漏，但不渗漏到山体周围，可采用限压、限流与短时间间歇（约10 min）灌浆。如达不到要求，可采取长时间间歇待凝，然后限流逐渐升压灌注。一般反复1～2次即可达到结束标准。

（七）质量检查

1.质量评定

灌浆质量的评定，以检查孔压水试验成果为主，结合对竣工资料测试成果的分析进行综合评定。每段压水试验吕荣值（透水率）满足规定要求即为合格。

2.检查孔位置的布设

（1）一般在岩石破碎、断层、裂隙、溶洞等地质条件复杂的部位，注入量较大的孔段附近，灌浆情况不正常以及经分析资料认为对灌浆质量有影响的部位。

（2）检查孔在该部位灌浆结束3～7d后就可进行。采用自上而下分段进行压水试验，压水压力为相应段灌浆压力的80%。检查孔数量为灌浆孔总数的10%，每一个单元至少应布设一个检查孔。

3.压水试验检查

坝体混凝土和基岩接触段及其下一段的合格率应为100%，以下各段的合格率应在90%以上；不合格段透水率值不超过设计规定值的10%且不集中，灌浆质量可认为合格。

4.抽样检查

对封孔质量定期进行抽样检查。

第六节　砂砾石地基灌浆

一、砂砾石地基灌浆

（一）砂砾石地基可灌性

可灌性是指砂砾石地基能接受灌浆材料灌入程度的一种特性。影响可灌性的主要因素有地基的颗粒级配、灌浆材料的细度、灌浆压力和施工工艺等。

（二）灌浆材料

砂砾石地基灌浆多用于修筑防渗帷幕，防渗是主要目的。一般采用水泥黏土混合灌浆，要求帷幕幕体的渗透系数降到$10-4 \sim 10-5$cm/s以下，28 d结石强度达到$0.4 \sim 0.5$ MPa。

浆液配比视帷幕设计要求而定，常用配比为水泥：黏土 $=1 ：2 \sim 1 ：4$（质量比）。浆液稠度为水：干料 $=6 ：1 \sim 1 ：1$。

水泥黏土浆的稳定性和可灌性优于水泥浆，固结速度和强度优于黏土。但由于其固结较慢、强度低、抗渗抗冲能力差，多用于低水头临时建筑的地基防渗。为了提高固结强度，加快粘结速度，可采用化学灌浆。

（三）灌浆方法

砂砾石地基灌浆孔除打管外，都是铅直向钻孔，造孔方式主要有冲击钻进和回转钻进两类。地基防渗帷幕灌浆的方法可分为以下几种：

1.打管灌浆

灌浆管由钢管、花管、锥形管头组成，用吊锤或振动沉管的方法打入砂砾石地基受灌层。每段在灌浆前，用压力水冲洗，将土、砂等杂质冲出地表或压入地层灌浆区外部。采用纯压式或自流式压浆，自下而上、分段拔管、分段灌浆，直到结束。此法设备简单、操作方便，适于覆盖层较浅、砂石松散及无大孤石的临时工程。

2.套管灌浆

套管灌浆时，边钻孔边下套管进行护壁，直到套管下到设计深度。然后将钻孔洗干净，下灌浆管，再拔起套管至第一灌浆段顶部，安灌浆塞，压浆灌注；自下而上、逐段拔管、逐段灌浆，直到结束。

3.循环灌浆

循环灌浆时，自上而下，钻一段灌一段，无须待凝，钻孔与灌浆循环进行。钻孔时需用黏土浆固壁，每个孔段长度视孔壁稳定和渗漏大小而定，一般取 $1 \sim 2$ m。

此方法不设灌浆塞，而是在孔口管顶端封闭。孔口管设在起始段上，具有防止孔口坍塌、地表冒浆，钻孔导向的作用，以提高灌浆质量。

4.预埋花管灌浆

在钻孔内预先下入带有射浆孔的灌浆花管，花管与孔壁之间的空间注入填料，在灌浆管内用双层阻浆器分段灌浆。其灌浆程序为钻孔及护壁—清孔更换泥浆—下花管和下填料—开环—灌浆。

一般用回转式钻机钻孔，下套管护壁或泥浆护壁；钻孔结束后，清除孔内残渣，更换新鲜泥浆；用泵灌注花管与套管空隙内的填料，边下料、边拔管、边浇筑，直到全部填满将套管拔出为止；孔壁填料待凝 $5 \sim 15$ d，具有一定强度后，压开花管上的橡皮圈，压裂填料形成通路，称为开环；然后用清水或稀浆灌注 $5 \sim 10$ min，开始灌浆，完成每一排射浆孔（即一个灌浆段）的灌浆后，进行下一段开环灌浆。

二、防渗墙施工

混凝土防渗墙是修建在挡水建筑物地基透水地层中的防渗结构，是地下连续墙的一种特殊构造形式。其作用是控制地下渗流，减少渗透流量，保证建筑物地基渗透稳定，是解决深层覆盖中渗流的有效措施。

混凝土防渗墙施工顺序主要分为施工准备、造孔、泥浆及泥浆系统、浇筑混凝土等。

（一）施工准备

造孔前应根据防渗墙的设计要求，做好定位、定向工作。同时，要沿防渗墙轴线安设导向槽，用于防止孔口坍塌，并起钻孔导向作用。槽板一般为混凝土，其槽孔径宽一般略大于防渗墙的设计厚度，深度一般为 2.0m；松软地层应采取加固措施，加固深度一般为 5 ~ 6 m，导向槽的深度宜大些。为防止地表水倒流及便于自流排浆，导向槽顶部高程应高于地面高程。

钻机轨道应平行于防渗墙的中心线，倒浆平台基础采用现浇混凝土，临时道路应畅通，并确保雨期施工。

（二）造孔

在造孔过程中，需要注入泥浆。因泥浆比重大，有黏性，为防止塌壁，要求泥浆面保持在导墙顶面以下 30 ~ 50 cm。造孔多用钻机进行。常用的有冲击钻和回转钻两种，工程中多用前者。槽孔孔壁应平整垂直，不应有梅花孔、小墙等；孔位偏差不大于 3 cm，孔斜率不得大于 0.4%，如地层含有孤石、漂石等，孔斜率可控制在 0.6% 以内；一、二期槽孔接头套接孔的两期孔位中心在任一深度的偏差值，不得大于设计墙厚的1/3。造孔类型有圆孔和槽孔两种。

槽孔防渗墙由一段段厚度均匀的墙壁搭接而成。施工时，先建单号墙，再建双号墙，搭接成一道连续墙。这种墙的接缝减少，有效厚度加大，孔斜的控制只在套接部位要求较高，施工进度较快，成本较低。

为了保证防渗墙的整体性，应尽量减少槽孔间的接头，尽可能采用较长的槽孔。但槽孔过长，可能影响混凝土墙的上升速度（一般要求不小于 2m/h），导致产生质量事故；需要提高拌合与运输能力，增加设备容量，不经济。

槽孔长度根据地层特性、槽孔深浅、造孔机具性能、工期要求和混凝土生产能力等因素综合分析确定，一般为 5 ~ 9 m。深槽墙的槽壁易塌，段长宜取小值。

根据土质不同，槽孔法又可分为钻劈法和平打法两种。钻劈法适用于砂卵石或土粒松散的土层。施工时，先在槽孔两端钻孔，称为主孔。当主孔打到一定深度后，由主孔放入提砂桶，然后劈打邻近的副孔，把砂石挤落在提砂筒内取出；副孔打至距主孔底 1m 处停止，再继续钻主孔。如此交替进行，直至设计深度。平打法施工时，先在槽孔两端打主孔，主孔较一般孔深 1 m 以上，中间部分每次平打 20 ~ 30 cm，适用于细砂层。

为保证造孔质量，在施工过程中要控制混凝土黏度、比重、含砂量等指标，使其在允许范围内严格按操作规程施工；保持槽壁平直，孔斜、孔位、孔宽、搭接长度、嵌入基岩深度等满足设计要求，防止钻漏、漏挖和欠钻、欠挖。造孔结束后，要做好终孔验收工作。

造孔完毕后，对造孔质量进行全面检查，合格后，方可进行清孔换浆。清孔换浆可采用泵吸法或气举法，清孔结束 1 h 后，应达到以下标准：

1. 孔底淤积厚度不大于 10 cm。

2. 使用黏土浆时，孔内泥浆密度不大于 1.30 g/cm3，黏度不大于 30 s，含砂量不大于 10%；当使用膨润土泥浆时，应根据实际情况另行确定。清孔换浆合格后，应于 4 h 内开始浇筑混凝土。二期孔槽清孔换浆结束前，应清除接头混凝土端壁上的泥皮，一般采用钢丝刷子钻头进行分段刷洗，达到刷子上基本不带泥屑、孔底淤积不再增加，即为合格。

（三）泥浆及泥浆系统

建造槽孔时，孔内的泥浆具有支撑孔壁及悬浮、挟带钻渣和冷却钻具的作用。因此，要求泥浆具有良好的物理性能、流变性能、稳定性能以及抗水泥污染的能力。

根据施工条件、造孔工艺、经济技术指标等因素选择拌制泥浆的土料，优先选用膨润土。拌制泥浆的黏土，应进行物理试验、化学分析和矿物鉴定。选用黏粒含量大于50%、塑性指数大于20、含砂量小于5%、二氧化硅与三氧化二铝含量的比值为3～4的黏土为宜。泥浆的性能指标和配合比必须根据地层特性、造孔方法、泥浆用途，通过试验加以选定。

泥浆的技术指标必须根据具体工程的地质和水文地质条件、成槽方法及使用部位等因素确定。如在松散地层中，浆液漏失严重，应选用黏度大、静切力高的泥浆；土坝加固时：为防止泥浆压力作用产生新的裂缝，宜选用密度较小的泥浆；黏土在碱性溶液中容易进行离子交换，有利于泥浆的稳定性，故选用 PH > 7 的泥浆，pH 过大，反而降低泥浆固壁的性能，故一般取 7～9。施工中，应从以下几方面控制泥浆的质量：

1. 施工现场定时测定泥浆的密度、黏度和含砂量，在实验室内进行胶体率、失水量、静切力等项试验，以全面评价泥浆质量和控制泥浆质量指标。

2. 严格按操作规程作业。如防止砂卵石和其他杂质与制浆料相混；不允许随意掺水；未经试验的两种泥浆不允许混合使用。

3. 应做好泥浆的再生净化和回收利用，以降低成本、保护环境。根据已有工程的实践，在黏土或淤泥中成槽，泥浆可回收利用2～3次；在砂砾石中成槽，可回收利用6～8次。

泥浆系统完备与否，直接影响防渗墙造孔的质量。泥浆系统主要包括料仓、供水管路、量水设备、泥浆搅拌机、储浆池、泥浆泵以及废浆池、振动筛、旋流器、沉淀池、排渣槽等泥浆再生净化设施。

（四）浇筑混凝土

防渗墙混凝土浇筑与一般的混凝土浇筑最大的不同在于它是在泥浆下进行的，所以，除满足混凝土的一般要求外，还需注意以下特殊要求：

1.不允许泥浆和混凝土掺混形成泥浆夹层。输送混凝土导管下口始终埋在混凝土内部，防止脱空；混凝土只能从先倒入的混凝土内部扩散，混凝土与泥浆只能始终保持一个接触面。

2.混凝土浇筑要连续、上升要均衡。由于无法处理混凝土施工缝，因此，要连续注入混凝土，均匀上升，直到全槽成墙。

3.确保混凝土与基岩面及一、二期混凝土间结合面的质量。

浇筑防渗墙混凝土最常用的方法是混凝土导管提升法，即沿槽孔轴线方向布置若干组导管，每组导管由若干节内径为 200～250 mm 的钢管组成。除顶部和底部设数节 0.3～1.0 m 的短管外，其余每节长均为 1～2 m。导管顶部设受料斗，整个导管悬挂在导向槽上，并通过提升设备升降。导管安设时，要求管底与孔底距离为 10～25 cm，以便浇筑混凝土时将管内泥浆排出管外。当槽底不平、高差大于 25 cm 时，导管布置在控制范围的最低处。导管的间距取决于混凝土的扩散半径。间距太大，易在相邻导管间混凝土中形成泥浆夹层；间距太小，会给现场布置和施工操作带来困难。防渗墙混凝土坍落度一般为 18～20 cm，其扩散半径为 1.5～2.0 m；一期槽孔端部混凝土，由于钻孔要套打切除，所以端部导管与孔端间距采用 0.8～1.0 m，最大不超过 1.5 m。

混凝土浇筑中，要注意开始、中间和收尾三个阶段的施工措施。首先应仔细检查导管形状、接头、焊缝是否符合要求，然后进行安装。开始浇筑前，要在导管内放入一个直径较导管内径小的木球，再将受料斗充满水泥砂浆，借水泥砂浆的重量将管内木球压至导管底部，将管内泥浆挤出管外，连续加供混凝土，然后将导管稍微上提，使木球被挤出后浮出泥浆面，导管底端被混凝土埋住。要求管口埋入混凝土的深度不得小于 1.0 m，也不宜大于 6 m。在管内混凝土自重的作用下，槽孔混凝土面不断上升、扩散，上升速度控制在 2m/d 以内，距槽口 4～5 m 时，由于导管内混凝土压力减小，混凝土扩散能力减弱，易发生堵管或夹泥浆层。此时应加强排浆与稀释，同时采取抬高漏斗等措施。混凝土浇筑结束后，槽顶应高于设计标高 50 cm，以确保防渗墙的质量。防渗墙是隐蔽工程，施工中要及时记录，加强检查，出现问题及时处理，不留隐患。

第三章 水利工程施工组织管理

第一节 水利工程施工项目管理

一、建立施工项目管理组织

项目经理作为企业法人代表的代理人，对工程项目施工全面负责，一般不准兼管其他工程，当其负责管理的施工项目临近竣工阶段且经建设单位同意，可以兼任另一项工程的项目管理工作。项目经理通常由企业法人代表委派或组织招聘等方式确定。项目经理与企业法人代表之间需要签订工程承包管理合同，明确工程的工期、质量、成本、利润等指标要求和双方的责、权、利以及合同中止处理、违约处罚等项内容。

项目经理以及各有关业务人员组成、人数根据工程规模大小而定。各成员由项目经理聘任或推荐确定，其中技术、经济、财务主要负责人需经企业法人代表或其授权部门同意。项目领导班子成员除了直接受项目经理领导，实施项目管理方案外，还要按照企业规章制度接受企业主管职能部门的业务监督和指导。

项目经理应有一定的职责，如贯彻执行国家和地方的法律、法规；严格遵守财经制度、加强成本核算；签订和履行"项目管理目标责任书"；对工程项目施工进行有效控制等。项目经理应有一定的权力，如参与投标和签订施工合同；用人决策权；财务决策权；进度计划控制权；技术质量决定权；物资采购管理权；现场管理协调权等。项目经理还应获得一定的利益，如物质奖励及表彰等。

二、项目经理的地位

项目经理是项目管理实施阶段全面负责的管理者，在整个施工活动中有举足轻重的地位。确定施工项目经理的地位是搞好施工项目管理的关键。

　　从企业内部看，项目经理是施工项目实施过程中所有工作的总负责人，是项目管理的第一责任人。从对外方面来看，项目经理代表企业法定代表人在授权范围内对建设单位直接负责。由此可见，项目经理既要对有关建设单位的成果性目标负责，又要对建筑业企业的效益性目标负责。

　　项目经理是协调各方面关系，使之相互紧密协作与配合的桥梁与纽带。要承担合同责任、履行合同义务、执行合同条款、处理合同纠纷、受法律的约束和保护。

　　项目经理是各种信息的集散中心。通过各种方式和渠道收集有关的信息，并运用这些信息，达到控制的目的，使项目获得成功。

　　项目经理是施工项目责、权、利的主体。这是因为项目经理是项目中人、财、物、技术、信息和管理等所有生产要素的管理人。项目经理首先是项目的责任主体，是实现项目目标的最高责任者。责任是实现项目经理责任制的核心，它构成了项目经理工作的压力，也是确定项目经理权力和利益的依据。其次，项目经理必须是项目的权力主体。权力是确保项目经理能够承担起责任的条件和手段。如果不具备必要的权力，项目经理就无法对工作负责。项目经理还必须是项目利益的主体。利益是项目经理工作的动力。如果没有一定的利益，项目经理就不愿负相应的责任，难以处理好国家、企业和职工的利益关系。

三、项目经理的任职要求

　　项目经理的任职要求包括执业资格的要求、知识方面的要求、能力方面的要求和素质方面的要求。

（一）执业资格的要求

　　项目经理的资质分为一、二、三、四级。其中：

　　1.一级项目经理应担任过一个一级建筑施工企业资质标准要求的工程项目，或两个二级建筑施工企业资质标准要求的工程项目施工管理工作的主要负责人，并已取得国家认可的高级或者中级专业技术职称。

　　2.二级项目经理应担任过两个工程项目，其中至少一个为二级建筑施工企业资质标准要求的工程项目施工管理工作的主要负责人，并已取得国家认可的中级或初级专业技术职称。

　　3.三级项目经理应担任过两个工程项目，其中至少一个为三级建筑施工企业资质标准要求的工程项目施工管理工作的主要负责人，并已取得国家认可的中级或初级专业技术职称。

　　4.四级项目经理应担任过两个工程项目，其中至少一个为四级建筑施工企业资质标准要求的工程项目施工管理工作的主要负责人，并已取得国家认可的初级专业技术职称。

　　项目经理承担的工程规模应符合相应的项目经理资质等级。一级项目经理可承担一级资质建筑施工企业营业范围内的工程项目管理；二级项目经理可承担二级以下（含二级）建筑施工企业营业范围内的工程项目管理；三级项目经理可承担三级以下（含三级）建筑企业营业范围内的工程项目管理；四级项目经理可承担四级建筑施工企业营业范围内的工程项目管理。

项目经理每两年接受一次项目资质管理部门的复查。项目经理达到上一个资质等级条件的，可随时提出升级的要求。

在过渡期内，大、中型工程项目施工的项目经理逐渐由取得建造师执业资格人员担任，小型工程项目施工的项目经理可由原三级项目经理资质的人员担任。即在过渡期内，凡持有项目经理资质证书或建造师注册证书的人员，经企业聘用均可担任工程项目施工的项目经理。过渡期满后，大、中型工程项目施工的项目经理必须由取得建造师注册证书的人员担任。取得建造师执业资格的人员是否能聘用为项目经理由企业来决定。

（二）知识方面的要求

通常项目经理应接受过大专、中专以上相关专业的教育，必须具备专业知识，如土木工程专业或其他专业工程方面的专业，一般应是某个专业工程方面的专家，否则很难被人们接受或很难开展工作。项目经理还应受过项目管理方面的专门培训或再教育，掌握项目管理的知识。作为项目经理需要的广博的知识，能迅速解决工程项目实施过程中遇到的各种问题。

（三）能力方面的要求

项目经理应具备以下几方面的能力：

1.必须具有一定的施工实践经历和按规定经过一段实践锻炼，特别是对同类项目有成功的经历。对项目工作有成熟的判断能力、思维能力和随机应变的能力。

2.具有很强的沟通能力、激励能力和处理人事关系的能力，项目经理要靠领导艺术、影响力和说服力而不是靠权力和命令行事。

3.有较强的组织管理能力和协调能力。能协调好各方面的关系，能处理好与业主的关系。

4.有较强的语言表达能力，有谈判技巧。

5.在工作中能发现问题，提出问题，能够从容地处理紧急情况。

（四）素质方面的要求

1.项目经理应注重工程项目对社会的贡献和历史作用。在工作中能注重社会公德，保证社会的利益，严守法律和规章制度。

2.项目经理必须具有良好的职业道德，将用户的利益放在第一位，不牟私利，必须有工作的积极性、热情和敬业精神。

3.具有创新精神，务实的态度，勇于挑战，勇于决策，勇于承担责任和风险。

4.敢于承担责任，特别是有敢于承担错误的勇气，言行一致，正直，办事公正、公平，实事求是。

5.能承担艰苦的工作，任劳任怨，忠于职守。

6.具有合作的精神，能与他人共事，具有较强的自我控制能力。

四、项目经理的责、权、利

（一）项目经理的职责

1.贯彻执行国家和地方政府的法律制度，维护企业的整体利益和经济利益。法规和政策，执行建筑业企业的各项管理制度。

2.严格遵守财经制度，加强成本核算，积极组织工程款回收，正确处理国家、企业和项目及单位个人的利益关系。

3.签订和组织履行"项目管理目标责任书"，执行企业与业主签订的"项目承包合同"中由项目经理负责履行的各项条款。

4.对工程项目施工进行有效控制，执行有关技术规范和标准，积极推广应用新技术、新工艺、新材料和项目管理软件集成系统，确保工程质量和工期，实现安全、文明生产，努力提高经济效益。

5.组织编制施工管理规划及目标实施措施，组织编制施工组织设计并实施之。

6.根据项目总工期的要求编制年度进度计划，组织编制施工季（月）度施工计划，包括劳动力、材料、构件及机械设备的使用计划，签订分包及租赁合同并严格执行。

7.组织制定项目经理部各类管理人员的职责和权限、各项管理制度，并认真贯彻执行。

8.科学地组织施工和加强各项管理工作。做好内、外各种关系的协调，为施工创造优越的施工条件。

9.做好工程竣工结算，资料整理归档，接受企业审计并做好项目经理部解体与善后工作。

（二）项目经理的权力

为了保证项目经理完成所担负的任务，必须授予相应的权力。项目经理应当有以下权力：

1.参与企业进行施工项目的投标和签订施工合同。

2.用人决策权。项目经理应有权决定项目管理机构班子的设置，选择、聘任班子内成员，对任职情况进行考核监督、奖惩，乃至辞退。

3.财务决策权。在企业财务制度规定的范围内，根据企业法定代表人的授权和施工项目管理的需要，决定资金的投入和使用，决定项目经理部的计酬方法。

4.进度计划控制权。根据项目进度总目标和阶段性目标的要求，对项目建设的进度进行检查、调整，并在资源上进行调配，从而对进度计划进行有效地控制。

5.技术质量决策权。根据项目管理实施规划或施工组织设计，有权批准重大技术方案和重大技术措施，必要时召开技术方案论证会，把好技术决策关和质量关，防止技术上决策失误，主持处理重大质量事故。

6.物资采购管理权。按照企业物资分类和分工，对采购方案、目标、到货要求，以及对供货单位的选择、项目现场存放策略等进行决策和管理。

7.现场管理协调权。代表公司协调与施工项目有关的内外部关系，有权处理现场突发事件，事后及时报公司主管部门。

（三）项目经理的利益

施工项目经理最终的利益是其行使权力和承担责任的结果，也是市场经济条件下责、权、利、效相互统一的具体体现。项目经理应享有以下的利益：

1.获得基本工资、岗位工资和绩效工资。

2.在全面完成"项目管理目标责任书"确定的各项责任目标，交工验收交结算后，接受企业考核和审计，可获得规定的物质奖励外，还可获得表彰、记功、优秀项目经理等荣誉称号和其他精神奖励。

3.经考核和审计，未完成"项目管理目标责任书"确定的责任目标或造成亏损的，按有关条款承担责任，并接受经济或行政处罚。

项目经理责任制是指以项目经理为主体的施工项目管理目标责任制度，用以确保项目履约，用以确立项目经理部与企业、职工三者之间的责、权、利关系。项目经理开始工作之前由建筑业企业法人或其授权人与项目经理协商、编制"项目管理目标责任书"，双方签字后生效。

项目经理责任制是以施工项目为对象，以项目经理全面负责为前提，以"项目管理目标责任书"为依据，以创优质工程为目标，以求得项目的最佳经济效益为目的，实行的一次性、全过程的管理。

五、项目经理责任制的特点

（一）项目经理责任制的作用

实行项目管理必须实现项目经理责任制。项目经理责任制是完成建设单位和国家对建筑业企业要求的最终落脚点。因此，必须规范项目管理，通过强化建立项目经理全面组织生产诸要素优化配置的责任、权力、利益和风险机制，更有利于对施工项目、工期、质量、成本、安全等各项目标实施强有力的管理，使项目经理有动力和压力，也有法律依据。

项目经理责任制的作用如下：

1.明确项目经理与企业和职工三者之间的责、权、利、效关系。

2.有利于运用经济手段强化对施工项目的法制管理。

3.有利于项目规范化、科学化管理和提高产品质量。

4.有利于促进和提高企业项目管理的经济效益和社会效益。

（二）项目经理责任制的特点

1. 对象终一性

以工程施工项目为对象，实行施工全过程的全面一次性负责。

2. 主体直接性

在项目经理负责的前提下，实行全员管理，指标考核、标价分离、项目核算，确保上缴集约增效、超额奖励的复合型指标责任制。

3. 内容全面性

根据先进、合理、可行的原则，以保证工程质量、缩短工期、降低成本、保证安全和文明施工等各项指标为内容的全过程的目标责任制。

4. 责任风险性

项目经理责任制充分体现了"指标突出、责任明确、利益直接、考核严格"的基本要求。

六、项目经理责任制的原则和条件

（一）项目经理责任制的原则

实行项目经理责任制有以下原则：

1. 实事求是

实事求是的原则就是从实际出发，做到具有先进性、合理性、可行性。不同的工程和不同的施工条件，其承担的技术经济指标不同，不同职称的人员实行不同的岗位责任，不追求形式。

2. 兼顾企业、责任者、职工三者的利益

企业的利益放在首位，维护责任者和职工个人的正当利益，避免人为的分配不公，切实贯彻按劳分配、多劳多得的原则。

3. 责、权、利、效统一

尽到责任是项目经理责任制的目标，以"责"授"权"、以"权"保"责"，以"利"激励尽"责"。"效"是经济效益和社会效益，是考核尽"责"水平的尺度。

4. 重在管理

项目经理责任制必须强调管理的重要性。因为承担责任是手段，效益是目的，管理是动力。没有强有力的管理，"效益"不易实现。

（二）项目经理责任制的条件

实施项目经理责任制应具备下列条件：

1. 工程任务落实、开工手续齐全、有切实可行的施工组织设计。

2. 各种工程技术资料齐全、劳动力及施工设施已配备，主要原材料已落实并能按计划提供。

3. 有一个懂技术、会管理、敢负责的人才组成的精干、得力的高效的项目管理班子。

4.赋予项目经理足够的权力，并明确其利益。

5.企业的管理层与劳务作业层分开。

七、项目管理目标责任书

在项目经理开始工作之前,由建筑业企业法定代表人或其授权人与项目经理协商,制定"项目管理目标责任书",双方签字后生效。

(一) 编制项目管理目标责任书的依据

1.项目的合同文件。

2.企业的项目管理制度。

3.项目管理规划大纲。

4.建筑业企业的经营方针和目标。

(二) 项目管理目标责任书的内容

1.项目的进度、质量、成本、职业健康安全与环境目标。

2.企业管理层与项目经理部之间的责任、权利和利益分配。

3.项目需用的人力、材料、机械设备和其他资源的供应方式。

4.法定代表人向项目经理委托的特殊事项。

5.项目经理部应承担的风险。

6.企业管理层对项目经理部进行奖惩的依据、标准和方法。

7.项目经理解职和项目经理部解体的条件及办法。

八、项目经理部的作用

项目经理部是施工项目管理的工作班子,置于项目经理的领导之下。在施工项目管理中有以下作用:

1.项目经理部在项目经理的领导下,作为项目管理的组织机构,负责施工项目从开工到竣工的全过程施工生产的管理,是企业在某一工程项目上的管理层,同时对作业层负有管理与服务的双重职能。

2.项目经理部是项目经理的办事机构,为项目经理决策提供信息依据,当好参谋。同时又要执行项目经理的决策意图,向项目经理负责。

3.项目经理部是一个组织体,其作用包括:完成企业所赋予的基本任务——项目管理与专业管理等。要具有凝聚管理人员的力量并调动其积极性,促进管理人员的合作;协调部门之间、管理人员之间的关系,发挥每个人的岗位作用;贯彻项目经理责任制,搞好管理;做好项目与企业各部门之间、项目经理部与作业队之间、项目经理部与建设单位、分包单位、材料和构件供方等的信息沟通。

4.项目经理部是代表企业履行工程承包合同的主体,对项目产品和业主全面、全过程负责;通过履行合同主体与管理实体地位的影响力,使每个项目经理部成为市场竞争的成员。

九、项目经理部建立原则

1.要根据所选择的项目组织形式设置项目经理部。不同的组织形式对施工项目管理部的管理力量和管理职责提出了不同的要求，同时也提供了不同的管理环境。

2.要根据施工项目的规模、复杂程度和专业特点设置项目经理部。项目经理部规模大、中、小的不同，职能部门的设置相应不同。

3.项目经理部是一个弹性的、一次性的管理组织,应随工程任务的变化而进行调整。工程交工后项目经理部应解体，不应有固定的施工设备及固定的作业队伍。

4.项目经理部的人员配置应面向施工现场，满足施工现场的计划与调度、技术与质量、成本与核算、劳务与物资、安全与文明施工的需要，而不应设置研究与发展、政工与人事等与项目施工关系较少的非生产性管理部门。

5.应建立有益于组织运转的管理制度。

十、项目经理部的机构设置

项目经理部的部门设置和人员的配置与施工项目的规模和项目的类型有关，要能满足施工全过程的项目管理，成为全体履行合同的主体。

项目经理部一般应建立工程技术部、质量安全部、生产经营部、物资（采购）部及综合办公室等。复杂及大型的项目还可设机电部。项目经理部人员由项目经理、生产或经营副经理、总工程师及各部门负责人组成。管理人员持证上岗。一级项目部由30～45人组成，二级项目部由20～30人组成，三级项目部由10～20人组成，四级项目部由5～10人组成。

项目经理部的人员实行一职多岗、一专多能、全部岗位职责覆盖项目施工全过程的管理，不留死角，以避免职责重叠交叉，同时实行动态管理，根据工程的进展程度，调整项目的人员组成。

十一、项目经理部的管理制度

项目经理部管理制度应包括以下各项：

1.项目管理人员岗位责任制度。

2.项目技术管理制度。

3.项目质量管理制度。

4.项目安全管理制度。

5.项目计划、统计与进度管理制度。

6.项目成本核算制度。

7.项目材料、机械设备管理制度。

8.项目现场管理制度。

9.项目分配与奖励制度。

10.项目例会及施工日志制度。

11.项目分包及劳务管理制度。

12.项目组织协调制度。

13.项目信息管理制度。

项目经理部自行制定的管理制度应与企业现行的有关规定保持一致。如项目部根据工程的特点、环境等实际内容，在明确适用条件、范围和时间后自行制定的管理制度，有利于项目目标的完成，可作为例外批准执行。项目经理部自行制定的管理制度与企业现行的有关规定不一致时，应报送企业或其授权的职能部门批准。

十二、项目经理部的建立步骤和运行

（一）项目经理部设立的步骤

1.根据企业批准的"项目管理规划大纲"，确定项目经理部的管理任务和组织形式。

2.确定项目经理部的层次；设立职能部门与工作岗位。

3.确定人员、职责、权限。

4.由项目经理根据"项目管理目标责任书"进行目标分解。

5.组织有关人员制定规章制度和目标责任考核、奖惩制度。

（二）项目经理部的运行

1.项目经理应组织项目经理部成员学习项目的规章制度，检查执行情况和效果，并应根据反馈信息改进管理。

2.项目经理应根据项目管理人员岗位责任制度对管理人员的责任目标进行检查、考核和奖惩。

3.项目经理部应对作业队伍和分包人实行合同管理，并应加强控制与协调。

4.项目经理部解体应具备下列条件。

（1）工程已以竣工验收。

（2）与各分包单位已经结算完毕。

（3）已协助企业管理层与发包人签订了"工程质量保修书"。

（4）"项目管理目标责任书"已经履行完成，经企业管理层审计合格。

（5）已与企业管理层办理了有关手续。

（6）现场最后清理完毕。

十三、编制施工项目管理规划

施工项目管理规划是对施工项目管理目标、组织、内容、方法、步骤、重点进行预测和决策，做出具体安排的纲领性文件。施工项目管理规划的内容主要如下。

1.进行工程项目分解，形成施工对象分解体系，以便确定阶段控制目标，从局部到整体地进行施工活动和进行施工项目管理。

2.建立施工项目管理工作体系，绘制施工项目管理工作体系图和施工项目管理工作信息流程图。

3.编制施工管理规划，确定管理点，形成施工组织设计文件，以利于执行。现阶段这个文件便以施工组织设计代替。

十四、进行施工项目的目标控制

施工项目的目标有阶段性目标和最终目标。实现各项目标是施工项目管理的目的所在，因此应当坚持以控制论理论为指导，进行全过程的科学控制。施工项目的控制目标包括进度控制目标、质量控制目标、成本控制目标、安全控制目标和施工现场控制目标。

在施工项目目标控制的过程中，会不断受到各种客观因素的干扰，各种风险因素随时可能发生，故应通过组织协调和风险管理，对施工项目目标进行动态控制。

十五、对施工项目的生产要素进行优化配置和动态管理

施工项目的生产要素是施工项目目标得以实现的保证，主要包括劳动力资源、材料、设备、资金和技术（即5M）。生产要素管理的内容如下。

1.分析各项生产要素的特点。

2.按照一定的原则、方法对施工项目生产要素进行优化配置，并对配置状况进行评价。

3.对施工项目各项生产要素进行动态管理。

十六、施工项目的合同管理

由于施工项目管理是在市场条件下进行的特殊交易活动的管理，这种交易活动从投标开始，持续于项目实施的全过程，因此必须依法签订合同。合同管理的好坏直接关系到项目管理及工程施工技术经济效果和目标的实现，因此要严格执行合同条款约定，进行履约经营，保证工程项目顺利进行。合同管理势必涉及国内和国际上有关法规和合同文本、合同条件，在合同管理中应予以高度重视。为了取得更多的经济效益，还必须重视索赔，研究索赔方法、策略和技巧。

十七、施工项目的信息管理

项目信息管理旨在适应项目管理的需要，为预测未来和正确决策提供依据，提高管理水平。项目经理部应建立项目信息管理系统，优化信息结构，实现项目管理信息化。项目信息包括项目经理部在项目管理过程中形成的各种数据、表格、图纸、文字、音像资料等。项目经理部应负责收集、整理、管理本项目范围内的信息。项目信息收集应随工程的进展进行，保证真实、准确。

　　施工项目管理是一项复杂的现代化的管理活动，要依靠大量信息及对大量信息进行管理。进行施工项目管理和施工项目目标控制、动态管理，必须依靠计算机项目信息管理系统，获得项目管理所需要的大量信息，并使信息资源共享。另外要注意信息的收集与储存，使本项目的经验和教训得到记录和保留，为以后的项目管理提供必要的资料。

第二节　水利工程建设项目管理模式

一、工程建设指挥部模式

（一）工程建设指挥部缺乏明确的经济责任

　　工程建设指挥部不是独立的经济实体，缺乏明确的经济责任。政府对工程建设指挥部没有严格、科学的经济约束，指挥部拥有投资建设管理权，却对投资的使用和回收不承担任何责任。也就是说，作为管理决策者，却不承担决策风险。

（二）管理水平低，投资效益难以保证

　　工程建设指挥部中的专业管理人员是从本行业相关单位抽调并临时组成的团队，应有的专业人员素质难以保障。而当他们在工程建设过程中积累了一定经验之后，又随着工程项目的建成而转入其他工程岗位。以后即使是再建设新项目，也要重新组建工程建设指挥部。为此，导致工程建设的管理水平难以提高。

（三）忽视了管理的规划和决策职能

　　工程建设指挥部采用行政管理手段，甚至采用军事作战的方式来管理工程建设，而不善于利用经济的方式和手段。它着重于工程的实现，而忽视了工程建设投资、进度、质量三大目标之间的对立统一关系。它努力追求工程建设的进度目标，却往往不顾投资效益和对工程质量的影响。

　　由于这种传统的建设项目管理模式自身的先天不足，使得我国工程建设的管理水平和投资效益长期得不到提高，建设投资和质量目标的失控现象也在许多工程中存在。随着我国社会主义市场经济体制的建立和完善，这种管理模式将逐步为项目法人责任制所替代。

二、传统管理模式

　　传统管理模式又称为通用管理模式。采用这种管理模式，业主通过竞争性招标将工程施工的任务发包给或委托给报价合理和最具有履约能力的承包商或工程咨询、工

程监理单位，并且业主与承包商、工程师签订专业合同。承包商还可以与分包商签订分包合同。涉及材料设备采购的，承包商还可以与供应商签订材料设备采购合同。

这种模式形成于 19 世纪，目前仍然是国际上最为通用的模式，世界银行贷款、亚洲开发银行贷款项目和采用国际咨询工程师联合会（FIDIC）的合同条件的项目均采用这种模式。

传统管理模式的优点是：由于应用广泛，因而管理方法成熟，各方对有关程序比较熟悉；可自由选择设计人员，对设计进行完全控制；标准化的合同关系；可自由选择咨询人员；采用竞争性投标。

传统管理模式的缺点是：项目周期长，业主的管理费用较高；索赔和变更的费用较高；在明确整个项目的成本之前投入较大。此外，由于承包商无法参与设计阶段的工作，设计的"可施工性"较差，当出现重大的工程变更时，往往会降低施工的效率，甚至造成工期延误等。

三、建筑工程管理模式（CM模式）

采用建筑工程管理模式，是以项目经理为特征的工程项目管理方式，是从项目开始阶段就由具有设计、施工经验的咨询人员参与到项目实施过程中来，以便为项目的设计、施工等方面提供建议。为此，又称为管理咨询方式。

建筑工程管理模式的特点，与传统的管理模式相比较，具有的主要优点有以下几个方面。

（一）设计深度到位

由于承包商在项目初期（设计阶段）就任命了项目经理，他可以在此阶段充分发挥自己的施工经验和管理技能，协同设计班子的其他专业人员一起做好设计，提高设计质量，为此，其设计的"可施工性"好，有利于提高施工效率。

（二）缩短建设周期

由于设计和施工可以平行作业，并且设计未结束便开始招标投标，使设计施工等环节得到合理搭接，可以节省时间，缩短工期，可提前运营，提高投资效益。

四、设计—采购—建造（EPC）交钥匙模式

EPC 模式是从设计开始，经过招标，委托一家工程公司对"设计—采购—建造"进行总承包，采用固定总价或可调总价合同方式。

EPC 模式的优点是：有利于实现设计、采购、施工各阶段的合理交叉和融合，提高效率，降低成本，节约资金和时间。

EPC 模式的缺点是：承包商要承担大部分风险，为减少双方风险，一般均在基础工程设计完成、主要技术和主要设备均已确定的情况下进行承包。

五、BOT模式

BOT模式即建造—运营—移交模式，它是指东道国政府开放本国基础设施建设和运营市场，吸收国外资金、本国私人或公司资金，授给项目公司特许权，由该公司负责融资和组织建设，建成后负责运营及偿还贷款。在特许期满时将工程移交给东道国政府。

BOT模式作为一种私人融资方式，其优点是：可以开辟新的公共项目资金渠道，弥补政府资金的不足，吸收更多投资者；减轻政府财政负担和国际债务，优化项目，降低成本；减少政府管理项目的负担；扩大地方政府的资金来源，引进外国的先进技术和管理，转移风险。

BOT模式的缺点是：建造的规模比较大，技术难题多，时间长，投资高。东道国政府承担的风险大，较难确定回报率及政府应给予的支持程度，政府对项目的监督、控制难以保证。

六、国际采用的其他管理模式

（一）设计—管理模式

设计—管理合同通常是指一种类似CM模式但更为复杂的，由同一实体向业主提供设计和施工管理服务的工程管理方式，在通常的CM模式中，业主分别就设计和专业施工过程管理服务签订合同。采用设计—管理合同时，业主只签订一份既包括设计也包括类似CM服务在内的合同。在这种情况下，设计师与管理机构是同一实体。这一实体常常是设计机构与施工管理企业的联合体。

设计—管理模式的实现可以有两种形式：一是业主与设计—管理公司和施工总承包商分别签订合同，由设计—管理公司负责设计并对项目实施进行管理；另一种形式是业主只与设计—管理公司签订合同，由设计公司分别与各个单独的承包商和供应商签订分包合同，由他们施工和供货。这种方式看作是CM与设计—建造两种模式相结合的产物，这种方式也常常对承包商采用阶段发包方式以加快工程进度。

（二）管理承包模式

业主可以直接找一家公司进行管理承包，管理承包商与业主的专业咨询顾问（如建筑师、工程师、测量师等）进行密切合作，对工程进行计划管理、协调和控制。工程的实际施工由各个承包商承担。承包商负责设备采购、工程施工以及对分包商的管理。

（三）项目管理模式

目前许多工程日益复杂，特别是当一个业主在同一时间内有多个工程处于不同阶段实施时，所需执行的多种职能超出了建筑师以往主要承担的设计、联络和检查的范围，这就需要项目经理。项目经理的主要任务是自始至终对一个项目负责，这可能包括项目任务书的编制，预算控制，法律与行政障碍的排除，土地资金的筹集，同时使设计者、计量工程师、结构、设备工程师和总承包商的工作协调地、分阶段地进行。在适当的时候引入指定分包商的合同，使业主委托的工作顺利进行。

（四）更替型合同模式（NC模式）

NC模式是一种新的项目管理模式，即用一种新合同更替原有合同，而二者之间又有密不可分的联系。业主在项目实施初期委托某设计咨询公司进行项目的初步设计，当这一部分工作完成（一般达到全部设计要求的30% ~ 80%）时，业主可开始招标选择承包商，承包商与业主签约时承担全部未完成的设计与施工工作，由承包商与原设计咨询公司签订设计合同，完成后一部分设计。设计咨询公司成为设计分包商，对承包商负责，由承包商对设计进行支付。

这种方式的主要优点是：既可以保证业主对项目的总体要求，又可以保持设计工作的连贯性，还可以在施工详图设计阶段吸收承包商的施工经验，有利于加快工程进度、提高施工质量，还可以减少施工中设计的变更，由承包商更多地承担这一实施期间的风险管理，为业主方减轻了风险，后一阶段由承包商承担了全部设计建造责任，合同管理也比较容易操作。采用NC模式，业主方必须在前期对项目有一个周密的考虑，因为设计合同转移后，变更就会比较困难，此外，在新旧设计合同更替过程中要细心考虑责任和风险的重新分配，以免引起纠纷。

第三节　水利工程建设程序与施工组织

一、水利工程建设程序

水利水电工程的建设周期长，施工场面布置复杂，投资金额巨大，对国民经济的影响不容忽视。工程建设必须遵守合理的建设程序，才能顺利地按时完成工程建设任务，并且能够节省投资。

在计划经济时代，水利水电工程建设一直沿用自建自营模式。在国家总体计划安排下，建设任务由上级主管单位下达，建设资金由国家拨款。建设单位一般是上级主管单位、已建水电站、施工单位和其他相关部门抽调的工程技术人员和工程管理人员临时组建的工程筹备处或工程建设指挥部。在条块分割的计划经济体制下，工程建设指挥部除了负责工程建设外，还要平衡和协调各相关单位的关系和利益。工程建成后，工程建设指挥部解散。其中一部分人员转变为水电站运行管理人员，其余人员重新回到原单位。这种体制形成于新中国成立初期。那时候国家经济实力薄弱，建筑材料匮乏，技术人员稀缺。集中财力、物力、人力于国家重点工程，对于新中国成立后的经济恢复和繁荣起到了重要作用。随着国民经济的发展和经济体制的转型，原有的这种建设管理模式已经不能适应国民经济的迅速发展，甚至严重地阻碍了国民经济的健康发展。经过 10 多年的改革，终于在 20 世纪 90 年代后期初步建立了既符合社会主义市场经济运行机制，又与国际惯例接轨的新型建设管理体系。在这个体系中，形成了项目法人责任制、投标招标制和建设监理制三项基本制度。在国家宏观调控下，建立了"以项目法人责任制为主体，以咨询、科研、设计、监理、施工、物供为服务、承包体系"的建设项目管理体制。投资主体可以是国资，也可以是民营或合资，充分调动各方的积极性。

项目法人的主要职责是：负责组建项目法人在现场的管理机构；负责落实工程建设计划和资金进行管理、检查和监督；负责协调与项目相关的对外关系。工程项目实行招标投标，将建设单位和设计、施工企业推向市场，达到公平交易、平等竞争。通过优胜劣汰，优化社会资源，提高工程质量，节省工程投资。建设监理制度是借鉴国际上通行的工程管理模式。监理为业主提供费用控制、质量控制、合同管理、信息管理、组织协调等服务。在业主授权下，监理对工程参与者进行监督、指导、协调，使工程在法律、法规和合同的框架内进行。

水利工程建设程序一般分为项目建议书、可行性研究、初步设计、施工准备（包括投标设计）、建设实施、生产准备、竣工验收、后评价等阶段，根据国民经济总体要求，项目建议书在流域规划的基础上，提出工程开发的目标和任务，论证工程开发的必要性。可行性研究阶段，对工程进行全面勘测、设计，进行多方案比较，提出工程投资估算，对工程项目在技术上是否可行和经济上是否合理进行科学的论证和分析，提出可行性研究报告。项目评估由上级组织的专家组进行，全面评估项目的可行性和合理性。项目立项后，顺序进行初步设计、技术设计（招标设计）和技施设计，并进行主体工程的实施。工程建成后经过试运行期，即可投产运行。

二、水利工程施工组织

（一）施工方案、设备的确定

在施工工程的组织设计方案研究中，施工方案的确定和设备及劳动力组合的安排和规划是重要的内容。

1.施工方案选择原则

在具体施工项目的方案确定时，需要遵循以下几条原则。

（1）确定施工方案时尽量选择施工总工期时间短、项目工程辅助工程量小、施工附加工程量小、施工成本低的方案。

（2）确定施工方案时尽量选择先后顺序工作之间、土建工程和机电安装之间、各项程序之间互相干扰小、协调均衡的方案。

（3）确定施工方案时要确保施工方案选择的技术先进、可靠。

（4）确定施工方案时着重考虑施工强度和施工资源等因素，保证施工设备、施工材料、劳动力等需求之间处于均衡状态。

2.施工设备及劳动力组合选择原则

在确定劳动力组合的具体安排以及施工设备的选择上，施工单位要尽量遵循以下几条原则。

（1）施工设备选择原则

施工单位在选择和确定施工设备时要注意遵循以下原则。

①施工设备尽可能地符合施工场地条件，符合施工设计和要求，并能保证施工项目保质保量地完成。

②施工项目工程设备要具备机动、灵活、可调节的性质，并且在使用过程中能达到高效低耗的效果。

③施工单位要事先进行市场调查，以各单项工程的工程量、工程强度、施工方案等为依据，确定何时的配套设备。

④尽量选择通用性强，可以在施工项目的不同阶段和不同工程活动中反复使用的设备。

⑤应选择价格较低，容易获得零部件的设备，尽量保证设备便于维护、维修、保养。

（2）劳动力组合选择原则

施工单位在选择和确定劳动力组合时要注意遵循以下原则。

①劳动力组合要保证生产能力可以满足施工强度要求。

②施工单位需要事先进行调查研究，确保劳动力组合能满足各个单项工程的工程量和施工强度。

③在选择配套设备的基础上，要按照工作面、工作班制、施工方案等确定最合理的劳动力组合，混合劳动力工种，实现劳动力组合的最优化。

（二）主体工程施工方案

水利工程涉及多种工种，其中主体工程施工主要包括地基处理、混凝土施工、碾压式土石坝施工等。而各项主体施工还包括多项具体工程项目。

1.混凝土施工方案选择原则

混凝土施工方案选择主要包括混凝土主体施工方案选择、浇筑设备确定、模板选择、坝体选择等内容。

（1）混凝土主体施工方案选择原则

在进行混凝土主体施工方案确定时，施工单位应该注意以下几部分的原则。

①混凝土施工过程中，生产、运输、浇筑等环节要保证衔接的顺畅和合理。

②混凝土施工的机械化程度要符合施工项目的实际需求，保证施工项目按质按量完成，并且能在一定程度上促进工程工期和进度的加快。

③混凝土施工方案要保证施工技术先进，设备配套合理，生产效率高。

④混凝土施工方案要保证混凝土可以得到连续生产，并且在运输过程中尽可能减少中转环节，缩短运输距离，保证温控措施可控、简便。

⑤混凝土施工方案要保证混凝土在初期、中期以及后期的浇筑强度可以得到平衡的协调。

⑥混凝土施工方案要尽可能保证混凝土施工和机电安装之间存在的相互干扰尽可

能少。

（2）混凝土浇筑设备选择原则

混凝土浇筑设备的选择要考虑多方面的因素，比如混凝土浇筑程序能否适应工程强度和进度、各期混凝土浇筑部位和高程与供料线路之间能否平衡协调等等。具体来说，在选择混凝土浇筑设备时，要注意以下几条原则。

①混凝土浇筑设备的起吊设备能保证对整个平面和高程上的浇筑部位形成控制。

②保持混凝土浇筑主要设备型号统一，确保设备生产效率稳定、性能良好，其配套设备能发挥主要设备的生产能力。

③混凝土浇筑设备要能在连续的工作环境中保持稳定的运行，并具有较高的利用效率。

④混凝土浇筑设备在工程项目中不需要完成浇筑任务的间隙可以承担起模板、金属构件、小型设备等的吊运工作。

⑤混凝土浇筑设备不会因为压块而导致施工工期的延误。

⑥混凝土浇筑设备的生产能力要在满足一般生产的情况下，尽可能满足浇筑高峰期的生产要求。

⑦混凝土浇筑设备应该具有保证混凝土质量的保障措施。

（3）模板选择原则

在选择混凝土模板时，施工单位应当注意以下原则。

①模板的类型要符合施工工程结构物的外形轮廓，便于操作。

②模板的结构形式应该尽可能标准化、系列化，保证模板便于制作、安装、拆卸。

③在有条件的情况下，应尽量选择混凝土或钢筋混凝土模板。

（4）坝体接缝灌浆设计原则

在坝体的接缝灌浆时应注意考虑以下几个方面。

①接缝灌浆应该发生在灌浆区及以上部位达到坝体稳定温度时，在采取有效措施的基础上，混凝土的保质期应该长于四个月。

②在同一坝缝内的不同灌浆分区之间的高度应该为 10 ~ 15 米。

③要根据双曲拱坝施工期来确定封拱灌浆高程，以及浇筑层顶面间的限定高度差值。

④对空腹坝进行封顶灌浆，火堆受气温影响较大的坝体进行接缝灌浆时，应尽可能采用坝体相对稳定且温度较低的设备进行。

2.碾压式土石坝施工方案选择原则

在进行碾压式土石坝施工方案选择时，要事先对工程所在地的气候、自然条件进行调查，搜集相关资料，统计降水、气温等多种因素的信息，并分析它们可能对碾压式土石坝材料的影响程度。

（1）碾压式土石坝料场规划原则

在确定碾压式土石坝的料场时，应注意遵循以下原则。

①碾压式土石坝料场的料物物理学性质要符合碾压式土石坝坝体的用料要求，尽可能保证物料质地的统一。

②料场的物料应相对集中存放，总储量要保证能满足工程项目的施工要求。

③碾压式土石坝料场要保证有一定的备用料区，并保留一部分料场以供坝体合龙和抢拦洪高时使用。

④以不同的坝体部位为依据，选择不同的料场进行使用，避免不必要的坝料加工。

⑤碾压式土石坝料场最好具有剥离层薄、便于开采的特点，并且应尽量选择获得坝料效率较高的料场。

⑥碾压式土石坝料场应满足采集面开阔、料场运输距离短的要求，并且周围存在足够的废料处理场。

⑦碾压式土石坝料场应尽量少地占用耕地或林场。

（2）碾压式土石坝料场供应原则

碾压式土石坝料场的供应应当遵循以下原则。

①碾压式土石坝料场的供应要满足施工项目的工程和强度需求。

②碾压式土石坝料场的供应要充分利用开挖渣料，通过高料高用、低料低用等措施保证料物的使用效率。

③尽量使用天然砂石料用作垫层、过滤和反滤，在附近没有天然砂石料的情况下，再选择人工料。

④应尽可能避免料物的堆放，如果避免不了，就将堆料场安排在坝区上坝道路上，并要保证防洪、排水等一系列措施的跟进。

⑤碾压式土石坝料场的供应尽可能减少料物和弃渣的运输量，保证料场平整，防止水土流失。

（3）土料开采和加工处理要求

在进行土料开采和加工处理时，要注意满足以下要求。

①以土层厚度、土料物理学特征、施工项目特征等为依据，确定料场的主次并进行区分开采。

②碾压式土石坝料场土料的开采加工能力应能满足坝体填筑强度的需求。

③要时刻关注碾压式土石坝料场天然含水量的高低，一旦出现过高或过低的状况，要采用一定具体措施加以调整。

④如果开采的土料物理力学特性无法满足施工设计和施工要求，那么应选择对采用人工砾质土的可能性进行分析。

⑤对施工场地、料场输送线路、表土堆存场等进行统筹规划，必要情况下还要对还耕进行规划。

（4）坝料上坝运输方式选择原则

在选择坝料上坝运输方式的过程中，要考虑运输量、开采能力、运输距离、运输费用、地形条件等多方面因素，具体来说，要遵循以下原则。

①坝料上坝运输方式要能满足施工项目填筑强度的需求。

②坝料上坝的运输在过程中不能和其他物料混掺，以免污染和降低料物的物理力学性能。

③各种坝料应尽量选用相同的上坝运输方式和运输设备。

④坝料上坝使用的临时设备应具有设施简易、便于装卸、装备工程量小的特点。

⑤坝料上坝尽量选择中转环节少、费用较低的运输方式。

（5）施工上坝道路布置原则

施工上坝道路的布置应遵循以下原则。

①施工上坝道路的各路段要能满足施工项目坝料运输强度的需求，并综合考虑各路段运输总量、使用期限、运输车辆类型和气候条件等多项因素，最终确定施工上坝的道路布置。

②施工上坝道路要能兼顾当地地形条件，保证运输过程中不出现中断的现象。

③施工上坝道路要能兼顾其他施工运输，如施工期过坝运输等，尽量和永久公路相结合。

④在限制运输坡长的情况下，施工上坝道路的最大纵坡不能大于15%。

（6）碾压式土石坝施工机械配套原则

确定碾压式土石坝施工机械的配套方案时应遵循以下原则。

①确定碾压式土石坝施工机械的配套方案要能在一定程度上保证施工机械化水平的提升。

②各种坝面作业的机械化水平应尽可能保持一致。

③碾压式土石坝施工机械的设备数量应该以施工高峰时期的平均强度进行计算和安排，并适当留有余地。

第四节　水利工程进度控制

一、概念

水利水电建设项目进度控制是指对水电工程建设各阶段的工作内容、工作秩序、持续时间和衔接关系。根据进度总目标和资源的优化配置原则编制计划，将该计划付诸实施，在实施的过程中经常检查实际进度是否按计划要求进行，对出现的偏差分析原因，采取补救措施或调整、修改原计划，直到工程竣工验收交付使用。进度控制的最终目的是确保项目进度目标的实现，水利水电建设项目进度控制的总目标是建设工期。

水利水电建设项目的进度受许多因素的影响，项目管理者需事先对影响进度的各种因素进行调查，预测他们对进度可能产生的影响，编制可行的进度计划，指导建设项目按计划实施。然而在计划执行过程中，必然会出现新的情况，难以按照原定的进度计划执行。这就要求项目管理者在计划的执行过程中，掌握动态控制原理，不断进行检查，将实际情况与计划安排进行对比，找出偏离计划的原因，特别是找出主要原因，然后采取相应的措施。措施的确定有两个前提：一是通过采取措施，维持原计划，使之正常实施；二是采取措施后不能维持原计划，要对进度进行调整或修正，再按新的计划实施。这样不断地计划、执行、检查、分析、调整计划的动态循环过程，就是进度控制。

二、影响进度因素

水利工程建设项目由于实施内容多、工程量大、作业复杂、施工周期长及参与施工单位多等特点，影响进度的因素很多，主要可归为人为因素，技术因素，项目合同因素，资金因素，材料、设备与配件因素，水文、地质、气象及其他环境因素，社会因素及一些难以预料的偶然突发因素等。

三、工程项目进度计划

工程项目进度计划可以分为进度控制计划、财务计划、组织人事计划、供应计划、劳动力使用计划、设备采购计划、施工图设计计划、机械设备使用计划、物资工程验收计划等。其中工程项目进度控制计划是编制其他计划的基础，其他计划是进度控制计划顺利实施的保证。施工进度计划是施工组织设计的重要组成部分，并规定了工程施工的顺序和速度。水利工程项目施工进度计划主要有两种：一是总进度计划，即对整个水利工程编制的计划，要求写出整个工程中各个单项工程的施工顺序和起止日期及主体工程施工前的准备工作和主体工程完工后的结尾工作的施工期限；二是单项工程进度计划，即对水利枢纽工程中主要工程项目，如大坝、水电站等组成部分进行编制的计划，写出单项工程施工的准备工作项目和施工期限，要求进一步从施工方法和技术供应等条件论证施工进度的合理性和可靠性，研究加快施工进度和降低工程成本的具体方法。

四、进度控制措施

进度控制的措施主要有组织措施、技术措施、合同措施、经济措施和信息措施。

1.组织措施包括落实项目进度控制部门的人员、具体控制任务和职责分工；项目分解、建立编码体系；确定进度协调工作制度，包括协调会议的时间，人员等；对影响进度目标实现的干扰和风险因素进行分析。

2.技术措施是指采用先进的施工工艺、方法等，以加快施工进度。

3.合同措施主要包括分段发包、提前施工以及合同期与进度计划的协调等。

4.经济措施是指保证资金供应。

5.信息管理措施主要是通过计划进度与实际进度的动态比较，收集有关进度的信息。

五、进度计划的检查和调整方法

在进度计划执行过程中,应根据现场实际情况不断进行检查,将检查结果进行分析,而后确定调整方案,这样才能充分发挥进度计划的控制功能,实现进度计划的动态控制。为此，进度计划执行中的管理工作包括：检查并掌握实际进度情况；分析产生进度偏差的主要原因；确定相应的纠偏措施或调整方法等3个方面。

（一）进度计划的检查

1.进度计划的检查方法

（1）计划执行中的跟踪检查

在网络计划的执行过程中，必须建立相应的检查制度，定时定期地对计划的实际执行情况进行跟踪检查，搜集反映实际进度的有关数据。

（2）搜集数据的加工处理

搜集反映实际进度的原始数据量大面广，必须对其进行整理、统计和分析，形成与计划进度具有可比性的数据，以便在网络图上进行记录。根据记录的结果可以分析判断进度的实际状况，及时发现进度偏差，为网络图的调整提供信息。

（3）实际进度检查记录的方式

①当采用时标网络计划时，可采用实际进度前锋线记录计划实际执行情况，进行实际进度与计划进度的比较。

实际进度前锋线是在原时标网络计划上，自上而下从计划检查时刻的时标点出发，用点画线依次将各项工作实际进度达到的前锋点连接成的折线。通过实际进度前锋线与原进度计划中的各项工作箭线交点的位置可以判断实际进度与计划进度的偏差。

②当采用无时标网络计划时，可在图上直接用文字、数字、适当符号或列表记录计划的实际执行状况，进行实际进度与计划进度的比较。

2.网络计划检查的主要内容

（1）关键工作进度。

（2）非关键工作的进度及时差利用的情况。

（3）实际进度对各项工作之间逻辑关系的影响。

（4）资源状况。

（5）成本状况。

（6）存在的其他问题。

3.对检查结果进行分析判断

通过对网络计划执行情况检查的结果进行分析判断，可为计划的调整提供依据。一般应进行如下分析判断：

（1）对时标网络计划可利用绘制的实际进度前锋线，分析计划的执行情况及其发展趋势，对未来的进度做出预测、判断，找出偏离计划目标的原因及可供挖掘的潜力所在。

（2）对无时标网络计划可根据实际进度的记录情况对计划中未完的工作进行分析判断。

（二）进度计划的调整

进度计划的调整内容包括：调整网络计划中关键线路的长度、调整网络计划中非关键工作的时差、增（减）工作项目、调整逻辑关系、重新估计某些工作的持续时间、对资源的投入作相应调整。网络计划的调整方法如下。

1. 调整关键线路法

（1）当关键线路的实际进度比计划进度拖后时，应在尚未完成的关键工作中，选择资源强度小或费用低的工作缩短其持续时间，并重新计算未完成部分的时间参数，将其作为一个新的计划实施。

（2）当关键线路的实际进度比计划进度提前时，若不想提前工期，应选用资源占有量大或者直接费用高的后续关键工作，适当延长期持续时间，以降低其资源强度或费用；当确定要提前完成计划时，应将计划尚未完成的部分作为一个新的计划，重新确定关键工作的持续时间，按新计划实施。

2. 非关键工作时差的调整方法

非关键工作时差的调整应在其时差范围内进行，以便更充分地利用资源、降低成本或满足施工的要求。每一次调整后都必须重新计算时间参数. 观察该调整对计划全局的影响，可采用以下几种调整方法：

（1）将工作在其最早开始时间与最迟完成时间范围内移动。

（2）延长工作的持续时间。

（3）缩短工作的持续时间。

3. 增减工作时的调整方法

增减工作项目时应符合这样的规定：不打乱原网络计划总的逻辑关系，只对局部逻辑关系进行调整；在增减工作后应重新计算时间参数，分析对原网络计划的影响。当对工期有影响时，应采取调整措施，以保证计划工期不变。

4. 调整逻辑关系

逻辑关系的调整只有当实际情况要求改变施工方法或组织方法时才可进行，调整时应避免影响原定计划工期和其他工作的顺利进行。

5. 调整工作的持续时间

当发现某些工作的原持续时间估计有误或实现条件不充分时，应重新估算其持续时间，并重新计算时间参数，尽量使原计划工期不受影响。

6. 调整资源的投入

当资源供应发生异常时，应采用资源优化方法对计划进行调整，或采取应急措施，使其对工期的影响最小。

网络计划的调整可以定期调整，也可以根据检查的结果随时调整。

第四章 水利工程施工项目进度管理

第一节 工程项目进度计划编制

一、工程项目进度计划的编制依据

1.工程项目承包合同及招标投标书。

2.工程项目全部设计施工图纸及变更洽商。

3.工程项目所在地区位置的自然条件和技术经济条件。

4.工程项目预算资料、劳动定额及机械台班定额等。

5.工程项目拟采用的主要施工方案及措施、施工顺序、流水段划分等。

6.工程项目需要的主要资源。主要包括劳动力状况、机具设备能力、物资供应来源条件等。

7.建设方、总承包方及政府主管部门对施工的要求。

8.现行规范、规程和技术经济指标等有关技术规定。

二、工程项目进度计划的编制步骤

1.确定进度计划的目标、性质和任务。

2.进行工作分解，确定各项作业持续时间。

3.收集编制证据。

4.确定工作的起止时间及里程碑。

5.处理各工作之间的逻辑关系。

6.编制进度表。

7.编制进度说明书。

8.编制资源需要量及供应平衡表。

9.报有关部门批准。

三、工程项目进度计划按表示方法的分类

（一）横道图表示工程项目进度计划

横道图又称甘特（Gatt）图，是被广泛应用的进度计划表达方式，横道图通常在左侧垂直向下依次排列工程任务的各项工作名称，而在右边与之紧邻的时间进度表中则对应各项工作逐一绘制横道线，使每项工作的起止时间均可由横道线的两个端点来表示。

如某拦河闸工程有3个孔闸，每孔净宽5m。闸身为钢筋混凝土结构，平底板，闸墩高5m，上部有公路桥、工作桥和工作便桥。岸墙采用重力式混凝土结构，上、下游两侧为重力式浆砌块石翼墙。总工期为8个月，采取明渠导流。进度要求：第一年汛后4月开始施工准备工作，第二年1月底完成闸塘土方开挖，2月起建筑物施工，汛前5月底完工。

进度计划安排要点如下：应以混凝土工程、吊装工程为骨干，再安排砌石工程和土方回填。导流工程要保证1月的闸塘开挖。准备工作要保证2月的混凝土浇筑。混凝土工程应以底板、墩墙、工作桥排架、启闭机安装为主线，吊装前1个月完成预制任务（也可提前预制）。砌石工程以翼墙墙身为主，护坦、护坡为辅。

横道图直观易懂，编制较为容易，它不仅能单一表达进度安排情况，而且还可以形成进度计划与资源，或资金供应与使用计划的各种组合，故使用非常方便，受到普遍欢迎。但横道图也存在不能明确地表达工作之间的逻辑关系，无法直接进行计划的各种时间参数计算，不能表明什么是影响计划工期的关键因素，不便于进行计划的优化与调整等明显缺点。横道图法适用于中小型水利工程进度计划的编制。

（二）网络图表示工程项目进度计划

网络图是利用由箭线和节点所组成的网状图形来表示总体工程任务各项工作的系统安排的一种进度计划表达方式。

此外，表示进度计划的方法还有文字说明、形象进度表、工程进度线、里程碑时间图等。对同种性质的工程适用工程进度线表示进度计划和分析进度偏差，对线性工程如隧洞开挖衬砌，高坝施工可以采用形象进度图表示施工进度。施工进度计划常采用网络计划方法或横道图表示。在此重点介绍双代号和单代号网络图、时间坐标双代号网络图。

四、双代号网络进度计划

网络计划技术的基本原理是：应用网络图形来表示一项计划中各项工作的开展顺序及其相互之间的关系；通过网络图进行时间参数的计算，找出计划中的关键工作和

关键线路,能够不断改进网络计划,寻求最优方案,以最小的消耗取得最大的经济效果。在工程领域,网络计划技术的应用尤为广泛,被称为工程网络计划技术。

(一) 双代号网络进度计划的表示方法

双代号网络图是由若干表示工作或工序(或施工过程)的箭线和节点组成的,每一个工作或工序(或施工过程)都由一根箭线和两个节点表示,根据施工顺序和相互关系,将一项计划用上述符号从左向右绘制而成的网状图形,称为双代号网络图。双代号网络图由箭线、节点、线路三个要素组成。其含义和特点如下。

1.箭线

(1)在双代号网络图中,一根箭线表示一项工作(或工序、施工过程、活动等),如支立模板、绑扎钢筋等。所包括的工作内容可大可小,既可以表示一项分部工程,又可以表示某一建筑物的全部施工过程(一个单位工程或一个工程项目),也可以表示某一分项工程等。

(2)每一项工作都要消耗一定的时间和资源。只要消耗一定时间的施工过程都可作为一项工作。各施工过程用实箭线表示。

(3)在双代号网络图中,为了正确表达施工过程的逻辑关系,有时必须使用一种虚箭线。这种虚箭线没有工作名称,不占用时间,不消耗资源,只解决工作之间的连接问题,称之为虚工作。虚工作在双代号网络计划中起施工过程之间逻辑连接或逻辑间断的作用。

(4)箭线的长短不按比例绘制,即其长短不表示工作持续时间的长短。箭线的方向在原则上是任意的,但为使图形整齐、醒目,一般应画成水平直线或垂直折线。

(5)双代号网络图中,就某一工作而言,紧靠其前面的工作称为紧前工作,紧靠其后面的工作称为紧后工作,该工作本身则称为本工作,与之平行的工作称为平行工作。

2.节点

(1)网络图中表示工作或工序开始、结束或连接关系的圆圈称为节点。节点表示前道工序的结束和后道工序的开始。一项计划的网络图中的节点有开始节点、中间节点、结束节点三类。网络图的第一个节点为开始节点,表示一项计划的开始;网络图的最后一个节点称为结束节点,表示一项计划的结束;其余都称为中间节点,任何一个中间节点既是其紧前工作的结束节点,又是其紧后工作的开始节点。

(2)节点只是一个"瞬间",它既不消耗时间,也不消耗资源。

(3)网络图中的每个节点都要编号。编号方法是:从开始点开始,从小到大,自左向右,从上到下,用阿拉伯数字表示。编号原则是:每一个箭尾节点的号码 i 必须小于箭头节点的号码 $j(i<j)$,编号可连续,也可隔号不连续,但所有节点的编号不能重复。

3.线路

从网络图的开始节点到结束节点,沿着箭线的指向所构成的若干条"通道"即为线路。关键线路用粗箭线或双箭线标出,以区别于其他非关键线路。在一项施工进度计划中有时会出现几条关键线路。关键线路在一定条件下会发生变化，关键线路可能会转化为非关键线路，而非关键线路也可能转化为关键线路。

（二）双代号网络进度计划的绘制原则

网络计划必须通过网络图来反映，网络图的绘制是网络计划技术的基础。要正确绘制网络图，就必须正确地反映网络图的逻辑关系，遵守绘图的基本规则。

1.必须正确表达已定的逻辑关系

网络图的逻辑关系是指工作中客观存在的一种先后顺序关系和施工组织要求的相互制约、相互依赖的关系。逻辑关系包括工艺关系和组织关系。

工艺关系是由施工工艺决定的顺序关系，这种关系是确定的、不能随意更改的。如坝面作业的工艺顺序为铺土、平土和压实，这是在施工工艺上必须遵循的逻辑关系，不能违反。

组织关系是在施工组织安排中，综合考虑各种因素，在各施工过程中主观安排的先后顺序关系。这种关系不受施工工艺的限制，不由工程性质本身决定，在保证施工质量、安全和工期等前提下，可以人为安排。

2.应只有一个开始节点和一个结束节点。

3.严禁出现编号相同的箭线。

4.严禁出现循环回路。

5.严禁出现双向箭头和无箭头的连线。

6.严禁出现没有箭尾节点或箭头节点的箭线。

7.当网络图中不可避免地出现箭线交叉时，应采用过桥法或断线法来表示。

8.当网络图的开始节点有多条外向箭线或结束节点有多条内向箭线时，为使图形简洁，可用母线法表示。

五、双代号时标网络计划

双代号时标网络计划（简称时标网络计划）是以时间为坐标尺度绘制的网络计划。时标的时间单位应根据需要在编制网络计划之前确定，可为小时、天、周、旬、月或季等。

时标网络计划以实箭线表示工作，以虚箭线表示虚工作，以波形线表示工作与其紧后工作之间的时间间隔。时标网络计划中的箭线宜用水平箭线或由水平段和垂直段组成的箭线，不宜用斜箭线。虚工作也宜如此，但虚工作的水平段应绘成波形线。

时标网络计划宜按各个工作的最早开始时间编制，即在绘制时应使节点、工作和虚工作尽量向左（网络计划开始节点的方向）靠，直至不出现逆向箭线和逆向虚箭线为止。

时标网络计划的绘制方法有间接绘制法和直接绘制法两种。

（一）间接绘制法

间接绘制法是先绘制出非时标网络计划，确定出关键线路，再绘制时标网络计划。

绘制时，先绘制关键线路，再绘制非关键工作，某些工作箭线长度不足以达到该工作的完成节点时，用波形线补足，箭头画在波形与节点连接处。

（二）直接绘制法

直接绘制法是不需绘出非时标网络计划而直接绘制时标网络计划的。绘制步骤如下：

1.将开始节点定位在时标表的起始刻度线上。

2.按工作持续时间在时标表上绘制以网络计划开始节点为开始节点的工作的箭线。

3.其他工作的开始节点必须在该工作的全部紧前工作都绘出后，定位在这些紧前工作最晚完成的时间刻度上。

某些工作的箭线长度不足以达到该节点时，用波形线补足，箭头画在波形线与节点连接处。

4.用上述方法自左至右依次确定其他节点位置，直至网络计划结束节点定位绘完，网络计划的结束节点是在无紧后工作的工作全部绘出后，定位在最晚完成的时间刻度上。

时标网络计划的关键线路可由结束节点逆箭线方向朝开始节点逐次进行判定，自始至终都不出现波形线的线路即为关键线路。

六、单代号网络计划

（一）单代号网络图的表示方法

单代号网络图是网络计划的另一种表示方法。单代号网络图的一个节点代表一项工作。节点代号、工作名称、作业时间都标注在节点圆圈或方框内，而箭线仅表示各项工作之间的逻辑关系。因此，箭线既不占用时间，也不消耗资源。箭线仅用来表示工作之间的顺序关系。用这种表示方法把一项计划中所有工作按先后顺序和其相互之间的逻辑关系，从左至右绘制而成的图形，称为单代号网络图。用这种网络图表示的计划叫作单代号网络计划。

（二）单代号网络图的绘制

单代号网络图和双代号网络图所表达的计划内容是一致的，两者的区别仅在于绘图的符号不同。单代号网络图的箭线的含义是表示顺序关系，节点表示一项工作；而双代号网络图的箭线表示的是一项工作，节点表示联系。在双代号网络图中出现较多的虚工作，而单代号网络图中没有虚工作。

1.单代号网络图的绘图规则

（1）网络图必须按照已定的逻辑关系绘制。

（2）严禁在网络图中出现没有箭尾节点的箭线和没有箭头节点的箭线。

（3）绘制网络图时，宜避免箭线交叉。当交叉不可避免时，可采用过桥法、断线法表示。

（4）网络图中有多项开始工作或多项结束工作时，就大网络图的两端分别设置一项虚拟的工作，作为该网络图的开始节点及结束节点。

2.绘制单代号网络图的方法和步骤

绘制单代号网络图的方法和步骤如下：

（1）根据已知的紧前工作确定出其紧后工作。

（2）确定出各工作的节点位置号。可令无紧前工作的工作节点位置号为零，其他工作的节点位置号等于其紧前工作的节点位置号的最大值加1。

（3）根据节点位置号和逻辑关系绘出网络图。

第二节　网络计划时间参数的计算

网络计划时间参数计算的目的是：确定工期；确定关键线路、关键工作和非关键工作；确定非关键工作的机动时间。

一、双代号网络计划时间参数的概念及符号

TE_i—— 节点 i 的最早时间；

TL_i—— 节点 i 的最迟时间；

ES_{i-j} —— 工作 i-j 的最早开始时间；

EF_{i-j} —— 工作 i-j 的最早完成时间；

LS_{i-j} —— 工作 i-j 的最迟开始时间；

LF_{i-j} —— 工作 i-j 的最迟完成时间；

FF_{i-j} —— 工作 i-j 的自由时差；

TF_{i-j} —— 工作 i-j 的总时差；

D_{i-j} —— 工作 i-j 的持续时间。

计算双代号网络计划时间参数的方法有分析计算法、图上计算法、表上计算法、矩阵计算法、电算法等。在此仅介绍图上计算法，该法适用于工作较少的网络图。

（一）图上计算法计算双代号网络计划时间参数的方法和步骤

1.节点最早时间（TE）

节点时间是指某个瞬时或时点，最早时间的含义是该节点前面工作全部完成后其工作最早此时才可能开始。其计算规则是从网络图的开始节点开始，沿箭头方向逐点向后计算，直至结束节点。方法是"顺着箭头方向相加，逢箭头相碰的节点取最大值"。

计算公式是：

（1）起始节点的最早时间 $TE_i = 0$ ；

（2）中间节点的最早时间 $TE_j = \max\left[TE_i + D_{i-j}\right]$ 。

2. 节点最迟时间（TL）

节点最迟时间的含义是其前各工序最迟此时必须完成。其计算规则是从网络图结束节点开始，逆箭头方向逐点向前计算直至开始节点。方法是"逆着箭线方向相减，逢箭尾相碰的节点取最小值"。

计算公式是：

（1）结束节点的最迟时间：$TL_n = TE_n$ （或规定工期）；

（2）中间节点的最迟时间：$TL_i = \min\left[TL_j + D_{i-j}\right]$ 。

3. 工作最早开始时间（ES）

工作最早开始时间的含义是该工作最早此时才能开始。它受该工作开始节点最早时间控制，即等于该工作开始节点最早时间。

计算公式为

$$ES_{i-j} = TE_i$$

4. 工作最早完成时间（EF）

工作最早完成时间的含义是该工作最早此时才能结束，它受该工作开始节点最早时间控制，即等于该工作开始最早时间加上该项工作的持续时间。

计算公式为

$$EF_{i-j} = TE_i + D_{i-j} = ES_{i-j} + D_{i-j}$$

5. 工作最迟完成时间（LF）

工作最迟完成时间的含义是该工作此时必须完成。它受工作结束节点最迟时间控制，即等于该项工作结束节点的最迟时间。

计算公式为

$$LF_{i-j} = TL_j$$

6. 工作最迟开始时间（AS）

工作最迟开始时间的含义是该工作最迟此时必须开始。它受该工作结束节点最迟时间控制，即等于该工作结束节点的最迟时间减去该工作持续时间。

计算公式为

$$LS_{i-j} = TL_i - D_{i-j} = LF_{i-j} - D_{i-j}$$

7. 工作总时差（TF）

工作总时差的 S 含义是该工作可能利用的最大机动时间。在这个时间范围内若延长或推迟本工作时间，不会影响总工期。求出节点或工作的开始和完成时间参数后，即可计算该工作总时差。其数值等于该工作结束节点的最迟时间减去该工作开始节点的最早时间，再减去该工作的持续时间。

计算公式为

$$TF_{i-j} = TL_i - TE_i - D_{i-j} = LF_{i-j} - EF_{i-j} = LS_{i-j} - ES_{i-j}$$

工作总时差主要用于控制计划总工期和判断关键工作。凡是总时差为最小的工作就是关键工作，其余工作就是非关键工作。

8. 工作自由时差（FF）

工作自由时差的含义是在不影响后续工作按最早可能开始时间开始的前提下，该工作能够自由支配的机动时间。其数值等于该工作结束节点的最早时间减去该工作开始节点的最早时间再减去该工作的持续时间。

计算公式为

$$FF_{i-j} = TE_j - TE_i - D_{i-j} = ES_{j-k} - ES_{i-j} - D_{i-j} = ES_{j-k} - EF_{i-j}$$

（二）确定关键线路

1. 根据总时差确定关键线路

方法是：根据计算的总时差来确定关键工作，总时差最小的工作是关键工作，将关键工作依次连接起来组成的线路即为关键线路。关键工作一般用双箭线或粗黑箭线表示。

2. 用标号法确定关键线路

（1）其他节点的标号值等于以该节点为完成节点的各个工作的开始节点标号值加其持续时间之和的最大值，即

$$b_j = \max\left[b_i + D_{i-j}\right]$$

从网络计划的开始节点顺着箭线方向按节点编号从小到大的顺序逐次算出标号值，并标注在节点上方。宜用双标号法进行标注，即用源节点（得出标号值的节点）作为第一标号，用标号值作为第二标号。

（2）将节点都标号后，从网络计划结束节点开始，从右向左按源节点寻求出关键线路。网络计划结束节点的标号值即为计算工期。

二、时标网络计划时间参数的确定

关键线路：从结束节点向开始节点逆箭杆观察，自始至终没有波浪线的通路即为关键线路。

最早开始时间：工作箭线左端节点中心所对应的时标值为该工作的最早开始时间。

最早完成时间：如箭线右段无波纹线，则该箭线右端节点中心所对应的时标值为该工作的最早完成时间。

自由时差：时标网络计划上波纹线的长度即为自由时差。

总时差：从结束节点向开始节点推算，紧后工作的总时差的最小值与本工作的自由时差之和，即为本工作的总时差。

三、单代号网络图时间参数的计算

（一）计算最早开始时间和最早完成时间

网络计划中各项工作的最早开始时间和最早完成时间的计算应从网络计划的开始节点开始，顺着箭线方向依次逐项计算。网络计划的开始节点的最早开始时间为0。如开始节点的编号为1，则：

$$ES_i = 0 \quad (i = 1)$$

工作最早完成时间等于该工作最早开始时间加上其持续时间，即

$$EF_i = ES_i + D_i$$

工作最早开始时间等于该工作的各个紧前工作的最早完成时间的最大值。

（二）网络计划的计算工期

网络计划的计算工期等于网络计划的结束节点 n 的最早完成时间 EF，即

$$T_c = EF_n$$

（三）相邻两项工作之间的时间间隔

相邻两项工作 i 和 j 之间的时间间隔 LAG_{i-j} 等于紧后工作 j 的最早开始时间 ES_j 和本工作的最早完成时间 EF_i 之差，即

$$LAG_{i-j} = ES_j - EF_i$$

（四）工作总时差

工作 i 的总时差 TF_i 应从网络计划的结束节点开始，逆着箭线方向依次逐项计算。网络计划结束节点的总时差等于计划工期减去计算工期。

其他工作 i 的总时差 TF_i 等于该工作的各个紧后工作 j 的总时差 TF_j 加该工作与其紧后工作之间的时间间隔 LAG_{i-j} 之和的最小值，即

$$TF_i = \min\{TF_j + LAG_{i-j}\}$$

（五）工作自由时差

若工作 i 无紧后工作，其自由时差 FF_j 等于计划工期 T_p 减该工作的最早完成时间时 EF_m，即

$$FF_j = T_P - EF_n$$

当工作 i 有紧后工作 j 时，其自由时差 FF_i 等于该工作与其紧后工作 j 之间的时间间隔 LAG_{i-j} 的最小值，即

$$FF_i = \min\left[LAG_{i-j}\right]$$

（六）工作的最迟开始时间和最迟完成时间

网络计划结束节点所代表的工作的最迟完成时间应等于计划工期，即 $LF=T$；其他工作最迟完成时间等于该工作的紧后工作的最迟开始时间的最小值，即

$$LF_i = \min LS_j = \min\left[LF_j - D_j\right] \quad (i < j)$$

工作的最迟开始时间等于最迟完成时间减去该工作的持续时间。

（七）关键工作和关键线路的确定

关键工作：总时差最小的工作是关键工作。

关键线路的确定按以下规定：从开始节点开始到结束节点均为关键工作，且所有工作的时间间隔为零的线路为关键线路。

第三节 网络计划优化

根据工作之间的逻辑关系，可以绘制出网络图，计算时间参数，得到关键工作和关键线路。但这只是一个初始网络计划，还需要根据不同要求进行优化，从而得到一个满足工程要求、成本低、效益好的网络实施计划。

网络计划优化，就是在满足既定的约束条件下，按某一目标，通过不断调整，寻找最优网络计划方案的过程。如计算工期大于要求工期，就要压缩关键工作持续时间以缩短工期，称为工期优化；如某种资源供应有一定的限制，就要调整工作安排以经济有效地利用资源，称为资源优化；如要降低工程成本，就要重新调整计划以满足最低成本要求，称为费用优化。在工程施工中，工期目标、资源目标和费用目标是相互影响的，必须综合考虑各方面的要求，力求获得最好的效果，得到最优的网络计划。

网络计划优化的原理主要有两个：一是压缩关键工作持续时间，以优化工期目标、费用目标；二是调整非关键工作的安排，以优化资源目标。

一、工期优化

网络工期优化是指当计算工期不能满足要求工期时，通过压缩关键工作的持续时间满足工期要求的过程。

（一）压缩关键工作的原则

工期优化通常通过压缩关键工作的持续时间来实现。在这一过程中，要注意以下两个原则：

1.不能将关键工作压缩为非关键工作。

2.当出现多条关键线路时，要将各条关键线路作相同程度的压缩；否则，不能有效缩短工期。

（二）压缩关键工作的选择

在对关键工作的持续时间进行压缩时，要注意到其对工程质量、施工安全、施工成本和施工资源供应的影响。一般按下列因素择优选择关键工作进行压缩：

1.缩短持续时间后对工程质量、安全影响不大的关键工作。

2.备用资源充足的关键工作。

3.缩短持续时间后所增加的费用最少的关键工作：

（三）工期优化的步骤

1.计算并找出初始网络计划的计算工期、关键线路及关键工作。

2.按要求工期确定应压缩的时间 ΔT，即

$$\Delta T = T_c - T_r$$

式中　T_c——计算工期；

T_r——要求工期。

3.确定各关键工作可能的压缩时间 a

4.按优先顺序选择将要压缩的关键工作，调整其持续时间，并重新计算网络计划的计算工期。

5.当计算工期仍大于要求工期时，则重复上述步骤，直到满足工期要求或工期不能再压缩为止。

6.当所有关键活动的持续时间均压缩到极限，仍不能满足工期要求时，应对计划的原技术、组织方案进行调整，或对要求工期进行重新审定。

二、资源优化

所谓资源，是指完成工程项目所需的人力、材料、机械设备和资金等的统称。在一定的时期内，某个工程项目所需的资源量基本上是不变的，一般情况下，受各种条件的制约，这些资源也是有一定限量的。因此，在编制网络计划时，必须对资源进行统筹安排，保证资源需要量在其限量之内且尽量均衡。资源优化就是通过调整工作之间的安排，使资源按时间的分布符合优化的目标。

资源优化可分为资源有限、工期最短和工期固定、资源均衡两类问题。

（一）资源有限、工期最短的优化

资源有限、工期最短的优化是指在资源有限的条件下，保证各工作的单位时间的资源需要量不变，寻求工期最短的施工计划过程。

资源有限、工期最短的优化步骤：

1.根据工程情况，确定资源在一个时间单位的最大限量 R_a。

2.按最早时间参数绘制双代号时标网络图，根据各个工作在单位时间的资源需要量，统计出每个时间单位内的资源需要量 R_t。

3.从左向右逐个时间单位进行检查。当 $R_t \leq R_a$ 时，资源符合要求，不需调整工作安排；当 $R_t > R_a$ 时，资源不符合要求，按工期最短的原则调整工作安排，即选择一项工作向右移到另一项工作的后面，使 $R_t \leq R_a$，同时使工期延长的时间 ΔD 最小。

若将 i-j 工作移到 m-n 之后，则使工期延长的时间 ΔD 为

$$\Delta D_{m\text{-}ni\text{-}j}=EF_{m\text{-}n}+D_{i\text{-}j}-LF_{i\text{-}j}=EF_{m\text{-}n}-LS_{i\text{-}j}$$

4.绘制出调整后的时标网络计划图。

5.重复上述2～4步骤，直至所有时间单位内的资源需要量都不超过资源最大限量，资源优化即告完成。

（二）工期固定、资源均衡的优化

工期固定、资源均衡的优化是指在工期保持不变的条件下，使资源需要量尽可能分布均衡的过程。也就是在资源需要量曲线上尽可能不出现短期高峰或长期低谷情况，力求使每天资源需要量接近于平均值。

工期固定、资源均衡的优化方法有多种，如方差值最小法、极差值最小法、削峰法等。以下仅介绍削峰法，即利用非关键工作的机动时间，在工期固定的条件下，使得资源峰值尽可能减小。

工期固定、资源均衡的优化步骤：

1.根据各个工作在每个时间单位的资源需要量，统计出每个时间单位内的资源需要量 R_t。

2.找出资源高峰时段的最后时刻 T_h，计算非关键工作如果向右移到 T_h 处，还剩下的机动时间 $\Delta T_{i\text{-}j}$，即

$$\Delta T_{i-j} = TF_{i-j} - \left(T_h - ES_{i-j}\right)$$

当 $\Delta T_{i\text{-}j} \geq 0$ 时，则说明该工作可以向右移出高峰时段，使得峰值减小，并且不影响工期。当有多个工作 $\Delta T_{i\text{-}j} \geq 0$，应选择 $\Delta T_{i\text{-}j}$ 值最大的工作向右移出高峰时段。

3.绘制出调整后的时标网络计划图。

4.重复上述2～3步骤，直至高峰时段的峰值不能再减少，资源优化即告完成。

三、费用优化

费用优化又称为工期成本优化，即通过分析工期与工程成本（费用）的相互关系，寻求最低工程总成本（总费用）。

（一）工期和费用的关系

工程费用包括直接费用和间接费用两部分，直接费是直接投入到工程中的成本，即在施工过程中耗费的人工费、材料费、机械设备费等构成工程实体相关的各项费用；而间接费是间接投入到工程中的成本，主要由公司管理费、财务费用和工期变化带来的其他损益（如效益增量和资金的时间价值）等构成。一般情况下，直接费用随工期的缩短而增加，与工期成反比；间接费用随工期的缩短而减少，与工期成正比。

（二）费用优化的步骤

寻求最低费用和最优工期的基本思路是从网络计划的各活动持续时间和费用的关系中，依次找出能使计划工期缩短，又能使直接费用增加最少的活动，不断地缩短其持续时间，同时考虑其间接费用叠加，即可求出工程费用最低时的最优工期和工期确定时相应的最低费用。

1.按工作的正常持续时间确定计算工期和关键线路。

2.计算间接费用率 $\Delta C'$ 和各项工作的直接费用率 $\Delta C_{i\text{-}j}$。

3.当只有一条关键线路时，应找出直接费用率 $\Delta C_{i\text{-}j}$ 最小的一项关键工作，作为缩短持续时间的对象；当有多条关键线路时，应找出组合直接费用率 $\sum \Delta C_{i\text{-}j}$；最小的一组关键工作，作为缩短持续时间的对象。

4.对选定的压缩对象缩短其持续时间，缩短值 ΔT 必须符合两个原则：一是不能压缩成非关键工作；二是缩短后其持续时间不小于最短持续时间。

5.计算压缩对象缩短后总费用的变化 C_i：

$$C_i = \sum \left(\Delta C_{i-j} \times \Delta T \right) - \Delta C' \times \Delta T$$

6.当 $C_{i,}$ 0，重复上述 3～5 步骤，一直计算到 $C_i > 0$，即总费用不能降低为止，费用优化即告完成。

第四节 施工进度控制

一、施工进度计划执行过程中偏差分析的方法

（一）横道图比较法

横道图比较法是指将项目实施过程中检查实际进度收集到的数据，经加工整理后直接用横道线平行绘于原计划的横道线处，进行实际进度与计划进度的比较方法。采用横道图比较法，可以形象、直观地反映实际进度与计划进度的比较情况。

（二）S形曲线比较法

以横坐标表示进度时间，以纵坐标表示累计完成工作任务量而绘制出来的曲线将是一条S形曲线，S形曲线比较法就是将进度计划确定的计划累计完成工作任务量和实际累计完成工作量分别绘制成S形曲线，并通过两者的比较借以判断实际进度与计划进度相比是超前还是滞后。

通过比较实际进度S形曲线和计划进度S形曲线，可以获得如下信息：

1. 工程项目实际进展状况

如果工程实际进展点落在计划进度S形曲线左侧，表明此时实际进度比计划进度超前，如图4-1中的a点；如果工程实际进展点落在计划进度S形曲线右侧，表明此时实际进度拖后，如图4-1中的b点；如果工程实际进展点正好落在计划进度S形曲线上，则表示此时实际进度与计划进度一致。

2. 工程项目实际进度超前或拖后的时间

在S形曲线比较图中可以直接读出实际进度比计划进度超前或拖后的时间。如图4-1所示，ΔT_a表示T_a时刻实际进度超前的时间；ΔT_b表示T_b时刻实际进度拖后的时间。

3. 工程项目实际超额或拖欠的任务量

在S形曲线比较图中，也可以直接读出实际进度比计划进度超额或拖欠的任务量。如图4-1所示，ΔQ_a表示T_a时刻超额完成的任务量，ΔQ_b表示T_b时刻拖欠的任务量。

4. 后期工程进度预测

如果后期工程按原计划速度进行，则可作出后期工程计划S形曲线，如图4-1中虚线所示，从而可以确定工期拖延预测值ΔT_c。

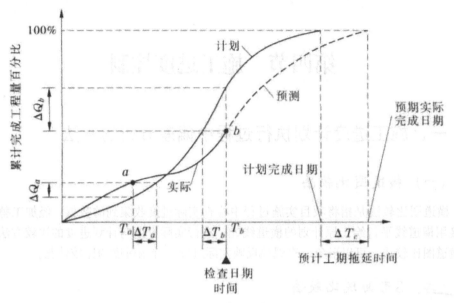

图 4-1　S形曲线比较法

（三）香蕉形曲线比较法

香蕉形曲线比较法借助于两条S形曲线概括表示：其一是按工作的最早可以开始时间安排计划进度而绘制的S形曲线，称为ES曲线；其二是按工作的最迟必须开始时间安排计划进度而绘制的S形曲线，称为LS曲线。由于两条曲线除在开始点和结束点相互重合以外，ES曲线上的其余各点均落在LS曲线的左侧，从而使得两条曲线围合成一个形如香蕉的闭合曲线圈，故将其称为香蕉形曲线（见图4-2）。

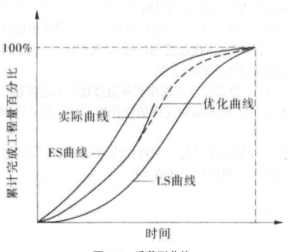

图 4-2　香蕉形曲线

（四）前锋线比较法

前锋线比较法是适用于时标网络计划的实际进度与计划进度的比较方法。前锋线是指从计划执行情况检查时刻的时标位置出发，经依次连接时标网络图上每一工作箭线的实际进度点，再最终结束于检查时刻的时标位置而形成的对应于检查时刻各项工作实际进度前锋点位置的折线（一般用点画线标出），故前锋线也可称为实际进度前锋线。简而言之，前锋线比较法就是借助于实际进度前锋线比较工程实际进度与计划进度偏差的方法。

二、施工进度调整方法

（一）施工进度计划的调整原则

1.进度偏差体现为某项工作的实际进度超前

当计划进度执行过程中产生的进度偏差体现为某项工作的实际进度超前时，若超前幅度不大，此时计划不必调整；若超前幅度过大，则此时计划必须调整。

2.进度偏差体现为某项工作的实际进度滞后

（1）若出现进度偏差的工作为关键工作，则由于工作进度滞后，必然会引起后续工作最早开工时间的延误和整个计划工期的相应延长，因此必须对原定进度计划采取相应调整措施。

（2）若出现进度偏差的工作为非关键工作，且工作进度滞后天数已超出其总时差，则由于工作进度延误同样会引起后续工作最早开工时间的延误和整个计划工期的相应延长，因此必须对原定进度计划采取相应调整措施。

（3）若出现进度偏差的工作为非关键工作，且工作进度滞后天数已超出其自由时差而未超出其总时差，则由于工作进度延误只引起后续工作最早开工时间的延误而对整个计划工期并无影响，因此此时只有在后续工作最早开工时间不宜推后的情况下才考虑对原定计划采取相应调整措施。

（4）若出现进度偏差的工作为非关键工作，且工作进度滞后天数未超出其自由时差，则由于工作进度延误对后续工作的最早开工时间和整个计划工期均无影响，因此不必对原定计划采取任何调整措施。

（二）施工进度计划的调整方法

1.改变某些后续工作之间的逻辑关系

若进度偏差已影响计划工期，并且有关后续工作之间的逻辑关系允许改变，此时可变更位于关键线路或位于非关键线路但延误时间已超出其总时差的有关工作之间的逻辑关系，从而达到缩短工期的目的。例如，可将按原计划安排依次进行的工作关系改为平行进行、搭接进行或分段流水进行的工作关系。通过变更工作逻辑关系缩短工期，往往简便易行且效果显著。

2.缩短某些后续工作的持续时间

当进度偏差已影响计划工期，进度计划调整的另一方法是不改变工作之间的逻辑关系，而是压缩某些后续工作的持续时间，以借此加快后期工程进度，从而使原计划工期仍然能够得以实现。应用本方法需注意被压缩持续时间的工作应是位于因工作实际进度拖延而引起计划工期延长的关键线路或某些非关键线路上的工作，且这些工作应切实具有压缩持续时间的余地。可压缩对质量、安全影响不大、费率增加较小，资源充足，工作面充裕的工作。

该方法通常是在网络图中借助图上分析计算直接进行，其基本思路是：通过计算到计划执行过程中某一检查时刻剩余网络时间参数的计算结果确定工作进度偏差对计划工期的实际影响程度，再以此为依据反过来推算有关工作持续时间的压缩幅度，其具体计算分析步骤一般为：

（1）删去截止计划执行情况检查时刻业已完成的工作，将检查计划时的当前日期作为剩余网络的开始日期形成剩余网络；

（2）将正处于进行过程中的工作的剩余持续时间标注于剩余网络图中；

（3）计算剩余网络的各项时间参数；

（4）据剩余网络时间参数的计算结果推算有关工作持续时间的压缩幅度。

第五章 水利工程施工排水

第一节 施工导流

一、施工导流的基本方法

(一) 全段围堰法

采用全段围堰法导流方式，就是在河床主体工程的上下游各建一道拦河围堰，使河水经河床以外的临时泄水道或永久泄水建筑物下泄。主体工程建成或接近建成时，再将临时泄水道封堵。在我国黄河等干流上已建成或在建的许多水利工程采用全段围堰法的导流方式，如龙羊峡、大峡、小浪底以及拉西瓦等水利枢纽，在施工过程中均采用河床外隧洞或明渠导流。

全段围堰法导流，其泄水建筑物类型有以下几种：

1.明渠导流

明渠导流是在河岸上开挖渠道，在水利工程施工基坑的上下游修建围堰挡水，将原河水通过明渠导向下游。

明渠导流多用于岸坡较缓，有较宽阔滩地或岸坡上有沟溪、老河道可利用，施工导流流量大，地形、地质条件利于布置明渠的工程。明渠导流费用一般比隧洞导流费用少，过流能力大，施工比较简单，因此，在有条件的地方宜采用明渠导流。

2.隧洞导流

隧洞导流是在河岸中开挖隧洞，在水利工程施工基坑的上下游修筑围堰挡水，将原河水通过隧洞导向下游。隧洞导流多用于山区间流。由于山高谷窄，两岸山体陡峻，无法开挖明渠而有利于布置隧洞。隧洞的造价较高，一般情况下都是将导流隧洞与永久性建筑物相结合，达到一洞多用的目的。通常永久隧洞的进口高程较高，而导流隧洞的进口高程较低，此时，可开挖一段低高程的导流隧洞与永久隧洞低离程部分相连，导流任务完成后，将导流隧洞进口段封堵，这种布置俗称"龙抬头"。

3. 涵管导流

在河岸枯水位以上的岩滩上筑造涵管，然后在水利工程施工基坑上下游修筑围堰挡水，将原河水通过涵管导向下游。涵管导流一般用于中、小型土石坝、水闸等工程，分期导流的后期导流也有采用涵管导流的方式。

与隧洞相比，涵管导流方式具有施工工作面大，施工灵活、方便、速度快，工程造价低等优点。涵管一般为钢筋混凝土结构。当与永久涵管相结合时，采用涵管导流比较合理。在某些情况下，可在建筑物岩基中开挖沟槽，必要时加以衬砌，然后顶部加封混凝土或钢筋混凝土顶拱，形成涵管。

4. 渡槽导流

枯水期，在低坝、施工流量不大（通常不超过 20～30 m3/s），河床狭窄、分期预留缺口有困难，以及无法利用输水建筑物导流的情况下，可采用渡槽导流。渡槽一般为木质（已较少用）或装配式钢筋混凝土的矩形槽，用支架架设在上下游围堰之间，将原河水或渠道水导向下游。它结构简单，建造迅速，适用于流量较小的情况下。对于水闸工程的施工，采用闸孔设置渡槽较为有利。农田水利工程施工过程中，在不影响渠道正常输水情况下修筑渠系建筑物时，也可以采用这种导流方式。

（二）分段围堰法

分段围堰法前期都利用束窄的原河床导流，后期要通过事先修建的泄水建筑物导流，常见的泄水建筑物有以下几种。

1. 底孔导流

混凝土坝施工过程中，采用坝体内预设临时或永久泄水孔洞，使河水通过孔洞导向下游的施工导流方式称为底孔导流。底孔导流多用于分期修建的混凝土闸坝工程中，在全段围堰法的后期施工中，也常采用底孔导流。底孔导流的优点是挡水建筑物上部施工可以不受水流干扰，有利于均衡连续施工，对于修建高坝特别有利。若用坝体内设置的永久底孔作施工导流，则更为理想。其缺点是坝体内设置临时底孔，增加了钢材的用量；如果封堵质量差，不仅造成漏水，还会削弱大坝的整体性；在导流过程中，底孔有被漂浮物堵塞的可能性；封堵时，由于水头较高，安放闸门及止水均较困难。

底孔的进出水口体型、底孔糙率、闸槽布置、溢流坝段下孔流的水流条件等都会影响底孔的泄流能力。底孔进水口的水流条件不仅影响泄流能力，也是造成空蚀破坏的重要因素。对盐锅峡水电站的施工导流底孔（4 m×9 m），进口曲线是折线，在该部位设置了两道闸门。

2. 坝体缺口导流

混凝土坝施工过程中，在导流设计规定的部位和高程上，预留缺口，宣泄洪水期部分流量的临时性辅助导流度汛措施。缺口完成辅助导流任务后，仍按设计要求建成永久性建筑物。

缺口泄流流态复杂，泄流能力难以准确计算，一般以水力模型试验值作参考。进口主流与溢流前沿斜交或在溢流前沿形成回流、旋涡，是影响缺口泄流能力的主要因素。缺口的形式和高程不同，也严重影响泄流的分配。在溢流坝段设缺口泄流时，由于其底缘与已建溢流面不协调，流态很不稳定；在非溢流坝段设缺口泄流时，对坝下游河床的冲刷破坏应予以足够的重视。

3. 厂房导流

利用正在施工中的厂房的某些过水建筑物，将原河水导向下游的导流方式称为厂房导流。

水电站厂房是水电站的主要建筑物之一，由于水电站的水头、流量、装机容量、水轮发电机组型式等因素及水文、地质、地形等条件各不相同，厂房型式各异，布置也各不相同。应根据厂房特点及发电的工期安排，考虑是否需要和可能利用厂房进行施工导流。

二、围堰

围堰是围护水工建筑物施工基坑，避免施工过程中受水流干扰而修建的临时挡水建筑物。在导流任务完成以后，如果未将围堰作为永久建筑物的一部分，围堰的存在妨碍永久水利枢纽的正常运行时，应予以拆除。

（一）一围堰的基本型式及构造

1. 土石围堰

在水利工程中，土石围堰通常是用土和石渣（或砾石）填筑而成的。由于土石围堰能充分利用当地材料，构造简单，施工方便，对地形地质条件要求低，便于加高培厚，所以应用较广。

土石围堰的上下游边坡取决于围堰高度及填土的性质。用砂土、黏土及堆石建造土石围堰，一般将堆石体放在下游，砂土和黏土放在上游以起防渗作用。堆石与土料接触带设置反滤，反滤层最小厚度不小于 0.3 m。用砂砾土及堆石建造土石围堰，则需设置防渗体。若围堰较高、工程量较大，往往要考虑将堰体作为土石坝体的组成部分，此时，对围堰质量的要求与坝体填筑质量要求完全相同。

土石坝常用土质斜墙或心墙防渗。也有用混凝土或沥青混凝土心墙防渗，并在混凝土防渗墙上部接土工膜材料防渗。当河床覆盖层较浅时，可在挖除覆盖层后直接在基岩上浇筑混凝土心墙，但目前更多的工程则是采用直接在堰体上造孔挖槽穿过覆盖层浇筑各种类型的混凝土防渗墙。早期的堰基覆盖层多用黏土铺盖加水泥灌浆防渗。近年来，高压喷射灌浆防渗逐渐兴起，效果较好。

2. 草土围堰

为避免河道水流干扰，用麦草、稻草和土作为主要材料建成的围护施工基坑的临时挡水建筑物。

我国两千多年以前，就有将草、土材料用于宁夏引黄灌溉工程及黄河堵口工程的记载，在青铜峡、八盘峡、刘家峡及盐锅峡等黄河上的大型水利工程中，也都先后采用过草土围堰这种筑堰型式。

草土围堰可在水流中修建，其施工方法有散草法、捆草法和端捆法，普遍采用的是捆草法。用捆草法修筑草土围堰时，先将两束直径为 0.3 ~ 0.7 m、长为 1.5 ~ 2.0 m、重约 5 ~ 7 kg 的草束用草绳扎成一捆，并使草绳留出足够的长度；然后沿河岸在拟修围堰的整个宽度范围内分层铺草捆，铺一层草捆，填一层土料（黄土、粉土、沙壤土或黏土），铺好后的土料只需人工踏实即可，每层草捆应按水深大小叠接 1/3 ~ 2/3，这样层层压放的草捆形成一个斜坡，坡角约为 35° ~ 45°，直到高出水面 1 m 以上为止；随后在草捆层的斜坡上铺一层厚 0.20 ~ 0.30 m 的散草，再在散草上铺上一层约 0.30 m 厚的土层，这样就完成了堰体的压草、铺草和铺土工作的一个循环；连续进行以上施工过程，堰体即可不断前进，后部的堰体则渐渐沉入河底。当围堰出水后，在不影响施工进度的前提下，争取铺土打夯，把围堰逐步加高到设计高程。

3. 混凝土围堰

混凝土围堰的抗冲与抗渗能力大，挡水水头高，底宽小，易于与永久混凝土建筑物相连接，必要时还可过水，既可作横向围堰，又可作纵向围堰，因此采用得比较广泛。

混凝土围堰对地基要求较高，多建于岩基上。修建混凝土围堰，往往要先建临时土石围堰，并进行抽水、开挖、清基后才能修筑。混凝土围堰的型式主要有重力式和拱型两种。

（1）重力式混凝土围堰

施工中采用分段围堰法导流时，常用重力式混凝土围堰往往可兼作第一期和第二期纵向围堰，两侧均能挡水，还能作为永久建筑物组成的一部分，如隔墙、导墙等。重力式混凝土围堰的断面型式与混凝土重力坝断面型式相同。为节省混凝土，围堰不与坝体接合的部位，常采用空框式、支墩式和框格式等。重力式混凝土围堰基础面一般都设排水孔，以增强围堰的稳定性并可节约混凝土。碾压混凝土围堰投资小、施工速度快、应用潜力巨大。

（2）拱型混凝土围堰

一般适用在两岸陡峻、岩石坚实的山区或河谷覆盖层不厚的河流上。此时常采用隧洞及允许基坑淹没的导流方案。这种围堰高度较高，挡水水头在 20 m 以上，能适应较大的上下游水位差及单宽流量，技术上也较可靠。通常围堰的拱座是在枯水期水面以上施工的，当河床的覆盖层较薄时也可进行水下清基、立模、浇筑部分混凝土；若覆盖层较厚则可灌注水泥浆防渗加固。堰身的混凝土浇筑则要进行水下施工，难度较高。在拱基两侧要回填部分砂砾料以利灌浆，形成阻水帐幕。有的工程在堆石体上修筑重力式拱型围堰。围堰的修筑通常从岸边沿围堰轴线向水中抛填砂砾石或石渣进占；出水后进行灌浆，使抛填的砂砾石体或石渣体固结，并使灌浆帷幕穿透覆盖层直至隔水层；然后在砂砾石体或石渣体上浇筑重力式拱型混凝土围堰。

拱型混凝土围堰与重力式混凝土围堰相比，断面较小，节省混凝土用量，施工速度较快。

（4）过水围堰

过水围堰是在一定条件下允许堰顶过水的围堰。过水围堰既能担负挡水任务，又能在汛期泄洪，适用于洪枯流量比值大，水位变幅显著的河流。其优点是减小施工导流泄水建筑物规模，但过流时基坑内不能施工。对于可能出现枯水期有洪水而汛期又有枯水的河流，可通过施工强度和导流总费用（包括导流建筑物和淹没基坑的总费用总和）的技术经济比较，选用合理的挡水设计流量。一般情况下，根据水文特性及工程重要性，给出枯水期5%～10%频率的几个流量值，通过分析论证选取，选取的原则是力争在枯水年能全年施工。为了保证堰体在过水条件下的稳定性，还需要通过计算或试验确定过水条件下的最不利流量，作为过水设计流量。

当采用允许基坑淹没的导流方案时，围堰堰顶必须允许过水。如前所述，土石围堰是散粒体结构，是不允许过水的。因为土石围堰过水时，一般受到两种破坏作用：一是水流往下游坡面下泄，动能不断增加，冲刷堰体表面；二是由于过水时水流渗入堆石体所产生的渗透压力引起下游坡面同堰顶一起深层滑动，最后导致溃堰的严重后果。因此，土石过水围堰的下游坡面及堰脚应采用可靠的加固保护措施。目前采用的有：大块石护面、钢丝笼护面、加钢筋护面及混凝土板护面等，较普遍的是混凝土板护面。

（5）木笼围堰

木笼围堰是用方木或两面锯平的圆木叠搭而成的内填块石或卵石的框格结构，具有耐水流冲刷，能承受较高水头，断面较小，既可作为横向围堰，又可作为纵向围堰，其顶部经过适当处理后还可以允许过水。

（6）钢板桩围堰

用钢板桩设置单排、双排或格型体，既可建于岩基，又可建于土基上，抗冲刷能力强，断面小，安全可靠。堰顶浇筑混凝土盖板后可溢流。钢板桩围堰的修建、拆除可用机械施工，钢板桩回收率高，但质量要求较高，涉及的施工设备亦较多。

钢板桩格型围堰按挡水高度不同，其平面型式有圆筒形格体、扇形格体及花瓣形格体，应用较多的是圆筒形格体。

圆筒形格体钢板桩围堰是由一字形钢板桩拼装而成，由一系列主格体和联弧段所构成。格体内填充透水性较强的填料，如砂、砂卵石或石渣等。

2.围堰型式的选择

围堰的基本要求：

（1）具有足够的稳定性、防渗性、抗冲性及一定的强度；

（2）造价低，工程量较少，构造简单，修建、维护及拆除方便；

（3）围堰之间的接头、围堰与岸坡的连结要安全可靠；

（4）混凝土纵向围堰的稳定与强度，需充分考虑不同导流时期，双向先后承受水压的特点。

选择围堰型式时，必须根据当地具体条件，施工队伍的技术水平、施工经验和特长，在满足对围堰基本要求的前提下，通过技术经济分析对比，加以选择。

3.导流标准

导流建筑物级别及其设计洪水的标准称为导流标准。导流标准是确定导流设计流量的依据，而导流设计流量是选择导流方案、确定导流建筑物规模的主要设计依据。导流标准与工程所在地的水文气象特征、地质地形条件、永久建筑物类型、施工工期等直接相关，需要结合工程实际，全面综合分析其技术上的可行性和经济上的合理性，准确选择导流建筑物级别及设计洪水标准，使导流设计流量尽量符合实际施工流量，以减少风险，节约投资。

4.围堰的平面布置与堰顶高程

（1）围堰平面位置

围堰的平面布置是一项很重要的设计任务。如果布置不当，围护基坑的面积过大，会增加排水设备容量；面积过小，会妨碍主体工程施工，影响工期；严重的话，会造成水流不畅，围堰及其基础被水冲刷，直接影响主体工程的施工安全。

根据施工导流方案、主体工程轮廓、施工对围堰的要求以及水流宣泄通畅等条件进行围堰的平面布置。全部拦断河床采用河床外导流方式，只布置上、下游横向围堰；分期导流除布置横向围堰外，还要布置纵向围堰。横向围堰一般布置在主体工程轮廓线以外，并要考虑给排水设施、交通运输、堆放材料及施工机械等留有充足的空间；纵向围堰与上、下游横向围堰共同围住基坑，以保证基坑内的工程施工。混凝土纵向围堰的一部分或全部常作为永久性建筑物的组成部分。围堰轴线的布置要力求平顺，以防止水流产生旋涡淘刷围堰基础。迎水一侧，特别是在横向围堰接头部位的坡脚，需加强抗冲保护。对于松软地基要进行渗透坡降验算，以防发生管涌破坏。纵向围堰在上、下游的延伸视冲刷条件而定，下游布置一般结合泄水条件综合予以考虑。

（2）堰顶高程

堰顶高程的确定取决于导流设计流量以及围堰的工作条件。不过水围堰堰顶高程可按下式计算：

$$H_1 = h_1 + h_{b1} + \delta$$

$$H_2 = h_2 + h_{h2} + \delta$$

式中　H_1、H_2——上、下游围堰堰顶高程，m；

h_1、h_z——上、下游围堰处的设计洪水静水位，m；

h_{b1}、h_{b2}——上、下游围堰处的波浪爬高，m；

δ——安全超高，m

上游设计洪水静水位取决于设计导流洪水流量及泄水能力。当利用永久性泄水建筑物导流时，若其断面尺寸及进口高程已给定，则可通过水力计算求出上游设计洪水静水位；当用临时泄水建筑物导流时，可求出不同上游设计洪水静水位时围堰与泄水建筑物总造价，从中选出最经济的上游设计洪水静水位。

上游设计洪水静水位的具体计算方法如下。

当采用渡槽、明渠、明流式隧洞或分段围堰法的束窄河床导流时，设计洪水静水位按下式计算：

$$h_1 = H + h + Z$$

式中　H——泄水建筑物进口底槛高程，m；

h——进口处水深，m；

Z——进口水位落差，m。

计算进口处水深，首先应判断其流态。对于缓流，应做水面曲线进行推算，但近似计算时，可采用正常水深；对于急流，可以近似采用临界水深计算。

进口水位落差 Z 可用下式计算：

$$Z = \frac{v^2}{2g\varphi^2} - \frac{v_0^2}{2g}$$

式中 v—— 进口内流速，m/s

v_0—— 上游行进流速，m/s；

φ—— 考虑侧向收缩的流速系数，随紧 扣形状不同而变化，一般取 $0.8 \sim 0.85$；

g——重力加速度，9.81 m/s2。

当采用隧洞、涵管或底孔导流，并为压力流时，设计洪水静水位按下式计算：

$$h_1 = H + h$$

$$h = h_p - iL + \frac{v^2}{2g}\left(1 + \sum \xi_1 + \xi_2 L\right) - \frac{v_0^2}{2g}$$

式中 H—— 隧洞等进水口底槛高程，m；

h—— 隧洞进水前水深，m；

h_p—— 从隧洞出口底槛算起的下游计算水深，当出口实际水深小于洞高时，按 85% 洞高计算；

$\sum \xi_1$—— 局部水头损失系数总和；

ξ_2—— 沿程水头损失系数；

v—— 洞内平均流速，m/s；

i—— 隧洞纵向坡降；

L—— 隧洞长度，m。

下游围堰的设计洪水静水位，可以根据该处的水位—流量关系曲线确定。当泄水建筑物出口较远，河床较陡，水位较低时，也可能不需要下游围堰。

纵向围堰的堰顶高程，要与束窄河段宣泄导流设计流量时的水面曲线相适应。因此，纵向围堰的顶面通常做成倾斜状或阶梯状，其上、下端分别与上、下游围堰同高。

过水围堰的高程应通过技术经济比较确定。从经济角度出发，求出围堰造价与基坑淹没损失之和为最小的围堰高程；从技术角度出发，对修筑一定高度过水围堰的技术水平作出可行性评价。一般过水围堰堰顶高程按静水位加波浪爬高确定，不再加安全超高。

5. 围堰的防渗、防冲

围堰的防渗和防冲是保证围堰正常工作的关键问题，对土石围堰来说尤为突出。一般土石围堰在流速超过 3.0 m/s 时，会发生冲刷现象，尤其在采用分段围堰法导流时，若围堰布置不当，在束窄河床段的进、出口和沿纵向围堰会出现严重的涡流，淘刷围堰及其基础，导致围堰失事。

如前所述，土石围堰的防渗一般采用斜墙、斜墙接水平铺盖、垂直防渗墙或灌浆帷幕等措施。围堰一般需在水中修筑，因此如何保证斜墙和水平铺盖的水下施工质量是一个关键课题。大量工程实践表明，尽管斜墙和水平铺盖的水下施工难度较高，但只要施工方法选择得当，是能够保证质量的。

四、施工度汛

保护跨年度施工的水利工程，在施工期间安全度过汛期而不遭受洪水损害的措施称为施工度汛。施工度汛，需根据已确定的当年度汛洪水标准，制订度汛规划及技术措施。

（一）施工度汛阶段

水利枢纽在整个施工期间都存在度汛问题，一般分为3个施工度汛阶段：

1.基坑在围堰保护下进行抽水、开挖、地基处理及坝体修筑，汛期完全靠围堰挡水，叫作围堰挡水的初期导流度汛阶段；

2.随着坝体修筑高度的增加，坝体高于围堰，从坝体可以挡水到临时导流泄水建筑物封堵这一时段，叫作大坝挡水的中期导流度汛阶段；

3.从临时导流泄水建筑物封堵到水利枢纽基本建成，永久建筑物具备设计泄洪能力，工程开始发挥效益这一时段，叫作施工蓄水期的后期导流度汛阶段。施工度汛阶段的划分与前面提到的施工导流阶段是完全吻合的。

（二）施工度汛标准

不同的施工度汛阶段有不同的施工度汛标准。根据水文特征、流量过程线特征、围堰类型、永久性建筑物级别、不同施工阶段库容、失事后果及影响等制订施工度汛标准。特别重要的城市或下游有重要工矿企业、交通设施及城镇时，施工度汛标准可适当提高。由于导流泄水建筑物泄洪能力远不及原河道的泄流能力，如果汛期洪水大于建筑物泄洪能力时，必有一部分水量经过水库调节，虽然使下泄流量得到削减，但却抬高了坝体上游水位。确定坝体挡水或拦洪高程时，要根据规定的拦洪标准，通过调洪演算，求得相应最大下泄量及水库最高水位再加上安全超高，便得到当年坝体拦洪高程。

（三）围堰及坝体挡水度汛

由于土石围堰或土石坝一般不允许堰（坝）体过水，因此这类建筑物是施工度汛研究的重点和难点。

1.围堰挡水度汛

截流后，应严格掌握施工进度，保证围堰在汛前达到拦洪度汛高程。若因围堰土石方量太大，汛前难以达到度汛要求的高程时，则需要采取临时度汛措施，如设计临时挡水度汛断面，并满足安全超高、稳定、防渗及顶部宽度能适应抢险子堰等要求。临时断面的边坡必要时应做适当防护，避免坡面受地表径流冲刷。在堆石围堰中，则可用大块石、钢筋笼、混凝土盖面、喷射混凝土层、顶面和坡面钢筋网以及伸入堰体内水平钢筋系统等加固保护措施过水。若围堰是以后挡水坝体的一部分，则其度汛标准应参照永久建筑物施工过程中的度汛标准，其施工质量应满足坝体填筑质量的要求。

2. 坝体挡水度汛

水利水电枢纽施工过程中，中、后期的施工导流，往往需要由坝体挡水或拦洪。例如主体工程为混凝土坝的枢纽中，若采用两段两期围堰法导流，在第二期围堰放弃时，未完建的混凝土建筑物，就不仅要担负宣泄导流设计流量的任务，而且还要起一定的挡水作用。又如主体工程为土坝或堆石坝的枢纽，若采用全段围堰隧洞或明渠导流，则在河床断流以后，常常要求在汛期到来以前，将坝体填筑到拦洪高程，以保证坝身能安全度汛。此时由于主体建筑物已开始投入运用，水库已拦蓄一定水量，此时的导流标与临时建筑物挡水时应有所不同。一般坝体挡水或拦洪时的导流标准，视坝型和拦洪库容的大小而定。

度汛措施一般根据所采用的导流方式、坝体能否溢流及施工强度而定。

当采用全段围堰时，对土石坝采用围堰拦洪，围堰必定很宽而不经济，故应将上游围堰作为坝体的一部分。如果用坝体拦洪而施工强度太大，则可采用度汛临时断面进行施工。如果采用度汛临时断面仍不能在汛前达到拦洪高程，则需降低溢洪道底槛高程，或开挖临时溢洪道，或增设泄洪隧洞等以降低拦洪水位，也可以将坝基处理和坝体填筑分别在两个枯水期内完成。

五、蓄水计划与封堵技术

在施工后期，当坝体已修筑到拦洪高程以上，能够发挥挡水作用时，其他工程项目如混凝土坝已完成了基础灌浆和坝体纵缝灌浆，库区清理、水库坍岸和渗漏处理已经完成，建筑物质量和闸门设施等也均经检验合格。这时，整个工程就进入了所谓完建期。根据发电、灌溉及航运等国民经济各部门所提出的综合要求，应确定竣工运用日期，有计划地进行导流用临时泄水建筑物的封堵和水库的蓄水工作。

（一）蓄水计划

水库的蓄水与导流用临时泄水建筑物的封堵有密切关系，只有将导流用临时泄水建筑物封堵后，才有可能进行水库蓄水。因此，必须制订一个积极可靠的蓄水计划，既能保证发电、灌溉及航运等国民经济各部门所提出的要求，如期发挥工程效益，又要力争在比较有利的条件下封堵导流用的临时泄水建筑物，使封堵工作得以顺利进行。

水库蓄水解决两个问题，一是制订蓄水历时计划，并据此确定水库开始蓄水的日期，即导流用临时泄水建筑物的封堵日期。水库蓄水一般按保证率为 75% ~ 85% 的月平均流量过程线来制订。可以从发电、灌溉及航运等国民经济各部门所提出的运用期限和水位的要求，反推出水库开始蓄水的日期。具体做法是根据各月的来水量减去下游要求的供水量，得出各月份留蓄在水库的水量，将这些水量依次累计，对照水库容积与水位关系曲线，就可绘制水库蓄水高程与历时关系曲线；二是校核库水位上升过程中大坝施工的安全性，并据此拟定大坝浇筑的控制性进度计划和坝体纵缝灌浆进程。大坝施工安全的校核洪水标准，通常选用 20 年一遇的月平均流量。核算时，以导流用临时泄水建筑物的封堵日期为起点，按选定的洪水标准的月平均流量过程线，用顺推法绘制水库蓄水过程线。

（二）封堵技术

导流用临时泄水建筑物封堵下闸的设计流量，应根据河流水文特征及封堵条件，选用封堵期 5 ~ 10 年一遇的月或旬平均流量。封堵工程施工阶段的导流标准，可根据工程的重要性、失事后果等因素在该时段 5% ~ 20% 重现期范围内选取。

导流用的泄水建筑物，如隧洞、涵管及底孔等，若不与永久建筑物相结合，在蓄水时都要进行封堵。由于具体工程施工条件和技术特点不同，封堵方法也多种多样。过去多采用金属闸门或钢筋混凝土叠梁：金属闸门耗费钢材；钢筋混凝土叠梁比较笨重，大都需用大型起重运输设备，而且还需要一些预埋件，这对争取迅速完成封堵工作不利。近年来有些工程中也采用了一些简易可行的封堵方法，如利用定向爆破技术快速修筑拟封堵建筑物进口围堰，再浇筑混凝土封堵；或现场浇筑钢筋混凝土闸门；或现场预制钢筋混凝土闸门，再起吊下放封堵等。

导流用底孔一般为坝体的一部分，因此，封堵时需要全孔堵死。而导流用的隧洞或涵管则并不需要全洞堵死，常浇筑一定长度的混凝土塞，就足以起永久挡水作用。混凝土塞的最小长度可根据极限平衡条件由下式求出：

$$l = \frac{KP}{\omega \gamma gf + \lambda c}$$

式中 K——安全系数，一般取 1.1 ~ 1.3；

P——作用水头的推力，N；

ω——导流隧洞或涵管的截面面积，m2；

γ—混凝土重度，kg/m3；

f——混凝土与岩石（或混凝土接触面）的黏接力，一般取 0.60 ~ 0.65；

c——混凝土与岩石（或混凝土接触面）的摩阻系数，一般取（5 ~ 20）104 Pa；

λ——导流隧洞或涵管的周长，m；

g——重力加速度，m/s2。

此外，当导流隧洞的断面面积较大时，混凝土塞的浇筑必须考虑降温措施，不然产生的温度裂缝会影响其止水质量。在堵塞导流底孔时，深水堵漏问题也应予以重视。不少工程在封堵的关键时刻，漏水不止，使封堵施工出现紧张和被动局面。

六、导流方案的选择

一个水利水电工程的施工，从开工到完建往往不是采用单一的导流方法，而是几种导流方法组合起来配合使用，以取得最佳的技术经济效益。整个施工期间各个时段导流方式的组合，通常就称为导流方案。

（一）导流方案选择

导流方案的选择，受各种因素的影响。一个合理的导流方案，必须在周密地研究各种影响因素的基础上，拟定几个可能的方案，进行技术经济比较，从中选择技术经济指标优越的方案。

选择导流方案时应考虑以下主要因素。

1. 水文条件

河流的流量大小、水位变化的幅度、全年流量的变化情况、枯水期的长短、汛期洪水的延续时间、冬季的流冰及冰冻情况等，均直接影响导流方案的选择。一般来说，对于河床宽、流量大的河流，宜采用分段围堰法导流。对于水位变化幅度大的山区河流，可采用允许基坑淹没的导流方法，在一定时期内通过过水围堰和淹没基坑来宣泄洪峰流量。对于枯水期较长的河流，充分利用枯水期安排工程施工是完全必要的。但对于枯水期不长的河流，如果不利用洪水期进行施工，就会拖延工期，对于流冰的河流应充分注意流冰的宣泄问题，以免凌汛期流冰壅塞，影响泄流，造成导流建筑物失事。

2. 地形条件

坝区附近的地形条件，对导流方案的选择影响很大。对于河床宽阔的河流，尤其在施工期间有通航、过筏要求的河道，宜采用分段围堰法导流。当河床中有天然石岛或沙洲时，采用分段围堰法导流有利于导流围堰的布置，尤其利于纵向围堰的布置。例如，黄河三门峡水利枢纽的施工导流，就曾巧妙地利用了黄河激流中的人门岛、神门岛及其他石岛来布置一期围堰，取得了良好的技术经济效果。长江三峡水利枢纽的围堰布置亦是利用了河床右侧的中堡岛。在河段狭窄、两岸陡峻、山岩坚实的地区，宜采用隧洞导流。至于平原河道，河流的两岸或一岸比较平坦，或有河湾、老河道可以利用时，则宜采用明渠导流。

3. 工程地质及水文地质条件

河流两岸及河床的地质条件对导流方案的选择与导流建筑物的布置有直接影响。若河流两岸或一岸岩石坚硬、风化层薄，且有足够的抗压强度时，则有利于选用隧洞导流。如果岩石的风化层厚且破碎，或有较厚的沉积滩地，则适合于采用明渠导流。当采用分段围堰法导流时，由于河床的束窄，减小了过水断面的面积，使水流流速增大。这时，为了使河床不遭受过大的冲刷，避免把围堰基础淘空，应根据河床地质条件来决定河床可能束窄的程度。对于岩石河床，抗冲刷能力较强，河床允许束窄程度较大，甚至可达到88%，甚至流速增加到7.5 m/s 的。但对覆盖层较厚的河床，抗冲刷能力较差，其束窄程度都不到30%，流速仅允许达到3.0 m/s。此外选择围堰型式时，基坑是否允许淹没；是否能利用当地材料修筑围堰等，也都与地质条件有关。水文地质条件则对基坑排水工作和围堰型式的选择有很大关系。因此，为了更好地进行导流方案的选择，要对地质和水文地质勘测工作提出专门要求。

4.水工建筑物的型式及布置

水工建筑物的型式和布置与导流方案相互影响，因此在决定建筑物的型式和枢纽布置时，应该同时考虑并拟定导流方案；而在选定导流方案时，又应该充分利用建筑物型式和枢纽布置方面的特点。如果枢纽组成中有隧洞、渠道、涵管、泄水孔等永久性泄水建筑物，在选择导流方案时应该尽可能加以利用。在设计永久性泄水建筑物的断面尺寸并拟定其布置方案时，应该充分考虑施工导流的要求。如果采用分段围堰法修建混凝土坝，应当充分利用水电站与混凝土坝之间或混凝土坝溢流段和非溢流段之间的隔墙作为纵向围堰的一部分，以降低导流建筑物的造价，而且对于第一期工程所修建的混凝土坝，应该核算它是否能够布置二期工程导流构筑物（如底孔、预留缺口等）。黄河三门峡水利枢纽溢流坝段的宽度，主要就是由二期导流条件所控制的。与此同时，为了防止河床冲刷过大，还应核算河床的束窄程度，保证有足够的过水断面来宣泄施工流量。就挡水建筑物的型式来说，土坝、土石混合坝和堆石坝的抗冲能力小，除采用特殊措施外，一般不允许从坝体过水，所以多利用坝体以外的泄水建筑物如隧洞、明渠等或坝体范围内的涵管来导流。这种情况下，通常要求在一个枯水期内将坝体抢筑到拦洪高程以上，以免水流没顶，发生事故。至于混凝土坝，特别是混凝土重力坝，由于抗冲能力较强，允许流速可达 25 m/s，所以不但可以通过底孔泄流，而且还可以通过未完建的坝体过水，大大增加了导流方案选择的灵活性。

5.施工期间河流的综合利用

施工期间，为了满足通航、筏运、渔业、供水、灌溉以及水电站运转等需求，导流方案的选择比较复杂。如前所述，在通航河流上，大都采用分段围堰法导流。要求河流在束窄以后，河宽仍能便于船只的通行，水深、流速等也要满足通航能力的要求，束窄断面的水深应与船只吃水深度相适应，最大流速一般不得超过 2.0 m/s；遇到特殊情况时，还需与当地航运部门协商研究确定。对于浮运木筏或散材的河流，在施工导流期间要避免木材堵塞泄水建筑物的进口，或者壅塞已束窄的河床导流段。在施工中后期，水库拦洪蓄水时，要注意满足下游供水、灌溉用水和水电站运行的要求。有时为了保证渔业需求，还要修建临时过鱼设施，以便鱼群能正常地洄游。

6.施工进度、施工方法及施工场地布置

水利水电工程的施工进度与导流方案密切相关，通常是根据导流方案才能安排控制性施工进度计划。在水利水电枢纽施工导流过程中，对施工进度起控制作用的关键性时段主要有导流建筑物的完工期限，截断向床水流的时间，坝体拦洪的期限，封堵临时泄水建筑物的时间以及水库蓄水发电的时间等。各项工程的施工方法和施工进度直接影响各时段导流工作的正常进行，后续工程也无法正常施工。例如修建混凝土坝，采用分段围堰法施工时，若导流底孔没有建成就不能截断河床水流并全面修建第二期围堰；若坝体没有达到一定高程且未完成基础及坝身纵缝灌浆以前，就不能封堵底孔，水库便无法按计划正常蓄水。因此，施工方法、施工进度与导流方案三者是密切相关的。

（二）控制性施工进度

根据规定的工期和选定的导流方案，施工过程中会要求各项工程在某时期（如截流前、汛前、下闸或底孔封堵前）必须完成或达到某种程度。依此编制的施工进度表就是控制性施工进度。

绘制控制性施工进度表时，首先应按导流方案在图上标出各导流时段的导流方式和几个起控制作用的日期（如截流、拦洪度汛、下闸或封堵导流泄水建筑物等的日期），然后再确定在这些日期之前各项工程应完成的进度，最后经施工强度论证，制定出各项工程实际最佳进度，并绘制在图表中。

第二节　施工现场排水

一、路基开挖施工排水方案的选择

（一）基坑排水的作用

一是及时排走雨水；二是能够有组织有顺序地排走不断渗出的地下水，防止水位上涨导致边坡坡角的土质软化，严重影响边坡的稳定性。基坑底板防水施工与排水之间是有非常紧密的联系的，是利用明沟、盲沟、集水井等设施对基坑排水系统的建立与完善，施工时候利用重力降水方法，可使饱和水分从垫层下土层中渗透出来，形成明水，并尽快排走，减少水分通过毛细作用蒸发，改善垫层含水率，尽可能满足防水层干燥施工条件。排水沟的沟壁必须平整密实，沟内不留松土，沟底部一定要平顺，如果遇有洞穴，则可以采用填平夯实的方法进行施工，使工程施工现场排水畅通，各类排水设施要注意进出口的衔接，以确保排水畅通与工程质量。

（二）基坑排水的选择

根据现场的勘测和现场的条件，选择明式排水沟比较合理。排水明沟设在距离底板外边沿至基坑坡角 1 ~ 1.5m 的位置，明沟应有一定坡度（大于 0.5%），便于积水的流通。明沟末端设置在地势低处或者河沟。

1. 雨季施工的排水设置的管理及明式排水沟截面的选择

本合同段气候温和，雨季充沛，多雷阵雨。雨季施工安排主要指三月至八月份。截水沟、边沟等排水设施尽早安排施工，尽早完善临时、路基排水系统，保持现场排水的通畅，保证作业现场不积水、不漫流，并备齐必要的防水器材。在雨季来临前夕，备足施工时所需的材料，防止因雨水的原因导致进料困难引起停工。做好与当地气象部门的联系，注意防水，防洪。

当出现强降雨时，施工现场的积水通过明式排水沟排出，如果明式排水沟截面过小就会引起施工现场排水不净，导致地基浸泡，发生软地基效应，因此，排水沟截面的设置要以最大的强降雨量的排水能力来计算。

2.截水沟的设置

如果汇水面积较大是在路基挖方上侧山坡时，可在挖方坡角口以上 5m 处设置截水沟。截水沟水流不引入边沟，截水沟长度设置在 500m 以下，对截水沟长度超过 500m 时选择在两山间或者地势比较地处等合适的地点设出水口，将水引至山坡侧的自然沟中。

二、挖孔桩开挖排水

在施工开挖过程中，如果遇到一般性的路基渗水，可边开挖边用抽水泵抽水同时进行；当遇到潜水层时，可采用将潜水层用水泥砂浆压灌卵石环圈进行封闭处理。其最有效地施工顺序为

1.先用泵将孔内水排尽，把潜水孔壁周围开挖出来，再在孔壁设计半径外开挖环形槽；

2.在孔底干铺 20cm 厚卵石层，其上安装铺设高度大于潜水层，厚 5mm 的钢板圈，其内径等于桩径，在钢板圈内卵石层上设置两根直径 25mm 的压浆管，其中一根压浆管用作备用（当另一根压浆管用于堵塞时），焊接一钢板在压浆管埋入混凝土顶盖处，以利定位和防止压入水泥浆沿管壁上流；

3.在钢板的隔离圈和孔壁之间充填一些卵石，其此处结构的孔隙率要达到 40% 左右；

4.在施工时，为了便于继续土石方开挖，也为了省料、省工，省时，可将装泥麻包在填充在隔离圈内，要求填充密实，减少孔隙；

5.灌注水下混凝土顶盖，混凝土等级 C10，厚度 50cm；

6.压浆，为了节省水泥，可先压其中的泥浆。将泥浆填充钢板圈内的孔隙，然后次压纯水泥浆。这样其流动性好，可以填充较小的孔隙，最后压水泥砂浆，其配合质量比为 1∶1，砂浆中可适当的掺入早强剂，以稠度控制各种压浆，用砂浆流动测定器来测定砂浆的稠度，以 s 计算，泥浆的稠度一般要求 2～6s，水泥浆和水泥砂浆的稠度一般要求在 2～10s，压浆机具采用灌浆机，压力 0.3～0.4Mpa；

7.封闭完成 48 小时后将水抽尽，水位不再上升，用风镐将混凝土顶盖凿掉孔径范围内部分，并掉出装泥麻包，拆除钢板圈，继续进行开挖。

三、临时排水和永久性排水的关系

排水和永久性排水工程相结合，使施工现场工地有一个完普的排水系统。首先在施工现场的路堤两侧开挖临时的排水沟，以保证水能顺利的排出，临时排水管设置在自然地形低洼处，用原地面纵，横两个方向来形成排水网络。同时先期施工涵洞、排水沟、截水沟砌石工程和部分挡墙，边沟，以利于路基土石方施工。路基开挖和路堤填筑，纵横向都要形成一定的排水坡度，当天铺筑的层面必须全部压实完毕，使其填

筑面和开挖面都不致遭遇雨积水，而发生水浸路堤的情况。

第三节 基坑排水

一、初期排水

基坑开挖前的初期排水，包括排除围堰完成后的基坑积水和基坑积水排除过程中围堰及基坑的渗水、降水的排除。

初期排水通常采用离心式水泵抽水。抽水时，基坑水位的允许下降速度要视围堰型式、地基特性及基坑内水深而定。水位下降太快，则围堰或基坑边坡中动水压力变化过大，容易引起塌坡；水位下降太慢，则影响基坑开挖时间。因此，一般水位下降速度限制在0.5～1.0 m/昼夜以内，土围堰应小于0.5 m/昼夜；木笼及板桩围堰应小于1.0 m/昼夜。

根据初期排水流量可确定所需排水设备容量，并应妥善布置水泵站，以免由于水泵站布置不当降低排水效果，影响其他工作，甚至被迫中途转移，造成人力、物力及时间上的浪费。一般初期排水可采用固定或浮动的水泵站。当水泵的吸水高度足够时，水泵站可布置在围堰上。水泵的出水管口最好放置于水面以下，可利用虹吸作用减轻水泵的工作。

二、经常性排水

基坑开挖及建筑物施工过程中的经常性排水，包括围堰和基坑渗水、降水、地基岩石冲洗与混凝土养护用废水等的排除。

（一）明式排水

1.基坑开挖过程中的排水系统布置

基坑开挖过程中布置排水系统，应以不妨碍开挖和运输工作为原则，一般将排水干沟布置在基坑中部，以利两侧出土，随着基坑开挖工作的进展，应逐渐加深排水沟，通常保持干沟深度为1.0～1.5 m，支沟深度为0.3～0.5 m。集水井底部应低于干沟的沟底。

2.基坑开挖完成后修建建筑物时的排水系统布置

修建建筑物时的排水系统，通常布置在基坑四周。排水沟、集水井应布置在建筑物轮廓线外侧，且距离基坑边坡坡脚0.3～0.5 m。排水沟的断面尺寸和底坡大小，取决于排水量的大小。集水井应布置在建筑物轮廓线以外较低的地方，与建筑物外缘的距离必须大于井的深度。井的容积至少要能保证水泵停工10～15 min，而由排水沟流入井中的水量不致浸溢。

（二）人工降低地下水位

经常性排水过程中，常需多次变换排水沟、水泵站的高程和位置，影响开挖。同时，开挖细砂土、砂壤土一类地基时，随着基坑底面下降，地下水渗透压力增大，又易发生边坡塌滑，产生流沙和管涌，给施工带来较大困难。为避免上述缺点，可采用人工降低地下水位方法。根据排水工作原理，人工降低地下水位的方法有管井法和井点法两种。

1.管井法排水

管井法排水，是在基坑周围布置一些单独工作的管井，地下水在重力作用下流入井中，用抽水设备将水抽走。管井按材料分有木管井、钢管井、预制无砂混凝土管井，工程中常用后两种。管井埋设主要采用水力冲填法和钻井法。埋设时要先下套管后下井管。井管下设妥当后，再一边下反滤填料，一边起拔套管。

在要求降低地下水位较大的深井中抽水时，最好采用专用的离心式深井水泵。深井水泵一般适用深度大于 20 m 的深井，排水效果高，需要井数少。

采用管井法降低地下水位，可大大减少基坑开挖的工程量，提高挖土工效，降低造价，缩短工期。

2.轻型井点排水

轻型井点是一个由井管、集水总管、普通离心式水泵、真空泵和集水箱等组成的排水系统。

轻型井点系统的井管直径为 38 ~ 50 mm，地下水从井管下端的滤水管凭借真空泵和水泵的抽吸作用流入管内，汇入集水总管，流入集水箱，由水泵排出。

井点系统排水时，地下水位的下降深度，取决于集水箱内的真空度与管路的漏气和水力损失，一般下降深度为 3 ~ 5 m。

井管安设时，一般用射水法下沉。在距孔口 1.0 m 范围内，需填塞黏土密封，井管与总管的连接也应注意密封，以防漏气。排水工作完成后，可利用杠杆将井管拔出。

第四节　施工排水安全防护

一、施工导流

（一）围堰

1.在施工作业前，对施工人员与作业人员进行安全技术交底，每班召开班前五分钟和危险预知活动，让作业人员明了施工作业程序和施工过程存在的危险因素，作业人员在施工过程中，设置专人进行监护，督促人员按要求正确佩戴劳动防护用品，杜绝不规范工作行为的发生。

2.施工作业前，要求对作业人员进行检查，当天身体状态不佳人员以及个人穿戴不规范（未按正确方式佩戴必需的劳保用品）的人员，不得进行作业；对高处作业人员定期进行健康检查，对患有不适宜高处作业的病人不准进行高处作业。

3.杜绝非专业电工私拉乱扯电线，施工前要认真检查用电线路，发现问题时要有专业电工及时处理。

4.施工设备、车辆由专人驾驶，且从事机械驾驶的操作工人必须进行严格培训，经考核合格后方可持证上岗。

5.施工人员必须熟知本工种的安全操作规程，进入施工现场，必须正确使用个人防护用品，严格遵守"三必须""五不准"，严格执行安全防范措施，不违章操作，不违章指挥，不违反劳动纪律。

6.机械在危险地段作业时，必须设明显的安全警告标志，并应设专人站在操作人员能看清的地方指挥。驾机人员只能接受指挥人员发出的规定信号。

7.配合机械作业的清底、平地、修坡等辅助工作应与机械作业交替进行。机上、机下人员必须密切配合，协同作业。当必须在机械作业范围内同时进行辅助工作时，应停止机械运转后，辅助人员方可进入。

8.施工中遇有土体不稳、发生坍塌、水位暴涨、山洪暴发或在爆破警戒区内听到爆破信号时，应立即停工，人机撤至安全地点。当工作场地发生交通堵塞，地面出现陷车（机），机械运行道路发生打滑，防护设施毁坏失效，或工作面不足以保证安全作业时，亦应暂停施工，待恢复正常后方可继续施工。

（二）截流

1.截流过程中的抛填材料开采、加工、堆放和运输等土建作业安全应符合现行的有关规定。

2.在截流施工现场，应划出重点安全区域，并设专人警戒。

3.截流期间，应对工作区域内进行交通管制。

4.施工车辆与戗堤边缘的安全距离不应小于2.0 m。

5.施工车辆应进行编号。现场施工作业人员应佩戴安全标识，并穿戴救生衣。

（三）度汛

1.项目法人应根据工程情况和工程度汛需要，组织制订工程度汛方案和超标准洪水应急预案，报有管辖权的防汛指挥机构批准或备案。

2.度汛方案应包括防汛度汛指挥机构设置，度汛工程形象，汛期施工情况，防汛度汛工作重点，人员、设备、物资准备和安全度汛措施，以及雨情、水情、汛情的获取方式和通信保障方式等内容。防汛度汛指挥机构应由项目法人、监理单位、施工单位、设计单位主要负责人组成。

3.超标准洪水应急预案应包括超标准洪水可能导致的险情预测、应急抢险指挥机构设置、应急抢险措施应急队伍准备及应急演练等内容。

4.项目法人应和有关参建单位签订安全度汛目标责任书，明确各参建单位防汛度汛责任。

5.施工单位应根据批准的度汛方案和超标准洪水应急预案，制订防汛度汛及抢险措施，报项目法人批准，并按批准的措施落实防汛抢险队伍和防汛器材、设备等物资准备工作，做好汛期值班，保证汛情、工情、险情信息渠道畅通。

6.项目法人在汛前应组织有关参建单位，对生活、办公、施工区域内进行全面检查，对围堰、子堤、人员聚集区等重点防汛度汛部位和有可能诱发山体滑坡、垮塌和泥石流等灾害的区域、施工作业点进行安全评估，制订和落实防范措施。

7.项目法人应建立汛期值班和检查制度，建立接收和发布气象信息的工作机制，保证汛情、工情、险情信息渠道畅通。

8.项目法人每年应至少组织一次防汛应急演练。

9.施工单位应落实汛期值班制度，开展防洪度汛专项安全，检查及时整改发现的问题。

（四）蓄水

1.基础稳固。

2.墙体牢固，不漏水。

3.有良好的排污清理设施。

4.在寒冷地区应有防冻措施。

5.水池上有人行通道并设安全防护装置。

6.生活专用水池须加设防污染顶盖。

二、施工现场排水

1.施工区域排水系统应进行规划设计，并应按照工程规模、排水时段等，以及工程所在地的气象、地形、地质、降水量等情况，确定相应的设计标准，作为施工排水规划设计的基本依据。

2.应考虑施工场地的排水量、外界的渗水量和降水量，配备相应的排水设施和备用设备。施工排水系统的设备、设施等安装完成后，应分别按相关规定逐一进行检查验收，合格后方可投入使用。

3.排水系统设备供电应有独立的动力电源（尤其是洞内排水），必要时应有备用电源。

4排水系统的电气、机械设备应定期进行检查维护、保养。排水沟、集水井等设施应经常进行清淤与维护，排水系统应保持畅通。

5.在现场周围地段应修设临时或永久性排水沟、防洪沟或挡水堤，山坡地段应在坡顶或坡脚设环形防洪沟或截水沟，以拦截附近坡面的雨水、潜水防止排入施工区域内。

6.现场内外原有自然排水系统尽可能保留或适当加以整修、疏导、改造或根据需要增设少量排水沟，以利排泄现场积水、雨水和地表滞水。

7. 在有条件时，尽可能利用正式工程排水系统为施工服务，先修建正式工程主干排水设施和管网，以方便排除地面滞水和地表滞水。

8. 现场道路应在两侧设排水沟，支道应两侧设小排水沟，沟底坡度一般为2%～8%，保持场地排水和道路畅通。

9. 土方开挖应在地表流水的上游一侧设排水沟，散水沟和截水挡土堤，将地表滞水截住；在低洼地段挖基坑时，可利用挖出之土沿四周或迎水一侧、二侧筑0.5～0.8 m高的土堤截水。

10. 大面积地表水，可采取在施工范围区段内挖深排水沟，工程范围内再设纵横排水支沟，将水流疏干，再在低洼地段设集水、排水设施，将水排走。

11. 在可能滑坡的地段，应在该地段外设置多道环形截水沟，以拦截附近的地表水，修设和疏通坡脚的原排水沟，疏导地表水，处理好该区域内的生活和工程用水，阻止渗入该地段。

12. 湿陷性黄土地区，现场应设有临时或永久性的排洪防水设施，以防基坑受水浸泡，造成地基下陷。施工用水、废水应设有临时排水管道；贮水构筑物、灰地、防洪沟、排水沟等应有防止漏水措施，并与建筑物保持一定的安全距离。安全距离：一般在非自重湿陷性黄土地区应不小于12 m，在自重湿陷性黄土地区不小于20 m，对自重湿陷性黄土地区在25 m以内不应设有集水井。材料设备的堆放，不得阻碍雨水排泄。需要浇水的建筑材料，宜堆放在距基坑5 m以外，并严防水流入基坑内。

三、基坑排水

（一）排水注意事项

1. 雨季施工中，地面水不得渗漏和流入基坑，遇大雨或暴雨时及时将基坑内积水排除。

2. 基坑在开挖过程中，沿基坑壁四周做临时排水沟和集水坑，将水泵置于集水坑内抽水。

3. 尽量减少晾槽时间，开挖和基础施作工序紧密连接。

4. 遇到降雨天气，基坑两侧边坡用塑料布苫盖，防止雨水冲刷。

5. 鉴于地表积水，同时施工过程中也可能出现地表的严重积水，因此，进场后根据现场地形修筑挡水设施，修建排水系统确保排水渠道畅通。

（二）开挖排水沟、集水管施工过程中的几点注意事项

1. 水利工程整体优先

排水沟和集水管的设计不用干扰水利工程的整体施工，一定要有坡度，以便集水，水沟的宽度和深度均要与排水量相适应，出于排水的考虑，基坑的开挖范围应当适当扩大。

2. 水泵安排有讲究

水利工程建成后，要根据抽水的数据结果来选择适当的排水泵，一味地大泵并不一定都好，因为其抽出水量超过其正常的排出水量，其流速过大会抽出大量砂石。并且管壁之间要有过滤器，在管井正常抽水时，其水位不能超过第一个取水含水层的过滤器，以免过滤管的缠丝因氧化、坏损而导致涌沙。

3. 防备特殊情况，以备不时之需

为防止基坑排水任务重，排水要求高，必须准备一些备用的水泵和动力设备，以便在发生突发地质灾害如暴雨或机器故障时能立即补救。有条件的地区还可以采用电力发动水泵，但是供电要及时，还要保证特殊情况发生时，机器设备都能及时撤出，以免损失扩大。

因此，基坑排水工作的科学方案能保证一个水利工程的稳固，并为其施工提供良好的基础条件，妥善处理好基坑的排水问题，可谓之解决水之源、木之本的根基问题。排水系统的科学设计，能够保证地基不受破坏，也能增强地基的承载能力，从长远意义上讲更可以减少水利工程的整体开支，如果基坑排水问题处理不当，会给水利工程的运行带来巨大的安全隐患，增加了将来对水利工程的维护成本，也降低了水利工程的质量。

第五节　施工排水人员安全操作

第一，水泵作业人员应经过专业培训，并经考试合格后方可上岗操作。

第二，安装水泵以前，应仔细检查水泵，水管内应无杂物。

第三，吸水管管口应用莲蓬头，在有杂草与污泥的情况下，应外加护罩滤网。

第四，安装水泵前应估计可能的最低水位，水泵吸水高度不超过 6 m。

第五，安装水泵宜在平整的场地，不得直接在水中作业。

第六，安装好的水泵应用绳索固定拖放或用其他机械放至指定吸水点，不宜由人直接下水搬运。

第七，开机前的检查准备工作：①检查原动机运转方向与水泵符合。②检查轴承中的润滑油油量、油位、油质应符合规定，如油色发黑，应换新油。③打开吸水管阀门，检查填料压盖的松紧应合适。④检查水泵转向应正确。⑤检查联轴器的同心度和间隙，用手转动皮带轮和联轴器，其转动应灵活无杂声。⑥检查水泵及电动机周围应无杂物妨碍运转。⑦检查电气设备应正常。

第八，正常运行应遵守下列规定：①运转人员应带好绝缘手套、穿绝缘鞋才能操作电气开关。②开机后，应立即打开出水阀门，并注意观察各种仪表情况，直至达到需要的流量。③运转中应做到四勤：勤看（看电流表、电压表、真空表、水压表等）、勤听、勤检查、勤保养。④经常检查水泵填料处不得有异常发热、滴水现象。⑤经常检查轴承和电动机外壳温升应正常。⑥在运转中如水泵各部有漏水、漏气、出水不正常、

盘根和轴承发热，以及发现声音、温度、流量等不正常时，应立即停机检查。

第九，停机应遵守下列规定：①停机前应先关闭出水阀门，再行停机。②切断电源，将闸箱上锁，把吸水阀打开，使水泵和水箱的存水放出，然后把机械表面的水、油渍擦干净。③如在运行中突然造成停机，应立即关闭水阀和切断电源，找出原因并处理后方可开机。

第六章 水利工程质量管理

第一节 水利工程质量管理的基本概念

水利水电工程项目的施工阶段是根据设计图纸和设计文件的要求，通过工程参建各方及其技术人员的劳动形成工程实体的阶段。这个阶段的质量控制无疑是极其重要的，其中心任务是通过建立健全有效地工程质量监督体系，确保工程质量达到合同规定的标准和等级要求。

一、工程项目质量和质量控制的概念

（一）工程项目质量

质量是反映实体满足明确或隐含需要能力的特性之总和。工程项目质量是国家现行的有关法律、法规、技术标准、设计文件及工程承包合同对工程的安全、适用、经济、美观等特征的综合要求。

从功能和使用价值来看，工程项目质量体现在适用性、可靠性、经济性、外观质量与环境协调等方面。由于工程项目是依据项目法人的需求而兴建的，故各工程项目的功能和使用价值的质量应满足于不同项目法人的需求，并无一个统一的标准。

从工程项目质量的形成过程来看，工程项目质量包括工程建设各个阶段的质量，即可行性研究质量、工程决策质量、工程设计质量、工程施工质量、工程竣工验收质量。

工程项目质量具有两个方面的含义：一是指工程产品的特征性能，即工程产品质量；二是指参与工程建设各方面的工作水平、组织管理等，即工作质量。工作质量包括社会工作质量和生产过程工作质量。社会工作质量主要是指社会调查、市场预测、维修服务等。生产过程工作质量主要包括管理工作质量、技术工作质量、后勤工作质量等，最终将反映在工序质量上，而工序质量的好坏，直接受人、原材料、机具设备、工艺

及环境等五方面因素的影响。因此，工程项目质量的好坏是各环节、各方面工作质量的综合反映，而不是单纯靠质量检验查出来的。

（二）工程项目质量控制

质量控制是指为达到质量要求所采取的作业技术和活动，工程项目质量控制，实际上就是对工程在可行性研究、勘测设计、施工准备、建设实施、后期运行等各阶段、各环节、各因素的全过程、全方位的质量监督控制。工程项目质量有个产生、形成和实现的过程，控制这个过程中的各环节，以满足工程合同、设计文件、技术规范规定的质量标准。在我国的工程项目建设中，工程项目质量控制按其实施者的不同，包括如下三个方面。

1. 项目法人的质量控制

项目法人方面的质量控制，主要是委托监理单位依据国家的法律、规范、标准和工程建设的合同文件，对工程建设进行监督和管理。其特点是外部的、横向的、不间断的控制。

2. 政府方面的质量控制

政府方面的质量控制是通过政府的质量监督机构来实现的，其目的在于维护社会公共利益，保证技术性法规和标准的贯彻执行。其特点是外部的、纵向的、定期或不定期的抽查。

3. 承包人方面的质量控制

承包人主要是通过建立健全质量保证体系，加强工序质量管理，严格施行"三检制"（即初检、复检、终检），避免返工，提高生产效率等方式来进行质量控制。其特点是内部的、自身的、连续的控制。

二、工程项目质量的特点

建筑产品位置固定、生产流动性、项目单件性、生产一次性、受自然条件影响大等特点，决定了工程项目质量具有以下特点。

（一）影响因素多

影响工程质量的因素是多方面的，如人的因素、机械因素、材料因素、方法因素、环境因素等均直接或间接地影响着工程质量。尤其是水利水电工程项目主体工程的建设，一般由多家承包单位共同完成，故其质量形式较为复杂，影响因素多。

（二）质量波动大

由于工程建设周期长，在建设过程中易受到系统因素及偶然因素的影响，产品质量产生波动。

（三）质量变异大

由于影响工程质量的因素较多，任何因素的变异，均会引起工程项目的质量变异。

（四）质量具有隐蔽性

由于工程项目实施过程中，工序交接多，中间产品多，隐蔽工程多，取样数量受到各种因素、条件的限制，产生错误判断的概率增大。

（五）终检局限性大

建筑产品位置固定等自身特点，使质量检验时不能解体、拆卸，所以在工程项目终检验收时难以发现工程内在的、隐蔽的质量缺陷。

此外，质量、进度和投资目标三者之间既对立又统一的关系，使工程质量受到投资、进度的制约。因此，应针对工程质量的特点，严格控制质量，并将质量控制贯穿于项目建设的全过程。

三、工程项目质量控制的原则

在工程项目建设过程中，对其质量进行控制应遵循以下几项原则。

（一）质量第一原则

"百年大计，质量第一"，工程建设与国民经济的发展和人民生活的改善息息相关。质量的好坏，直接关系到国家繁荣富强，关系到人民生命财产的安全，关系到子孙幸福，所以必须树立强烈的"质量第一"的思想。

要确立质量第一的原则，必须弄清并且摆正质量和数量、质量和进度之间的关系。不符合质量要求的工程，数量和进度都将失去意义，也没有任何使用价值，而且数量越多，进度越快，国家和人民遭受的损失也将越大。因此，好中求多，好中求快，好中求省，才是符合质量管理所要求的质量水平。

（二）预防为主原则

对于工程项目的质量，长期以来采取事后检验的方法，认为严格检查，就能保证质量，实际上这是远远不够的。应该从消极防守的事后检验变为积极预防的事先管理。因为好的建筑产品是好的设计、好的施工所产生的，不是检查出来的。必须在项目管理的全过程中，事先采取各种措施，消灭种种不符合质量要求的因素，以保证建筑产品质量。如果各质量因素预先得到保证，工程项目的质量就有了可靠的前提条件。

（三）为用户服务原则

建设工程项目，是为了满足用户的要求，尤其要满足用户对质量的要求。真正好的质量是用户完全满意的质量。进行质量控制，就是要把为用户服务的原则，作为工程项目管理的出发点，贯穿到各项工作中去。同时，要在项目内部树立"下道工序就是用户"的思想。各个部门、各种工作、各种人员都有个前、后的工作顺序，在自己这道工序的工作一定要保证质量，凡达不到质量要求不能交给下道工序，一定要使"下道工序"这个用户感到满意。

（四）用数据说话原则

质量控制必须建立在有效地数据基础之上，必须依靠能够确切反映客观实际的数字和资料，否则就谈不上科学的管理。一切用数据说话，就需要用数理统计方法，对工程实体或工作对象进行科学的分析和整理，从而研究工程质量的波动情况，寻求影响工程质量的主次原因，采取改进质量的有效措施，掌握保证和提高工程质量的客观规律。

在很多情况下，评定工程质量，虽然也按规范标准进行检测计量，也有一些数据，但是这些数据往往不完整，不系统，没有按数理统计要求积累数据，抽样选点，所以难以汇总分析，有时只能统计加估计，抓不住质量问题，既不能完全表达工程的内在质量状态，也不能有针对性地进行质量教育，提高企业素质。所以，必须树立起"用数据说话"的意识，从积累的大量数据中，找出控制质量的规律性，以保证工程项目的优质建设。

四、工程项目质量控制的任务、

工程项目质量控制的任务就是根据国家现行的有关法规、技术标准和工程合同规定的工程建设各阶段质量目标实施全过程的监督管理。由于工程建设各阶段的质量目标不同，因此需要分别确定各阶段的质量控制对象和任务。

（一）工程项目决策阶段质量控制的任务

1.审核可行性研究报告是否符合国民经济发展的长远规划、国家经济建设的方针政策。

2.审核可行性研究报告是否符合工程项目建议书或业主的要求。

3.审核可行性研究报告是否具有可靠的基础资料和数据。

4.审核可行性研究报告是否符合技术经济方面的规范标准和定额等指标。

5.审核可行性研究报告的内容、深度和计算指标是否达到标准要求。

（二）工程项目设计阶段质量控制的任务

1.审查设计基础资料的正确性和完整性。

2.编制设计招标文件，组织设计方案竞赛。

3.审查设计方案的先进性和合理性，确定最佳设计方案。

4.督促设计单位完善质量保证体系，建立内部专业交底及专业会签制度。

5.进行设计质量跟踪检查，控制设计图纸的质量。在初步设计和技术设计阶段，主要检查生产工艺及设备的选型，总平面布置，建筑与设施的布置，采用的设计标准和主要技术参数；在施工图设计阶段，主要检查计算是否有错误，选用的材料和做法是否合理，标注的各部分设计标高和尺寸是否有错误，各专业设计之间是否有矛盾等。

（三）工程项目施工阶段质量控制的任务

施工阶段质量控制是工程项目全过程质量控制的关键环节。根据工程质量形成的时间，施工阶段的质量控制又可分为质量的事前控制、事中控制和事后控制，其中事前控制为重点控制。

1.事前控制

（1）审查承包商及分包商的技术资质。

（2）协助承建商完善质量体系，包括完善计量及质量检测技术和手段等，同时对承包商的实验室资质进行考核。

（3）督促承包商完善现场质量管理制度，包括现场会议制度、现场质量检验制度、质量统计报表制度和质量事故报告及处理制度等。

（4）与当地质量监督站联系，争取其配合、支持和帮助。

（5）组织设计交底和图纸会审，对某些工程部位应下达质量要求标准。

（6）审查承包商提交的施工组织设计，保证工程质量具有可靠的技术措施。审核工程中采用的新材料、新结构、新工艺、新技术的技术鉴定书；对工程质量有重大影响的施工机械、设备，应审核其技术性能报告。

（7）对工程所需原材料、构配件的质量进行检查与控制。

（8）对永久性生产设备或装置，应按审批同意的设计图纸组织采购或订货，到场后进行检查验收。

（9）对施工场地进行检查验收。检查施工场地的测量标桩、建筑物的定位放线以及高程水准点，重要工程还应复核，落实现场障碍物的清理、拆除等。

（10）把好开工关。对现场各项准备工作检查合格后，方可发开工令；停工的工程，未发复工令者不得复工。

2.事中控制

（1）督促承包商完善工序控制措施。工程质量是在工序中产生的，工序控制对工程质量起着决定性的作用。应把影响工序质量的因素都纳入控制状态中，建立质量管理点，及时检查和审核承包商提交的质量统计分析资料和质量控制图表。

（2）严格工序交接检查。主要工作作业包括隐蔽作业需按有关验收规定经检查验收后，方可进行下一工序的施工。

（3）重要的工程部位或专业工程（如混凝土工程）要做试验或技术复核。

（4）审查质量事故处理方案，并对处理效果进行检查。

（5）对完成的分项分部工程，按相应的质量评定标准和办法进行检查验收。

（6）审核设计变更和图纸修改。

（7）按合同行使质量监督权和质量否决权。

（8）组织定期或不定期的质量现场会议，及时分析、通报工程质量状况。

3.事后控制

（1）审核承包商提供的质量检验报告及有关技术性文性。

（2）审核承包商提交的竣工图。

（3）组织联动试车。

（4）按规定的质量评定标准和办法，进行检查验收。

（5）组织项目竣工总验收。

（6）整理有关工程项目质量的技术文件，并编目、建档。

（四）工程项目保修阶段质量控制的任务

1. 审核承包商的工程保修书。

2. 检查、鉴定工程质量状况和工程使用情况。

3. 对出现的质量缺陷，确定责任者。

4. 督促承包商修复缺陷。

5. 在保修期结束后，检查工程保修状况，移交保修资料。

五、工程项目质量影响因素的控制

在工程项目建设的各个阶段，对工程项目质量影响的主要因素就是"人、机、料、法、环"等五大方面。为此，应对这五个方面的因素进行严格的控制，以确保工程项目建设的质量。

（一）对"人"的因素的控制

人是工程质量的控制者，也是工程质量的"制造者"。工程质量的好与坏，与人的因素是密不可分的。控制人的因素，即调动人的积极性、避免人的失误等，是控制工程质量的关键因素。

1. 领导者的素质

领导者是具有决策权力的人，其整体素质是提高工作质量和工程质量的关键，因此在对承包商进行资质认证和选择时一定要考核领导者的素质。

2. 人的理论和技术水平

人的理论水平和技术水平是人的综合素质的表现，它直接影响工程项目质量，尤其是技术复杂，操作难度大，要求精度高，工艺新的工程对人员素质要求更高，否则，工程质量就很难保证。

3. 人的生理缺陷

根据工程施工的特点和环境，应严格控制人的生理缺陷，如高血压、心脏病的人，不能从事高空作业和水下作业；反应迟钝、应变能力差的人，不能操作快速运行、动作复杂的机械设备等，否则将影响工程质量，引起安全事故。

4. 人的心理行为

影响人的心理行为因素很多，而人的心理因素如疑虑、畏惧、抑郁等很容易使人产生愤怒、怨恨等情绪，使人的注意力转移，由此引发质量、安全事故。所以，在审核企业的资质水平时，要注意企业职工的凝聚力如何，职工的情绪如何，这也是选择企业的一条标准。

5.人的错误行为

人的错误行为是指人在工作场地或工作中吸烟、打盹、错视、错听、误判断、误动作等，这些都会影响工程质量或造成质量事故。所以，在有危险的工作场所，应严格禁止吸烟、嬉戏等。

6.人的违纪违章

人的违纪违章是指人的粗心大意、注意力不集中、不履行安全措施等不良行为，会对工程质量造成损害，甚至引起工程质量事故。所以，在使用人的问题上，应从思想素质、业务素质和身体素质等方面严格控制。

（二）对材料、构配件的质量控制

1.材料质量控制的要点

（1）掌握材料信息，优选供货厂家。应掌握材料信息，优先选有信誉的厂家供货，对主要材料、构配件在订货前，必须经监理工程师论证同意后，才可订货。

（2）合理组织材料供应。应协助承包商合理地组织材料采购、加工、运输、储备。尽量加快材料周转，按质、按量、如期满足工程建设需要。

（3）合理地使用材料，减少材料损失。

（4）加强材料检查验收。用于工程上的主要建筑材料，进场时必须具备正式的出厂合格证和材质化验单。否则，应作补检。工程中所有各种构配件，必须具有厂家批号和出厂合格证。

凡是标志不清或质量有问题的材料，对质量保证资料有怀疑或与合同规定不相符的一般材料，应进行一定比例的材料试验，并需要追踪检验。对于进口的材料和设备以及重要工程或关键施工部位所用材料，则应进行全部检验。

（5）重视材料的使用认证，以防错用或使用不当。

2.材料质量控制的内容

（1）材料质量的标准

材料质量的标准是用以衡量材料标准的尺度，并作为验收、检验材料质量的依据。其具体的材料标准指标可参见相关材料手册。

（2）材料质量的检验、试验

材料质量的检验目的是通过一系列的检测手段，将取得的材料数据与材料的质量标准相比较，用以判断材料质量的可靠性。

（3）材料的选择和使用要求

材料的选择不当和使用不正确，会严重影响工程质量或造成工程质量事故。因此，在施工过程中，必须针对工程项目的特点和环境要求及材料的性能、质量标准、适用范围等多方面综合考察，慎重选择和使用材料。

（三）对方法的控制

对方法的控制主要是指对施工方案的控制，也包括对整个工程项目建设期内所采用的技术方案、工艺流程、组织措施、检测手段、施工组织设计等的控制。对一个工程项目而言，施工方案恰当与否，直接关系到工程项目质量，关系到工程项目的成败，所以应重视对方法的控制。这里说的方法控制，在工程施工的不同阶段，其侧重点也不相同，但都是围绕确保工程项目质量这个纲。

（四）对施工机械设备的控制

施工机械设备是工程建设不可缺少的设施，目前，工程建设的施工进度和施工质量都与施工机械关系密切。因此，在施工阶段，必须对施工机械的性能、选型和使用操作等方面进行控制。

1. 机械设备的选型

机械设备的选型应因地制宜，按照技术先进、经济合理、生产适用、性能可靠、使用安全、操作和维修方便等原则来选择施工机械。

2. 机械设备的主要性能参数

机械设备的性能参数是选择机械设备的主要依据，为满足施工的需要，在参数选择上可适当留有余地，但不能选择超出需要很多的机械设备，否则，容易造成经济上的不合理。机械设备的性能参数很多，要综合各参数，确定合适的施工机械设备。在这方面，要结合机械施工方案，择优选择机械设备，要严格把关，对不符合需要和有安全隐患的机械，不准进场。

3. 机械设备的使用、操作要求

合理使用机械设备，正确地进行操行，是保证工程项目施工质量的重要环节，应贯彻"人机固定"的原则，实行定机、定人、定岗位的制度。操作人员必须认真执行各项规章制度，严格遵守操作规程，防止出现安全质量事故。

（五）对环境因素的控制

影响工程项目质量的环境因素很多，有工程技术环境、工程管理环境、劳动环境等。环境因素对工程质量的影响复杂而且多变，因此应根据工程特点和具体条件，对影响工程质量的环境因素严格控制。

第二节 质量体系建立与运行

一、施工阶段的质量控制

（一）质量控制的依据

施工阶段的质量管理及质量控制的依据，大体上可分为两类，即共同性依据及专门技术法规性依据。

共同性依据是指那些适用于工程项目施工阶段与质量控制有关的，具有普遍指导意义和必须遵守的基本文件。主要有工程承包合同文件，设计文件，国家和行业现行的有关质量管理方面的法律、法规文件。

工程承包合同中分别规定了参与施工建设的各方在质量控制方面的权利和义务，并据此对工程质量进行监督和控制。

有关质量检验与控制的专门技术法规性依据是指针对不同行业、不同的质量控制对象而制定的技术法规性的文件，主要包括：

1.已批准的施工组织设计。它是承包单位进行施工准备和指导现场施工的规划性、指导性文件，详细规定了工程施工的现场布置，人员设备的配置，作业要求，施工工序和工艺，技术保证措施，质量检查方法和技术标准等，是进行质量控制的重要依据。

2.合同中引用的国家和行业的现行施工操作技术规范、施工工艺规程及验收规范。它是维护正常施工的准则，与工程质量密切相关，必须严格遵守执行。

3 合同中引用的有关原材料、半成品、配件方面的质量依据。如水泥、钢材、骨料等有关产品技术标准；水泥、骨料、钢材等有关检验、取样、方法的技术标准；有关材料验收、包装、标志的技术标准。

4.制造厂提供的设备安装说明书和有关技术标准。这是施工安装承包人进行设备安装必须遵循的重要技术文件，也是进行检查和控制质量的依据。

（二）质量控制的方法

施工过程中的质量控制方法主要有旁站检查、测量、试验等。

1.旁站检查

旁站是指有关管理人员对重要工序（质量控制点）的施工所进行的现场监督和检查，以避免质量事故的发生。旁站也是驻地监理人员的一种主要现场检查形式。根据工程施工难度及复杂性，可采用全过程旁站、部分时间旁站两种方式。对容易产生缺陷的部位，或产生了缺陷难以补救的部位，以及隐蔽工程，应加强旁站检查。

在旁站检查中，必须检查承包人在施工中所用的设备、材料及混合料是否符合已批准的文件要求，检查施工方案、施工工艺是否符合相应的技术规范。

2.测量

测量是对建筑物的尺寸控制的重要手段。应对施工放样及高程控制进行核查，不合格者不准开工。对模板工程、已完工程的几何尺寸、高程、宽度、厚度、坡度等质量指标，按规定要求进行测量验收，不符合规定要求的需进行返工。测量记录，均要事先经工程师审核签字后方可使用。

3.试验

试验是工程师确定各种材料和建筑物内在质量是否合格的重要方法。所有工程使用的材料，都必须事先经过材料试验，质量必须满足产品标准，并经工程师检查批准后，方可使用。材料试验包括水源、粗骨料、沥青、土工织物等各种原材料，不同等级混凝土的配合比试验，外购材料及成品质量证明和必要的试验鉴定，仪器设备的校调试验，加工后的成品强度及耐用性检验，工程检查等。没有试验数据的工程不予验收。

（三）工序质量监控

1.工序质量监控的内容

工序质量控制主要包括对工序活动条件的监控和对工序活动效果的监控。

（1）工序活动条件的监控

所谓工序活动条件监控，就是指对影响工程生产因素进行的控制。工序活动条件的控制是工序质量控制的手段。尽管在开工前对生产活动条件已进行了初步控制，但在工序活动中有的条件还会发生变化，使其基本性能达不到检验指标，这正是生产过程产生质量不稳定的重要原因。因此，只有对工序活动条件进行控制，才能达到对工程或产品的质量性能特性指标的控制。工序活动条件包括的因素较多，要通过分析，分清影响工序质量的主要因素，抓住主要矛盾，逐渐予以调节，以达到质量控制的目的。

（2）工序活动效果的监控

工序活动效果的监控主要反映在对工序产品质量性能的特征指标的控制上。通过对工序活动的产品采取一定的检测手段进行检验，根据检验结果分析、判断该工序活动的质量效果，从而实现对工序质量的控制，其步骤如下：首先是工序活动前的控制，主要要求人、材料、机械、方法或工艺、环境能满足要求；然后采用必要的手段和工具，对抽出的工序子样进行质量检验；应用质量统计分析工具（如直方图、控制图、排列图等）对检验所得的数据进行分析，找出这些质量数据所遵循的规律。根据质量数据分布规律的结果，判断质量是否正常；若出现异常情况，寻找原因，找出影响工序质量的因素，尤其是那些主要因素，采取对策和措施进行调整；再重复前面的步骤，检查调整效果，直到满足要求，这样便可达到控制工序质量的目的。

2.工序质量监控实施要点

对工序活动质量监控，首先应确定质量控制计划，它是以完善的质量监控体系和质量检查制度为基础。一方面，工序质量控制计划要明确规定质量监控的工作程序、流程和质量检查制度；另一方面，需进行工序分析，在影响工序质量的因素中，找出对工序质量产生影响的重要因素，进行主动的、预防性的重点控制。例如，在振捣混凝土这一工序中，振捣的插点和振捣时间是影响质量的主要因素，为此，应加强现场监督并要求施工单位严格予以控制。

同时，在整个施工活动中，应采取连续的动态跟踪控制，通过对工序产品的抽样检验，判定其产品质量波动状态，若工序活动处于异常状态，则应查出影响质量的原因，采取措施排除系统性因素的干扰，使工序活动恢复到正常状态，从而保证工序活动及其产品质量。此外，为确保工程质量，应在工序活动过程中设置质量控制点，进行预控。

3. 质量控制点的设置

质量控制点的设置是进行工序质量预防控制的有效措施。质量控制点是指为保证工程质量而必须控制的重点工序、关键部位、薄弱环节。应在施工前，全面、合理地选择质量控制点，并对设置质量控制点的情况及拟采取的控制措施进行审核。必要时，应对质量控制实施过程进行跟踪检查或旁站监督，以确保质量控制点的施工质量。

设置质量控制点的对象，主要有以下几方面：

（1）关键的分项工程

如大体积混凝土工程，土石坝工程的坝体填筑，隧洞开挖工程等。

（2）关键的工程部位

如混凝土面板堆石坝面板趾板及周边缝的接缝，土基上水闸的地基基础，预制框架结构的梁板节点，关键设备的设备基础等。

（3）薄弱环节

指经常发生或容易发生质量问题的环节，或承包人无法把握的环节，或采用新工艺（材料）施工的环节等。

（4）关键工序

如钢筋混凝土工程的混凝土振捣，灌注桩钻孔，隧洞开挖的钻孔布置、方向、深度、用药量和填塞等。

（5）关键工序的关键质量特性

如混凝土的强度、耐久性，土石坝的干容重、黏性土的含水率等。

（6）关键质量特性的关键因素

如冬季混凝土强度的关键因素是环境（养护温度），支模的关键因素是支撑方法，泵送混凝土输送质量的关键因素是机械，墙体垂直度的关键因素是人等。

控制点的设置应准确有效，因此究竟选择哪些作为控制点，需要由有经验的质量控制人员进行选择。

4. 见证点、停止点的概念

在工程项目实施控制中，通常是由承包人在分项工程施工前制定施工计划时，就选定设置控制点，并在相应的质量计划中进一步明确哪些是见证点，哪些是停止点。所谓见证点和停止点是国际上对于重要程度不同及监督控制要求不同的质量控制对象的一种区分方式。见证点监督也称为 W 点监督。凡是被列为见证点的质量控制对象，在规定的控制点施工前，施工单位应提前 24 h 通知监理人员在约定的时间内到现场进行见证并实施监督。如监理人员未按约定到场，施工单位有权对该点进行相应的操作和施工。停止点也称为待检查点或 H 点，它的重要性高于见证点，是针对那些由于施工过程或工序施工质量不易或不能通过其后的检验和试验而充分得到论证的"特殊过程"或"特殊工序"而言的。凡被列入停止点的控制点，要求必须在该控制点来临之前 24 h 通知监理人员到场实验监控，如监理人员未能在约定时间内到达现场，施工单位应停止该控制点的施工，并按合同规定等待监理方，未经认可不能超过该点继续施工，如水闸闸墩混凝土结构在钢筋架立后，混凝土浇筑之前，可设置停止点。

在施工过程中，应加强旁站和现场巡查的监督检查；严格实施隐蔽式工程工序间交接检查验收、工程施工预检等检查监督；严格执行对成品保护的质量检查。只有这样才能及早发现问题，及时纠正，防患于未然，确保工程质量，避免导致工程质量事故。

为了对施工期间的各分部、分项工程的各工序质量实施严密、细致和有效地监督、控制，应认真地填写跟踪档案，即施工和安装记录。

（四）施工合同条件下的工程质量控制

工程施工是使业主及工程设计意图最终实现并形成工程实体的阶段，也是最终形成工程产品质量和工程项目使用价值的重要阶段。由此可见，施工阶段的质量控制不但是工程师的核心工作内容，也是工程项目质量控制的重点。

1.质量检查（验）的职责和权力

施工质量检查（验）是建设各方质量控制必不可少的一项工作，它可以起到监督、控制质量，及时纠正错误，避免事故扩大，消除隐患等作用。

（1）承包商质量检查（验）的职责

提交质量保证计划措施报告。保证工程施工质量是承包商的基本义务。承包商应按标准建立和健全所承包工程的质量保障计划，在组织上和制度上落实质量管理工作，以确保工程质量。

承包商质量检查（验）职责。根据合同规定和工程师的指示，承包商应对工程使用的材料和工程设备以及工程的所有部位及其施工工艺进行全过程的质量自检，并作质量检查（验）记录，定期向工程师提交工程质量报告。同时，承包商应建立一套全部工程的质量记录和报表，以便于工程师复核检验和日后发现质量问题时查找原因。当合同发生争议时，质量记录和报表还是重要的当时记录。

自检是检验的一种形式，它是由承包商自己来进行的。在合同环境下，承包商的自检包括：班组的"初检"；施工队的"复检"；公司的"终检"。自检的目的不仅在于判定被检验实体的质量特性是否符合合同要求，更为重要的是用于对过程的控制。因此，承包商的自检是质量检查（验）的基础，是控制质量的关键。为此，工程师有权拒绝对那些"三检"资料不完善或无"三检"资料的过程（工序）进行检验。

（2）工程师的质量检查（验）权力

按照我国有关法律、法规的规定：工程师在不妨碍承包商正常作业的情况下，可以随时对作业质量进行检查（验）。这表明工程师有权对全部工程的所有部位及其任何一项工艺、材料和工程设备进行检查和检验，并具有质量否决权。

2.材料、工程设备的检查和检验

对材料和工程设备进行检查和检验时应区别对待以上两种情况。

（1）材料和工程设备的检验和交货验收

对承包商采购的材料和工程设备，其产品质量承包商应对业主负责。材料和工程设备的检验和交货验收由承包商负责实施，并承担所需费用，具体做法：承包商会同工程师进行检验和交货验收，查验材质证明和产品合格证书。此外，承包商还应按合同规定进行材料的抽样检验和工程设备的检验测试，并将检验结果提交给工程师。工程师参加交货验收不能减轻或免除承包商在检验和验收中应负的责任。

对业主采购的工程设备，为了简化验交手续和重复装运，业主应将其采购的工程设备由生产厂家直接移交给承包商。为此，业主和承包商在合同规定的交货地点（如生产厂家、工地或其他合适的地方）共同进行交货验收，由业主正式移交给承包商。在交货验收过程中，业主采购的工程设备检验及测试由承包商负责，业主不必再配备检验及测试用的设备和人员，但承包商必须将其检验结果提交工程师，并由工程师复核签认检验结果。

（2）工程师检查或检验

工程师和承包商应商定对工程所用的材料和工程设备进行检查和检验的具体时间和地点。通常情况下，工程师应到场参加检查或检验，如果在商定时间内工程师未到场参加检查或检验，且工程师无其他指示（如延期检查或检验），承包商可自行检查或检验，并立即将检查或检验结果提交给工程师。除合同另有规定外，工程师应在事后确认承包商提交的检查或检验结果。

对于承包商未按合同规定检查或检验材料和工程设备，工程师指示承包商按合同规定补做检查或检验。此时，承包商应无条件地按工程师的指示和合同规定补做检查或检验，并应承担检查或检验所需的费用和可能带来的工期延误责任。

（3）额外检验和重新检验

①额外检验

在合同履行过程中，如果工程师需要增加合同中未作规定的检查和检验项目，工程师有权指示承包商增加额外检验，承包商应遵照执行，但应由业主承担额外检验的费用和工期延误责任。

②重新检验

在任何情况下，如果工程师对以往的检验结果有疑问，有权指示承包商进行再次检验即重新检验，承包商必须执行工程师指示，不得拒绝。"以往检验结果"是指已按合同规定要求得到工程师的同意，如果承包商的检验结果未得到工程师同意，则工程师指示承包商进行的检验不能称为重新检验，应为合同内检测。

重新检验带来的费用增加和工期延误责任的承担视重新检验结果而定。如果重新检验结果证明这些材料、工程设备、工序不符合合同要求，则应由承包商承担重新检验的全部费用和工期延误责任；如果重新检验结果证明这些材料、工程设备、工序符合合同要求，则应由业主承担重新检验的费用和工期延误责任。

当承包商未按合同规定进行检查或检验，并且不执行工程师有关补做检查或检验指示和重新检验的指示时，工程师为了及时发现可能的质量隐患，减少可能造成的损失，可以指派自己的人员或委托其他人进行检查或检验，以保证质量。此时，不论检查或检验结果如何，工程师因采取上述检查或检验补救措施而造成的工期延误和增加的费用均应由承包商承担。

（4）不合格工程、材料和工程设备

①禁止使用不合格材料和工程设备

工程使用的一切材料、工程设备均应满足合同规定的等级、质量标准和技术特性。工程师在工程质量的检查或检验中发现承包商使用了不合格材料或工程设备时，可以随时发出指示，要求承包商立即改正，并禁止在工程中继续使用这些不合格的材料和工程设备。

如果承包商使用了不合格材料和工程设备，其造成的后果应由承包商承担责任，承包商应无条件地按工程师指示进行补救。业主提供的工程设备经验收不合格的应由业主承担相应责任。

②不合格工程、材料和工程设备的处理

第一，如果工程师的检查或检验结果表明承包商提供的材料或工程设备不符合合同要求，工程师可以拒绝接收，并立即通知承包商。此时，承包商除立即停止使用外，应与工程师共同研究补救措施。如果在使用过程中发现不合格材料，工程师应视具体情况，下达运出现场或降级使用的指示。

第二，如果检查或检验结果表明业主提供的工程设备不符合合同要求，承包商有权拒绝接收，并要求业主予以更换。

第三，如果因承包商使用了不合格材料和工程设备造成了工程损害，工程师可以随时发出指示，要求承包商立即采取措施进行补救，直至彻底清除工程的不合格部位及不合格材料和工程设备。

第四，如果承包商无故拖延或拒绝执行工程师的有关指示，则业主有权委托其他承包商执行该项指示。由此而造成的工期延误和增加的费用由承包商承担。

3.隐蔽工程

隐蔽工程和工程隐蔽部位是指已完成的工作面经覆盖后将无法事后查看的任何工程部位和基础。由于隐蔽工程和工程隐蔽部位的特殊性及重要性，因此没有工程师的批准，工程的任何部分均不得覆盖或使之无法查看。

对于将被覆盖的部位和基础在进行下一道工序之前，首先由承包商进行自检（"三检"），确认符合合同要求后，再通知工程师进行检查，工程师不得无故缺席或拖延，承包商通知时应考虑到工程师有足够的检查时间。工程师应按通知约定的时间到场进行检查，确认质量符合合同规定要求，并在检查记录上签字后，才能允许承包商进入下一道工序，进行覆盖。承包商在取得工程师的检查签证之前，不得以任何理由进行覆盖，否则，承包商应承担因补检而增加的费用和工期延误责任。如果由于工程师未及时到场检查，承包商因等待或延期检查而造成工期延误则承包商有权要求延长工期和赔偿其停工、窝工等损失。

4.放线

（1）施工控制网

工程师应在合同规定的期限内向承包商提供测量基准点、基准线和水准点及其书面资料。业主和工程师应对测量点、基准线和水准点的正确性负责。

承包商应在合同规定期限内完成测设自己的施工控制网，并将施工控制网资料报送工程师审批。承包商应对施工控制网的正确性负责。此外，承包商还应负责保管全部测量基准和控制网点。工程完工后，应将施工控制网点完好地移交给业主。

工程师为了监理工作的需要，可以使用承包商的施工控制网，并不为此另行支付费用。此时，承包商应及时提供必要的协助，不得以任何理由加以拒绝。

（2）施工测量

承包商应负责整个施工过程中的全部施工测量放线工作，包括地形测量、放样测量、断面测量、支付收方测量和验收测量等，并应自行配置合格的人员、仪器、设备和其他物品。

承包商在施测前，应将施工测量措施报告报送工程师审批。

工程师应按合同规定对承包商的测量数据和放样成果进行检查。工程师认为必要时还可指示承包商在工程师的监督下进行抽样复测，并修正复测中发现的错误。

5.完工和保修

（1）完工验收

完工验收指承包商基本完成合同中规定的工程项目后，移交给业主接收前的交工验收，不是国家或业主对整个项目的验收。基本完成是指不一定要合同规定的工程项目全部完成，有些不影响工程使用的尾工项目，经工程师批准，可待验收后在保修期中去完成。

①工程师审核

工程师在接到承包商完工验收申请报告后的 28 d 内进行审核并作出决定，或者提请业主进行工程验收，或者通知承包商在验收前尚应完成的工作和对申请报告的异议，承包商应在完成工作后或修改报告后重新提交完工验收申请报告。

②完工验收和移交证书

业主在接到工程师提请进行工程验收的通知后，应在收到完工验收申请报告后 56 d 内组织工程验收，并在验收通过后向承包商颁发移交证书。移交证书上应注明由业主、承包商、工程师协商核定的工程实际完工日期。此日期是计算承包商完工工期的依据，也是工程保修期的开始。从颁交证书之日起，照管工程的责任即应由业主承担，且在此后 14 d 内，业主应将保留金总额的 50% 退还给承包商。

③分阶段验收和施工期运行

水利水电工程中分阶段验收有两种情况。第一种情况是在全部工程验收前，某些单位工程，如船闸、隧洞等已完工，经业主同意可先行单独进行验收，通过后颁发单位工程移交证书，由业主先接管该单位工程。第二种情况是业主根据合同进度计划的安排，需提前使用尚未全部建成的工程，如大坝工程达到某一特定高程可以满足初期发电时，可对该部分工程进行验收，以满足初期发电要求。验收通过应签发临时移交证书。工程未完成部分仍由承包商继续施工。对通过验收的部分工程由于在施工期运行而使承包商增加了修复缺陷的费用，业主应给予适当的补偿。

④业主拖延验收

如业主在收到承包商完工验收申请报告后，不及时进行验收，或在验收通过后无故不颁发移交证书，则业主应从承包商发出完工验收申请报告 56 d 后的次日起承担照管工程的费用。

（2）工程保修

①保修期（FIDIC 条款中称为缺陷通知期）

工程移交前，虽然已通过验收，但是还未经过运行的考验，而且还可能有一些尾工项目和修补缺陷项目未完成，所以还必须有一段期间用来检验工程的正常运行，这就是保修期。水利水电土建工程保修期一般为一年，从移交证书中注明的全部工程完工日期开始起算。在全部工程完工验收前，业主已提前验收的单位工程或部分工程，若未投入正常运行，其保修期仍按全部工程完工日期起算；若验收后投入正常运行，其保修期应从该单位工程或部分工程移交证书上注明的完工日期起算。

②保修责任

第一，保修期内，承包商应负责修复完工资料中未完成的缺陷修复清单所列的全部项目。

第二，保修期内如发现新的缺陷和损坏，或原修复的缺陷又遭损坏，承包商应负责修复。至于修复费用由谁承担，需视缺陷和损坏的原因而定，由于承包商施工中的隐患或其他承包商原因所造成，应由承包商承担；若由于业主使用不当或业主其他原因所致，则由业主承担。

保修责任终止证书（FIDIC 条款中称为履约证书）。在全部工程保修期满，且承包商不遗留任何尾工项目和缺陷修补项目，业主或授权工程师应在 28 d 内向承包商颁发保修责任终止证书。

保修责任终止证书的颁发，表明承包商已履行了保修期的义务，工程师对其满意，也表明了承包商已按合同规定完成了全部工程的施工任务，业主接受了整个工程项目。但此时合同双方的财务账目尚未结清，可能有些争议还未解决，故并不意味合同已履行结束。

（3）清理现场与撤离

圆满完成清场工作是承包商进行文明施工的一个重要标志。一般而言，在工程移交证书颁发前，承包商应按合同规定的工作内容对工地进行彻底清理，以便业主使用已完成的工程。经业主同意后也可留下部分清场工作在保修期满前完成。

承包商应按下列工作内容对工地进行彻底清理，并需经工程师检验合格为止：

①工程范围内残留的垃圾已全部焚毁、掩埋或清除出场。

②临时工程已按合同规定拆除，场地已按合同要求清理和平整。

③承包商设备和剩余的建筑材料已按计划撤离工地，废弃的施工设备和材料亦已清除。

④施工区内的永久道路和永久建筑物周围的排水沟道，均已按合同图纸要求和工程师指示进行疏通和修整。

⑤主体工程建筑物附近及其上、下游河道中的施工堆积场，已按工程师的指示予

以清理。

此外，在全部工程的移交证书颁发后 42 d 内，除了经工程师同意，由于保修期工作需要留下部分承包商人员、施工设备和临时工程外，承包商的队伍应撤离工地，并做好环境恢复工作。

二、全面质量管理的基本概念

全面质量管理（TQM）是企业管理的中心环节，是企业管理的纲，它和企业的经营目标是一致的。这就是要求将企业的生产经营管理和质量管理有机地结合起来。

（一）全面质量管理的基本概念

全面质量管理是以组织全员参与为基础的质量管理模式，它代表了质量管理的最新阶段，全面质量管理是为了能够在最经济的水平上，并充分考虑到满足用户的要求的条件下进行市场研究、设计、生产和服务，把企业内各部门研制质量，维持质量和提高质量的活动构成为一体的一种有效体系。他的理论经过世界各国的继承和发展，得到了进一步的扩展和深化。

（二）全面质量管理的基本要求

1. 全过程的管理

任何一个工程（和产品）的质量，都有一个产生、形成和实现的过程；整个过程是由多个相互联系、相互影响的环节所组成的，每一环节都或重或轻地影响着最终的质量状况。因此，要搞好工程质量管理，必须把形成质量的全过程和有关因素控制起来，形成一个综合的管理体系，做到以防为主，防检结合，重在提高。

2. 全员的质量管理

工程（产品）的质量是企业各方面、各部门、各环节工作质量的反映。每一环节，每一个人的工作质量都会不同程度地影响着工程（产品）最终质量。工程质量人人有责，只有人人都关心工程的质量，做好本职工作，才能生产出好质量的工程。

3. 全企业的质量管理

全企业的质量管理一方面要求企业各管理层次都要有明确的质量管理内容，各层次的侧重点要突出，每个部门应有自己的质量计划、质量目标和对策，层层控制；另一方面就是要把分散在各部门的质量职能发挥出来。如水利水电工程中的"三检制"，就充分反映这一观点。

4. 多方法的管理

影响工程质量的因素越来越复杂：既有物质的因素，又有人为的因素；既有技术因素，又有管理因素；既有内部因素，又有企业外部因素。要搞好工程质量，就必须把这些影响因素控制起来，分析它们对工程质量的不同影响。灵活运用各种现代化管理方法来解决工程质量问题。

（三）全面质量管理的基本指导思想

1. 质量第一、以质量求生存

任何产品都必须达到所要求的质量水平，否则就没有或未实现其使用价值，从而给消费者、给社会带来损失。从这个意义上讲，质量必须是第一位的。贯彻"质量第一"就要求企业全员，尤其是领导层，要有强烈的质量意识；要求企业在确定质量目标时，首先应根据用户或市场的需求，科学地确定质量目标，并安排人力、物力、财力予以保证。当质量与数量、社会效益与企业效益、长远利益与眼前利益发生矛盾时，应把质量、社会效益和长远利益放在首位。

"质量第一"并非"质量至上"。质量不能脱离当前的市场水准，也不能不问成本一味地讲求质量。应该重视质量成本的分析，把质量与成本加以统一，确定最适合的质量。

2. 用户至上

在全面质量管理中，这是一个十分重要的指导思想。"用户至上"就是要树立以用户为中心，为用户服务的思想。要使产品质量和服务质量尽可能满足用户的要求。产品质量的好坏最终应以用户的满意程度为标准。这里，所谓用户是广义的，不仅指产品出厂后的直接用户，而且指在企业内部，下道工序是上道工序的用户。如混凝土工程，模板工程的质量直接影响混凝土浇筑这一下道关键工序的质量。每道工序的质量不仅影响下道工序质量，也会影响工程进度和费用。

3. 质量是设计、制造出来的，而不是检验出来的

在生产过程中，检验是重要的，它可以起到不允许不合格品出厂的把关作用，同时还可以将检验信息反馈到有关部门。但影响产品质量好坏的真正原因并不在检验，而主要在于设计和制造。设计质量是先天性的，在设计的时候就已经决定了质量的等级和水平；而制造只是实现设计质量，是符合性质的。二者不可偏废，都应重视。

4. 强调用数据说话

这就是要求在全面质量管理工作中具有科学的工作作风，在研究问题时不能满足于一知半解和表面，对问题不仅有定性分析还尽量有定量分析，做到心中有"数"，这样才可以避免主观盲目性。

在全面质量管理中广泛地采用了各种统计方法和工具，其中用得最多的有"七种工具"，即因果图、排列图、直方图、相关图、控制图、分层法和调查表。常用的数理统计方法有回归分析、方差分析、多元分析、实验分析、时间序列分析等。

5. 突出人的积极因素

从某种意义上讲，在开展质量管理活动过程中，人的因素是最积极、最重要的因素。与质量检验阶段和统计质量控制阶段相比较，全面质量管理阶段格外强调调动人的积极因素的重要性。这是因为现代化生产多为大规模系统，环节众多，联系密切复杂，远非单纯靠质量检验或统计方法就能奏效的。必须调动人的积极因素，加强质量意识，发挥人的主观能动性，以确保产品和服务的质量。全面质量管理的特点之一就是全体

人员参加的管理。"质量第一，人人有责"。

要增强质量意识，调动人的积极因素，一靠教育，二靠规范，需要通过教育培训和考核，同时还要依靠有关质量的立法以及必要的行政手段等各种激励及处罚措施。

（四）全面质量管理的工作原则

1.预防原则

在企业的质量管理工作中，要认真贯彻预防为主的原则，凡事要防患于未然。在产品制造阶段应该采用科学方法对生产过程进行控制，尽量把不合格品消灭在发生之前。在产品的检验阶段，不论是对最终产品或是在制品，都要把质量信息及时反馈并认真处理。

2.经济原则

全面质量管理强调质量，但无论质量保证的水平或预防不合格的深度都是没有止境的，必须考虑经济性，建立合理的经济界限，这就是所谓经济原则。因此，在产品设计制定质量标准时，在生产过程进行质量控制时，在选择质量检验方式为抽样检验或全数检验时等场合，都必须考虑其经济效益。

3.协作原则

协作是大生产的必然要求。生产和管理分工越细，就越要求协作。一个具体单位的质量问题往往涉及许多部门，如无良好的协作是很难解决的。因此，强调协作是全面质量管理的一条重要原则，也反映了系统科学全局观点的要求。

4.按照PDCA循环组织活动

PDCA循环是质量体系活动所应遵循的科学工作程序，周而复始，内外嵌套，循环不已，以求质量不断提高。

（五）全面质量管理的运转方式

质量保证体系运转方式是按照计划（P）、执行（D）、检查（C）、处理（A）的管理循环进行的。它包括四个阶段和八个工作步骤。

1.四个阶段

（1）计划阶段

按使用者要求，根据具体生产技术条件，找出生产中存在的问题及其原因，拟定生产对策和措施计划。

（2）执行阶段

按预定对策和生产措施计划，组织实施。

（3）检查阶段

对生产成品进行必要的检查和测试，即把执行的工作结果与预定目标对比，检查执行过程中出现的情况和问题。

（4）处理阶段

把经过检查发现的各种问题及用户意见进行处理。凡符合计划要求的予以肯定，成文标准化。对不符合设计要求和不能解决的问题，转入下一循环以进一步研究解决。

2.八个步骤

（1）分析现状，找出问题，不能凭印象和表面作判断。结论要用数据表示。

（2）分析各种影响因素，要把可能因素一一加以分析。

（3）找出主要影响因素，要努力找出主要因素进行解剖，才能改进工作，提高产品质量。

（4）研究对策，针对主要因素拟定措施，制定计划，确定目标。

以上属 P 阶段工作内容。

（5）执行措施为 D 阶段的工作内容。

（6）检查工作成果，对执行情况进行检查，找出经验教训，为 C 阶段的工作内容。

（7）巩固措施，制定标准，把成熟的措施订成标准（规程、细则）形成制度。

（8）遗留问题转入下一个循环。

以上（7）和（8）为 A 阶段的工作内容。

3.PDCA 循环的特点

（1）四个阶段缺一不可，先后次序不能颠倒。就好像一只转动的车轮，在解决质量问题中滚动前进逐步使产品质量提高。

（2）企业的内部 PDCA 循环各级都有，整个企业是一个大循环，企业各部门又有自己的循环。大循环是小循环的依据，小循环又是大循环的具体和逐级贯彻落实的体现。

（3）PDCA 循环不是在原地转动，而是在转动中前进。每个循环结束，质量便提高一步。它表明每一个 PDCA 循环都不是在原地周而复始地转动，而是像爬楼梯那样，每转一个循环都有新的目标和内容。因而就意味前进了一步，从原有水平上升到了新的水平，每经过一次循环，也就解决了一批问题，质量水平就有新的提高。

（4）A 阶段是一个循环的关键，这一阶段（处理阶段）的目的在于总结经验，巩固成果，纠正错误，以利于下一个管理循环。为此必须把成功和经验纳入标准，定为规程，使之标准化、制度化，以便在下一个循环中遵照办理，使质量水平逐步提高。

必须指出，质量的好坏反映了人们质量意识的强弱，也反映了人们对提高产品质量意义的认识水平。有了较强的质量意识，还应使全体人员对全面质量管理的基本思想和方法有所了解。这就需要开展全面质量管理，必须加强质量教育的培训工作，贯彻执行质量责任制并形成制度，持之以恒，才能使工程施工质量水平不断提高。

第三节　工程质量统计与分析

一、质量数据

利用质量数据和统计分析方法进行项目质量控制，是控制工程质量的重要手段。质量数据是用以描述工程质量特征性能的数据。它是进行质量控制的基础，没有质量数据，就不可能有现代化的科学的质量控制。

（一）质量数据的类型

质量数据按其自身特征，可分为计量值数据和计数值数据；按其收集目的可分为控制性数据和验收性数据。

1.计量值数据

计量值数据是可以连续取值的连续型数据。如长度、质量、面积、标高等特征，一般都是可以用量测工具或仪器等量测，一般都带有小数。

2.计数值数据

计数值数据是不连续的离散型数据。如不合格品数、不合格的构件数等，这些反映质量状况的数据是不能用量测器具来度量的，采用计数的办法，只能出现 0、1、2等非负数的整数。

3.控制性数据

控制性数据一般是以工序作为研究对象，是为分析、预测施工过程是否处于稳定状态，而定期随机地抽样检验获得的质量数据。

4.验收性数据

验收性数据是以工程的最终实体内容为研究对象，以分析、判断其质量是否达到技术标准或用户的要求，而采取随机抽样检验而获取的质量数据。

（二）质量数据的波动及其原因

在工程施工过程中常可看到在相同的设备、原材料、工艺及操作人员条件下，生产的同一种产品的质量不同，反映在质量数据上，即具有波动性，其影响因素有偶然性因素和系统性因素两大类。偶然性因素引起的质量数据波动属于正常波动，偶然因素是无法或难以控制的因素，所造成的质量数据的波动量不大，没有倾向性，作用是随机的，工程质量只有偶然因素影响时，生产才处于稳定状态。由系统因素造成的质量数据波动属于异常波动，系统因素是可控制、易消除的因素，这类因素不经常发生，但具有明显的倾向性，对工程质量的影响较大。

质量控制的目的就是要找出出现异常波动的原因，即系统性因素是什么，并加以排除，使质量只受随机性因素的影响。

（三）质量数据的收集

质量数据的收集总的要求应当是随机地抽样，即整批数据中每一个数据都有被抽到的同样机会。常用的方法有随机法、系统抽样法、二次抽样法和分层抽样法。

（四）样本数据特征

为了进行统计分析和运用特征数据对质量进行控制，经常要使用许多统计特征数据。统计特征数据主要有均值、中位数、极值、极差、标准偏差、变异系数，其中均值、中位数表示数据集中的位置；极差、标准偏差、变异系数表示数据的波动情况，即分散程度。

二、质量控制的统计方法简介

通过对质量数据的收集、整理和统计分析，找出质量的变化规律和存在的质量问题，提出进一步的改进措施，这种运用数学工具进行质量控制的方法是所有涉及质量管理的人员所必须掌握的，它可以使质量控制工作定量化和规范化。下面介绍几种在质量控制中常用的数学工具及方法。

（一）直方图法

1. 直方图的用途

直方图又称频率分布直方图，它们将产品质量频率的分布状态用直方图形来表示，根据直方图形的分布形状和与公差界限的距离来观察、探索质量分布规律，分析和判断整个生产过程是否正常。

利用直方图可以制定质量标准，确定公差范围，可以判明质量分布情况是否符合标准的要求。

2. 直方图的分析

直方图有以下几种分布形式。

（1）正常对称型

说明生产过程正常，质量稳定。

（2）锯齿型

原因一般是分组不当或组距确定不当。

（3）孤岛型

原因一般是材质发生变化或他人临时替班。

（4）绝壁型

一般是剔除下限以下的数据造成的。

（5）双峰型

把两种不同的设备或工艺的数据混在一起造成的。

（6）平峰型

生产过程中有缓慢变化的因素起主导作用。

3. 注意事项

（1）直方图属于静态的，不能反映质量的动态变化。

（2）画直方图时，数据不能太少，一般应大于 50 个数据，否则画出的直方图难以正确反映总体的分布状态。

（3）直方图出现异常时，应注意将收集的数据分层，然后画直方图。

（4）直方图呈正态分布时，可求平均值和标准差。

（二）排列图法

排列图法又称巴雷特法、主次排列图法，是分析影响质量主要问题的有效方法，将众多的因素进行排列，主要因素就一目了然，如排列图法是由一个横坐标、两个纵坐标、几个长方形和一条曲线组成的。左侧的纵坐标是频数或件数，右侧纵坐标是累计频率，横轴则是项目或因素，按项目频数大小顺序在横轴上自左而右画长方形，其高度为频数，再根据右侧的纵坐标，画出累计频率曲线，该曲线也称巴雷特曲线。

（三）因果分析图法

因果分析图也叫鱼刺图、树枝图，这是一种逐步深入研究和讨论质量问题的图示方法。在工程建设过程中，任何一种质量问题的产生，一般都是多种原因造成的，这些原因有大有小，把这些原因按照大小顺序分别用主干、大枝、中枝、小枝来表示，这样，就可一目了然地观察出导致质量问题的原因，并以此为据，制定相应对策。

（四）管理图法

管理图也称控制图，它是反映生产过程随时间变化而变化的质量动态，即反映生产过程中各个阶段质量波动状态的图形。管理图利用上下控制界限，将产品质量特性控制在正常波动范围内，一旦有异常反映，通过管理图就可以发现，并及时处理。

（五）相关图法

产品质量与影响质量的因素之间，常有一定的相互关系，但不一定是严格的函数关系，这种关系称为相关关系，可利用直角坐标系将两个变量之间的关系表达出来。相关图的形式有正相关、负相关、非线性相关和无相关。

第四节　工程质量评定与验收

一、工程质量评定

（一）质量评定的意义

工程质量评定是依据国家或部门统一制定的现行标准和方法，对照具体施工项目的质量结果，确定其质量等级的过程。

工程质量评定以单元工程质量评定为基础，其评定的先后次序是单元工程、分部工程和单位工程。

工程质量的评定在施工单位（承包商）自评的基础上，由建设（监理）单位复核，报政府质量监督机构核定。

（二）评定依据

1.国家与水利水电部门有关行业规程、规范和技术标准。

2.经批准的设计文件、施工图纸、设计修改通知、厂家提供的设备安装说明书及有关技术文件。

3.工程合同采用的技术标准。

4.工程试运行期间的试验及观测分析成果。

（三）评定标准

1.单元工程质量评定标准

当单元工程质量达不到合格标准时，必须及时处理，其质量等级按如下确定：

（1）全部返工重做的，可重新评定等级；

（2）经加固补强并经过鉴定能达到设计要求，其质量只能评定为合格；

（3）经鉴定达不到设计要求，但建设（监理）单位认为能基本满足安全和使用功能要求的，可不补强加固，或经补强加固后，改变外形尺寸或造成永久缺陷的，经建设（监理）单位认为能基本满足设计要求，其质量可按合格处理。

2.分部工程质量评定标准

（1）分部工程质量合格的条件

①单元工程质量全部合格；

②中间产品质量及原材料质量全部合格，金属结构及启闭机制造质量合格，机电产品质量合格。

（2）分部工程优良的条件

①单元工程质量全部合格，其中有50%以上达到优良，主要单元工程、重要隐蔽工程及关键部位的单位工程质量优良，且未发生过质量事故；

②中间产品质量全部合格，其中混凝土拌和物质量达到优良，原材料质量、金属结构及启闭机制造质量合格，机电产品质量合格。

3.单位工程质量评定标准

（1）单位工程质量合格的条件是：

①分部工程质量全部合格；

②中间产品质量及原材料质量全部合格，金属结构及启闭机制造质量合格，机电产品质量合格；

③外观质量得分率达70%以上；

④施工质量检验资料基本齐全。

（2）单位工程优良的条件是：

①分部工程质量全部合格，其中有70%以上达到优良，主要分部工程质量优良，且未发生过重大质量事故；

②中间产品质量全部合格，其中混凝土拌和物质量达到优良，原材料质量、金属结构及启闭机制造质量合格，机电产品质量合格；

③外观质量得分率达 85% 形以上；

④施工质量检验资料齐全。

4.工程质量评定标准

单位工程质量全部合格，工程质量可评为合格；如其中 50% 以上的单位工程优良，且主要建筑物单位工程质量优良，则工程质量可评优良。

二、工程质量验收

（一）概述

工程验收是在工程质量评定的基础上，依据一个既定的验收标准，采取一定的手段来检验工程产品的特性是否满足验收标准的过程。水利水电工程验收分为分部工程验收、阶段验收、单位工程验收和竣工验收。按照验收的性质，可分为投入使用验收和完工验收。工程验收的目的是：检查工程是否按照批准的设计进行建设；检查已完工程在设计、施工、设备制造安装等方面的质量，并对验收遗留问题提出处理要求；检查工程是否具备运行或进行下一阶段建设的条件；总结工程建设中的经验教训，并对工程作出评价；及时移交工程，尽早发挥投资效益。

工程验收的依据是：有关法律、规章和技术标准，主管部门有关文件，批准的设计文件及相应设计变更、修设文件，施工合同，监理签发的施工图纸和说明，设备技术说明书等。当工程具备验收条件时，应及时组织验收。未经验收或验收不合格的工程不得交付使用或进行后续工程施工。验收工作应相互衔接，不应重复进行。

工程进行验收时必须要有质量评定意见，阶段验收和单位工程验收应有水利水电工程质量监督单位的工程质量评价意见；竣工验收必须有水利水电工程质量监督单位的工程质量评定报告，竣工验收委员会在其基础上鉴定工程质量等级。

（二）工程验收的主要工作

1.分部工程验收

分部工程验收应具备的条件是该分部工程的所有单元工程已经完建且质量全部合格。分部工程验收的主要工作是：鉴定工程是否达到设计标准；按现行国家或行业技术标准，评定工程质量等级；对验收遗留问题提出处理意见。分部工程验收的图纸、资料和成果是竣工验收资料的组成部分。

2.阶段验收

根据工程建设需要，当工程建设达到一定关键阶段（如基础处理完毕、截流、水库蓄水、机组启动、输水工程通水等）时，应进行阶段验收。阶段验收的主要工作是：检查已完工程的质量和形象面貌；检查在建工程建设情况；检查待建工程的计划安排和主要技术措施落实情况，以及是否具备施工条件；检查拟投入使用工程是否具备运用条件；对验收遗留问题提出处理要求。

3.完工验收

完工验收应具备的条件是所有分部工程已经完建并验收合格。完工验收的主要工作是：检查工程是否按批准设计完成；检查工程质量，评定质量等级，对工程缺陷提出处理要求；对验收遗留问题提出处理要求；按照合同规定，施工单位向项目法人移交工程。

4.竣工验收

工程在投入使用前必须通过竣工验收。竣工验收应在全部工程完建后3个月内进行。进行验收确有困难的，经工程验收主持单位同意，可以适当延长期限。竣工验收应具备以下条件：工程已按批准设计规定的内容全部建成；各单位工程能正常运行；历次验收所发现的问题已基本处理完毕；归档资料符合工程档案资料管理的有关规定；工程建设征地补偿及移民安置等问题已基本处理完毕，工程主要建筑物安全保护范围内的迁建和工程管理土地征用已经完成；工程投资已经全部到位；竣工决算已经完成并通过竣工审计。

竣工验收的主要工作：审查项目法人"工程建设管理工作报告"和初步验收工作组"初步验收工作报告"；检查工程建设和运行情况；协调处理有关问题；讨论并通过"竣工验收鉴定书"。

第五节　工程质量事故的处理

工程建设项目不同于一般工业生产活动，其项目实施的一次性、生产组织特有的流动性、综合性、劳动的密集性、协作关系的复杂性和环境的影响，均导致建筑工程质量事故具有复杂性、严重性、可变性及多发性的特点，事故是很难完全避免的。因此，必须加强组织措施、经济措施和管理措施，严防事故发生，对发生的事故应调查清楚，按有关规定进行处理。

一、工程事故的分类

凡水利水电工程在建设中或完工后，由于设计、施工、监理、材料、设备、工程管理和咨询等方面造成工程质量不符合规程、规范和合同要求的质量标准，影响工程的使用寿命或正常运行，一般需作补救措施或返工处理的，统称为工程质量事故。日常所说的事故大多指施工质量事故。

在水利水电工程中，按对工程的耐久性和正常使用的影响程度，检查和处理质量事故对工期影响时间的长短以及直接经济损失的大小，将质量事故分为一般质量事故、较大质量事故、重大质量事故和特大质量事故。

一般质量事故是指对工程造成一定经济损失，经处理后不影响正常使用，不影响工程使用寿命的事故。小于一般质量事故的统称为质量缺陷。

较大质量事故是指对工程造成较大经济损失或延误较短工期，经处理后不影响正常使用，但对工程使用寿命有较大影响的事故。

重大质量事故是指对工程造成重大经济损失或延误较长工期，经处理后不影响正常使用，但对工程使用寿命有较大影响的事故。

特大质量事故是指对工程造成特大经济损失或长时间延误工期，经处理后仍对工程正常使用和使用寿命有较大影响的事故。

一般质量事故，它的直接经济损失在20万~100万元，事故处理的工期在一个月内，且不影响工程的正常使用与寿命。一般建筑工程对事故的分类略有不同，主要表现在经济损失大小之规定。

二、工程事故的处理方法

（一）事故发生的原因

工程质量事故发生的原因很多，最基本的还是人、机械、材料、工艺和环境几方面。一般可分直接原因和间接原因两类。

直接原因主要有人的行为不规范和材料、机械的不符合规定状态。如设计人员不按规范设计、监理人员不按规范进行监理，施工人员违反规程操作等，属于人的行为不规范；又如水泥、钢材等某些指标不合格，属于材料不符合规定状态。

间接原因是指质量事故发生地的环境条件，如施工管理混乱，质量检查监督失职，质量保证体系不健全等。间接原因往往导致直接原因的发生。

事故原因也可从工程建设的参建各方来寻查，业主、监理、设计、施工和材料、机械、设备供应商的某些行为或各种方法也会造成质量事故。

（二）事故处理的目的

工程质量事故分析与处理的目的主要是：正确分析事故原因，防止事故恶化；创造正常的施工条件；排除隐患，预防事故发生；总结经验教训，区分事故责任；采取有效地处理措施，尽量减少经济损失，保证工程质量。

（三）事故处理的原则

质量事故发生后，应坚持"三不放过"的原则，即事故原因不查清不放过，事故主要责任人和职工未受到教育不放过，补救措施不落实不放过。

发生质量事故，应立即向有关部门（业主、监理单位、设计单位和质量监督机构等）汇报，并提交事故报告。

由质量事故而造成的损失费用，坚持事故责任是谁由谁承担的原则。如责任在施工承包商，则事故分析与处理的一切费用由承包商自己负责；施工中事故责任不在承包商，则承包商可依据合同向业主提出索赔；若事故责任在设计或监理单位，应按照有关合同条款给予相关单位必要的经济处罚。构成犯罪的，移交司法机关处理。

（四）事故处理的程序和方法

1.事故处理的程序

（1）下达工程施工暂停令；

（2）组织调查事故；

（3）事故原因分析；

（4）事故处理与检查验收；

（5）下达复工令。

2.事故处理的方法

（1）修补

这种方法适用于通过修补可以不影响工程的外观和正常使用的质量事故，此类事故是施工中多发的。

（2）返工

这类事故严重违反规范或标准，影响工程使用和安全，且无法修补，必须返工。

有些工程质量问题，虽严重超过了规程、规范的要求，已具有质量事故的性质，但可针对工程的具体情况，通过分析论证，不需作专门处理，但要记录在案。如混凝土蜂窝、麻面等缺陷，可通过涂抹、打磨等方式处理；欠挖或模板问题使结构断面被削弱，经设计复核验算，仍能满足承载要求的，也可不作处理，但必须记录在案，并有设计和监理单位的鉴定意见。

第七章 水利工程安全管理

第一节 水利工程安全管理的概述

一、安全管理概念

安全生产是指生产过程处于避免人身伤害、设备损坏及其他不可接受的损害风险（危险）的状态。不可接受的损害风险（危险）是指：超出了法律、法规和规章的要求，超出了方针、目标和企业规定的其他要求，超出了人们普遍接受的要求。

（一）建筑工程安全生产管理的特点

1.安全生产管理涉及面广、涉及单位多

由于建筑工程规模大，生产工艺复杂、工序多，在建造过程中流动作业多、高处作业多，作业位置多变，遇到不确定因素多，所以安全管理工作涉及范围大，控制面广。安全管理不仅是施工单位的责任，还包括建设单位、勘察设计单位、监理单位，这些单位也要为安全管理承担相应的责任和义务。

2.安全生产管理动态性

（1）由于建筑工程项目的单件性，使得每项工程所处的条件不同，所面临的危险因素和防范也会有所改变。

（2）工程项目的分散性。

施工人员在施工过程中，分散于施工现场的各个部位，当他们面对各种具体的生产问题时，一般依靠自己的经验和知识进行判断并作出决定，从而增加了施工过程中由不安全行为而导致事故的风险。

3.安全生产管理的交叉性

建筑工程项目是开放系统，受自然环境和社会环境影响很大，安全生产管理需要把工程系统和环境系统及社会系统相结合。

4.安全生产管理的严谨性

安全状态具有触发性，安全管理措施必须严谨，一旦失控，就会造成损失和伤害。

（二）建筑工程安全生产管理的方针

"安全第一"是建筑工程安全生产管理的原则和目标，"预防为主"是实现安全第一的最重要手段。

（三）建筑工程安全管理的原则

1."管生产必须管安全"的原则

一切从事生产、经营的单位和管理部门都必须管安全，全面开展安全工作。

2."安全具有否决权"的原则

安全管理工作是衡量企业经营管理工作好坏的一项基本内容，在对企业进行各项指标考核时，必须首先考虑安全指标的完成情况。安全生产指标具有一票否决的作用。

3.职业安全卫生"三同时"的原则

"三同时"指建筑工程项目其劳动安全卫生设施必须符合国家规范规定的标准，必须与主体工程同时设计、同时施工、同时投入生产和使用。

（四）建筑工程安全生产管理有关法律、法规与标准、规范

1.法治是强化安全管理的重要内容

法律是上层建筑的组成部分，为其赖以建立的经济基础服务。

2.事故处理"四不放过"的原则

（1）事故原因分析不清不放过；

（2）事故责任者和群众没有受到教育不放过；

（3）没有采取防范措施不放过；

（4）事故责任者没有受到处理不放过。

（五）安全生产管理体制

当前我国的安全生产管理体制是企业负责、行业管理、国家监察和群众监督、劳动者遵章守法。

（六）安全生产责任制度

安全生产责任制度是建筑生产中最基本的安全管理制度，是所有安全规章制度的核心。安全生产责任制度是指将各种不同的安全责任落实到具体安全管理的人员和具体岗位人员身上的一种制度。这一制度是安全第一、预防为主的具体体现，是建筑安全生产的基本制度。

（七）安全生产目标管理

安全生产目标管理就是根据建筑施工企业的总体规划要求，制订出在一定时期内安全生产方面所要达到的预期目标并组织实现此目标。其基本内容是：确定目标、目标分解、执行目标、检查总结。

（八）施工组织设计

施工组织设计是组织建设工程施工的纲领性文件，是指导施工准备和组织施工的全面性的技术、经济文件，是指导现场施工的规范性文件。施工组织设计必须在施工准备阶段完成。

（九）安全技术措施

安全技术措施是指为防止工伤事故和职业病的危害，从技术上采取的措施。在工程施工中，是指针对工程特点、环境条件、劳力组织、作业方法、施工机械、供电设施等制订的确保安全施工的措施。

安全技术措施也是建设工程项目管理实施规划或施工组织设计的重要组成部分。

（十）安全技术交底

安全技术交底是落实安全技术措施及安全管理事项的重要手段之一。重大安全技术措施及重要部位的安全技术由公司负责人向项目经理部技术负责人进行书面的安全技术交底；一般安全技术措施及施工现场应注意的安全事项由项目经理部技术负责人向施工作业班组、作业人员作出详细说明，并经双方签字认可。

（十一）安全教育

安全教育是实现安全生产的一项重要基础工作，它可以提高职工搞好安全生产的自觉性、积极性和创造性，增强安全意识，掌握安全知识，提高职工的自我防护能力，使安全规章制度得到贯彻执行。安全教育培训的主要内容有：安全生产思想、安全知识、安全技能、安全操作规程标准、安全法规、劳动保护和典型事例。

（十二）班组安全活动

班组安全活动是指在上班前由班组长组织并主持，根据本班目前工作内容，重点介绍安全注意事项、安全操作要点，以达到组员在班前掌握安全操作要领，提高安全防范意识，减少事故发生的活动。

（十三）特种作业

特种作业是指在劳动过程中容易发生伤亡事故，对操作者本人，尤其对他人和周围设施的安全有重大危害因素的作业。直接从事特种作业者，称特种作业人员。

（十四） 安全检查

安全检查是指建设行政主管部门、施工企业安全生产管理部门或项目经理，对施工企业和工程项目经理部贯彻国家安全生产法律及法规的情况、安全生产情况、劳动条件、事故隐患等进行的检查。

（十五） 安全事故

安全事故是人们在进行有目的的活动中，发生了违背人们意愿的不幸事件，使其有目的的行动暂时或永久的停止。重大安全事故，是指在施工过程中由于责任过失造成工程倒塌或废弃、机械设备破坏和安全设施失当造成人身伤亡或者重大经济损失的事故。

（十六） 安全评价

安全评价是采用系统科学方法，辨别和分析系统存在的危险性并根据其形成事故的风险大小，采取相应的安全措施，以达到系统安全的过程。安全评价的基本内容有：识别危险源、评价风险、采取措施，直到达到安全目标。

（十七） 安全标志

安全标志由安全色、几何图形符号构成，以此表达特定的安全信息。其目的是引起人们对不安全因素的注意，预防事故的发生。安全标志分为禁止标志、警告标志、指令标志、提示性标志四类。

二、工程施工特点

建筑业的生产活动危险性大，不安全因素多，是事故多发行业。建筑施工的特点主要是：

1.工程建设最大的特点就是产品固定这是它不同于其他行业的根本点，建筑产品是固定的，体积大、生产周期长。建筑物一旦施工完毕就固定了，生产活动都是围绕着建筑物、构筑物来进行的，有限的场地上集中了大量的人员、建筑材料、设备零部件和施工机具等，这样的情况可以持续几个月或一年，有的甚至需要七八年，工程才能完成。

2.高处作业多，工人常年在室外操作。一栋建筑物从基础、主体结构到屋面工程、室外装修等，露天作业约占整个工程的70%。现在的建筑物一般都在7层以上，绝大部分工人都在十几米或几十米的高处从事露天作业。工作条件差，且受到气候条件多变的影响。

3.手工操作多，繁重的劳动消耗大量体力。建筑业是劳动密集型的传统行业之一，大多数工种需要手工操作。近几年来，墙体材料有了改革，出现了大模、滑模、大板等施工工艺，但就全国来看，绝大多数墙体仍然是使用粘土砖、水泥空心砖和小砌块砌筑。

4.现场变化大。每栋建筑物从基础、主体到装修，每道工序都不同，不安全因素也就不同，即使同一工序由于施工工艺和施工方法不同，生产过程也不同。而随着工程进度的推进，施工现场的施工状况和不安全因素也随之变化。为了完成施工任务，要采取很多临时性措施。

5.近年来，建筑任务已由以工业为主向以民用建筑为主转变，建筑物由低层向高层发展，施工现场由较为宽阔的场地向狭窄的场地变化。施工现场的吊装工作量增多，垂直运输的办法也多了，多采用龙门架（或井字架）、高大旋转塔吊等。随着流水施工技术和网络施工技术的运用，交叉作业也随之大量增加，木工机械如电平刨、电锯普遍使用。因施工条件变化，伤亡类别增多。过去是"钉子扎脚"等小事故较多，现在则是机械伤害、高处坠落、触电等事故较多。

建筑施工复杂，加上流动分散、工期不固定，比较容易形成临时观念，不采取可靠的安全防护措施，存在侥幸心理，伤亡事故必然频繁发生。

第二节　施工安全因素与安全管理体系

一、施工安全因素

（一）安全因素特点

安全是在人类生产过程中，将系统的运行状态对人类的生命、财产、环境可能产生的损害控制在人类能接受水平以下的状态。安全因素的定义就是在某一指定范围内与安全有关的因素。水利水电工程施工安全因素有以下特点：

1.安全因素的确定取决于所选的分析范围，此处分析范围可以指整个工程，也可以针对具体工程的某一施工过程或者某一部分的施工，例如围堰施工，升船机施工等。

2.安全因素的辨识依赖于对施工内容的了解，对工程危险源的分析以及运作安全风险评价的人员的安全工作经验。

3.安全因素具有针对性，并不是对于整个系统事无巨细的考虑，安全因素的选取具有一定的代表性和概括性。

4.安全因素具有灵活性，只要能对所分析的内容具有一定概括性，能达到系统分析的效果的，都可成为安全因素。

5.安全因素是进行安全风险评价的关键点，是构成评价系统框架的节点。

（二）安全因素辨识过程

安全因素是进行风险评价的基础，人们在辨识出的安全因素的基础上，进行风险评价框架的构建。在进行水利水电工程施工安全因素的辨识，首先对工程施工内容和施工危险源进行分析和了解，在危险源的认知基础上，以整个工程为分析范围，从管理、施工人员、材料、危险控制等各个方面结合以往的安全分析危险，进行安全因素的辨识。

宏观安全因素辨识工作需要收集以下资料：

1. 工程所在区域状况

（1）本地区有无地震、洪水、浓雾、暴雨、雪害、龙卷风及特殊低温等自然灾害；

（2）工程施工期间如发生火药爆炸、油库火灾爆炸等对邻近地区有何影响；

（3）工程施工过程中如发生大范围滑坡、塌方及其他意外情况对行船、导流、行车等有无影响；

（4）附近有无易燃、易爆、毒物泄漏的危险源，对本区域的影响如何？是否存在其他类型的危险源；

（5）工程过程中排土、排碴是否会形成公害或对本工程及友邻工程进行产生不良影响；

（6）公用设施如供水、供电等是否充足？重要设施有无备用电源；

（7）本地区消防设备和人员是否充足；

（8）本地区医院、救护车及救护人员等配置是否适当？有无现场紧急抢救措施；

2. 安全管理情况

（1）安全机构、安全人员设置满足安全生产要求与否；

（2）怎样进行安全管理的计划、组织协调、检查、控制工作；

（3）对施工队伍中各类用工人员是否实行了安全一体化管理；

（4）有无安全考评及奖罚方面的措施；

（5）如何进行事故处理？同类事故发生情况如何；

（6）隐患整改如何；

（7）是否制定有切实有效且操作性强的防灾计划？领导是否经常过问？关键性设备、设施是否定期进行试验、维护；

（8）整个施工过程是否制定完善的操作规程和岗位责任制？实施状况如何；

（9）程序性强的作业（如起吊作业）及关键性作业（如停送电、放炮）是否实行标准化作业；

（10）是否进行在线安全训练？职工是否掌握必备的安全抢救常识和紧急避险、互救知识。

3. 施工措施安全情况

（1）是否设置了明显的工程界限标识；

（2）有可能发生塌陷、滑坡、爆破飞石、吊物坠落等危险场所是否标定合适的安全范围并设有警示标志或信号；

（3）友邻工程施工中在安全上相互影响的问题是如何解决的；

（4）特殊危险作业是否规定了严格的安全措施？能强制实施否；

（5）可能发生车辆伤害的路段是否设有合适的安全标志；

（6）作业场所的通道是否良好？是否有滑倒、摔伤的危险；

（7）所有用电设施是否按要求接地、接零？人员可能触及的带电部位是否采取有效地保护措施；

（8）可能遭受雷击的场所是否采取了必要的防雷措施；

（9）作业场所的照明、噪声、有毒有害气体浓度是否符合安全要求；

（10）所使用的设备、设施、工具、附件、材料是否具有危险性？是否定期进行检查确认？有无检查记录；

（11）作业场所是否存在冒顶片帮或坠井、掩埋的危险性？曾经采取了何等措施；

（12）登高作业是否采取了必要的安全措施（可靠的跳板、护栏、安全带等）；

（13）防、排水设施是否符合安全要求；

（14）劳动防护用品适应作业要求之情况，发放数量、质量、更换周期满足要求与否。

4.油库、炸药库等易燃、易爆危险品

（1）危险品名称、数量、设计量大存放量；

（2）危险品化学性质及其燃点、闪点、爆炸极限、毒性、腐蚀性等r解与否；

（3）危险品存放方式（是否根据其用途及特性分开存放）；

（4）危险品与其他设备、设施等之间的距离、爆破器材分放点之间是否有殉爆的可能性；

（5）存放场所的照明及电气设施的防爆、防雷、防静电情况；

（6）存放场所的防火设施配置消防通道否？有无烟、火自动检测报警装置；

（7）存放危险品的场所是否有专人24小时值班，有无具体岗位责任制和危险品管理制度；

（8）危险品的运输、装卸、领用、加工、检验、销毁是否严格按照规定进行；

（9）危险品运输、管理人员是否掌握火灾、爆炸等危险状况下的避险、自救、互救的知识？是否定期进行必要的训练。

5.起重运输大型作业机械情况

（1）运输线路里程、路面结构、平交路口、防滑措施等情况如何；

（2）指挥、信号系统情况如何？信息通道是否存在干扰；

（3）人—机系统匹配有何问题；

（4）设备检查、维护制度和执行情况如何？是否实行各层次的检查？周期多长？是否实行定期计划维修？周期多长；

（5）司机是否经过作业适应性检查；

（6）过去事故情况如何。

以上这些因素均是进行施工安全风险因素识别时需要考虑的主要因素。实际工程中需考虑的因素可能比上述因素还要多。

（三）施工过程行为因素

采用HFACS框架对导致工程施工事故发生的行为因素进行分析。对标准的HFACS框架进行修订，以适应水电工程施工实际的安全管理、施工作业技术措施、人员素质等状况。框架的修改遵循4个原则：

第一，删除在事故案例分析中出现频率极少的因素，包括对工程施工影响较小和难以在事故案例中找到的潜在因素。

第二，对相似的因素进行合并，避免重复统计，从而无形之中提高类似因素在整个工程施工当中的重要性。

第三，针对水电工程施工的特点，对因素的定义、因素的解释和其涵盖的具体内容进行适当的调整。

第四，HFACS框架将部分因素的名称加以修改，以更贴切我国工程施工安全管理业务的习惯用语。

对标准HFACS框架修改如下：

1. 企业组织影响

企业（包括水电开发企业、施工承包单位、监理单位）组织层的差错属于最高级别的差错，它的影响通常是间接地、隐性的，因而常会被安全管理人员所忽视。在进行事故分析时，很难挖掘起企业组织层的缺陷；而一经发现，其改正的代价也很高，但是却更能加强系统的安全。一般而言，组织影响包括3个方面：

（1）资源管理

主要指组织资源分配及维护决策存在的问题，如安全组织体系不完善、安全管理人员配备不足、资金设施等管理不当、过度削减与安全相关的经费（安全投入不足）等。

（2）安全文化与氛围

可以定义为影响管理人员与作业人员绩效的多种变量，包括组织文化和政策，比如信息流通传递不畅、企业政策不公平、只奖不罚或滥奖、过于强调惩罚等都属于不良的文化与氛围。

（3）组织流程

主要涉及组织经营过程中的行政决定和流程安排，如施工组织设计不完善、企业安全管理程序存在缺陷、制定的某些规章制度及标准不完善等。

其中，"安全文化与氛围"这一因素，虽然在提高安全绩效方面具有积极作用，但不好定性衡量，在事故案例报告中也未明确的指明，而且在工程施工各类人员成分复杂的结构当中，其传播较难有一个清晰的脉络。为了简化分析过程，将该因素去除。

2. 安全监管

（1）监督（培训）不充分

指监督者或组织者没有提供专业的指导、培训、监督等。若组织者没有提供充足的CRM培训，或某个管理人员、作业人员没有这样的培训机会，则班组协同合作能力将会大受影响，出现差错的概率必然增加。

（2）作业计划不适当

包括这样几种情况，班组人员配备不当，如没有职工带班，没有提供足够的休息时间，任务或工作负荷过量。整个班组的施工节奏以及作业安排由于赶工期等原因安排不当，会使得作业风险加大。

（3）隐患未整改

指的是管理者知道人员、培训、施工设施、环境等相关安全领域的不足或隐患之后，仍然允许其持续下去的情况。

（4）管理违规

指的是管理者或监督者有意违反现有的规章程序或安全操作规程，如允许没有资格、未取得相关特种作业证的人员作业等。

以上四项因素在事故案例报告中均有体现，虽然相互之间有关联，但各有差异，彼此独立，因此，均加以保留。

3.不安全行为的前提条件

这一层级指出了直接导致不安全行为发生的主客观条件，包括作业人员状态、环境因素和人员因素。将"物理环境"改为"作业环境"，"施工人员资源管理"改为"班组管理"，"人员准备情况"改为"人员素质"。定义如下：

（1）作业环境

既指操作环境（如气象、高度、地形等），也指施工人员周围的环境，如作业部位的高温、振动、照明、有害气体等。

（2）技术措施

包括安全防护措施、安全设备和设施设计、安全技术交底的情况，以及作业程序指导书与施工安全技术方案等一系列情况。

（3）班组管理

属于人员因素，常为许多不安全行为的产生创造前提条件。未认真开展"班前会"及搞好"预知危险活动"；在施工作业过程中，安全管理人员、技术人员、施工人员等相互间信息沟通不畅、缺乏团队合作等问题属于班组管理不良。

（4）人员素质

包括体力（精力）差、不良心理状态与不良生理状态等生理心理素质，如精神疲劳，失去情境意识，工作中自满、安全警惕性差等属于不良心理状态；生病、身体疲劳或服用药物等引起生理状态差，当操作要求超出个人能力范围时会出现身体、智力局限，同时为安全埋下隐患，如视觉局限、休息时间不足、体能不适应等；以及没有遵守施工人员的休息要求、培训不足、滥用药物等属于个人准备情况的不足。

将标准HFACS的"体力（精力）限制""不良心理状态"与"不良生理状态"合并，是因为这三者可能互相影响和转换。"体力（精力）限制"可能会导致"不良心理状态"与"不良生理状态"，此处便产生了重复，增加了心理和生理状态在所有因素当中的比重。同时，"不良心理状态"与"不良生理状态"之间也可能相互转化，由于心理状态的失调往往会带来生理E的伤害，而生理上的疲劳等因素又会引起心理状态的变化，两者相辅相成，常常是共同存在的。此外，没有充分的休息、滥用药物、生病、心理障碍也可以归结为人员准备不足，因此，将"体力（精力）限制""不良心理状态"与"不良生理状态"合并至"人员素质"。

4.施工人员的不安全行为

人的不安全行为是系统存在问题的直接表现。将这种不安全行为分成3类：知觉与决策差错、技能差错以及操作违规。

（1）知觉与决策差错

"知觉差错"和"决策差错"通常是并发的，由于对外界条件、环境因素以及施工器械状况等现场因素感知上产生的失误，进而导致做出错误的决定。决策差错指由于经验不足，缺乏训练或外界压力等造成，也可能理解问题不彻底，如紧急情况判断错误，决策失败等。知觉差错指一个人的感知觉和实际情况不一致，可能是由于工作场所光线不足，或在不利地质、气象条件下作业等。

（2）技能差错

包括漏掉程序步骤、作业技术差、作业时注意力分配不当等。不依赖于所处的环境，而是由施工人员的培训水平决定，而在操作当中不可避免地发生，因此应该作为独立的因素保留。

（3）操作违规

故意或者主观不遵守确保安全作业的规章制度，分为习惯性的违章和偶然性的违规。前者是组织或管理人员常常能容忍和默许的，常造成施工人员习惯成自然。而后者偏离规章或施工人员通常的行为模式，一般会被立即禁止。

经过修订的新框架，根据工程施工的特点重新选择了因素。在实际的工程施工事故分析以及制定事故防范与整改措施的过程中，通常会成立事故调查组对某一类原因，比如施工人员的不安全行为进行调查，给出处理意见及建议。应用HFACS框架的目的之一是尽快找到并确定在工程施工中，所有已经发生的事故当中，哪一类因素占相对重要的部分，可以集中人力和物力资源对该因素所反映的问题进行整改。对于类似的或者可以归为一类的因素整体考虑，科学决策，将结果反馈给整改单位，由他们完成相关一系列后续工作。因此，修订后的HFACS框架通过对标准框架因素的调整，加强了独立性和概括性，使得能更合理地反映水电工程施工的实际状况。

二、安全管理体系

（一）安全管理体系内容

1.建立健全安全生产责任制

安全生产责任制是安全管理的核心，是保障安全生产的重要手段，它能有效地预防事故的发生。

安全生产责任制是根据管生产必须管安全，安全生产人人有责的原则。明确各级领导和各职能部门及各类人员在生产活动中应负的安全职责的制度。有些安全生产责任制，就能把安全与生产从组织形式上统一起来，把"管生产必须管安全"的原则从制度上固定下来，从而增强了各级管理人员的安全责任心，使安全管理纵向到底、横向到边、专管成线、群管成网、责任明确、协调配合、共同努力，真正把安全生产工作落到实处。

2.制定安全教育制度

安全教育制度是企业对职工进行安全法律、法规、规范、标准、安全知识和操作规程培训教育的制度，是提高职工安全意识的重要手段，是企业安全管理的一项重要内容。

安全教育制度内容应规定：定期和不定期安全教育的时间、应受教育的人员、教育的内容和形式，如新工人、外施队人员等进场前必须接受三级（公司、项目、班组）安全教育。从事危险性较大的特殊工种的人员必须经过专门的培训机构培训合格后持证上岗，每年还必须进行一次安全操作规程的训练和再教育。对采用新工艺、新设备、新技术和变换工种的人员应进行安全操作规程和安全知识的培训和教育。

3.制定安全检查制度

安全检查是发现隐患、消除隐患、防止事故、改善劳动条件和环境的重要措施，是企业预防安全生产事故的一项重要手段。

安全检查制度内容应规定：安全检查负责人、检查时间、检查内容和检查方式。它包括经常性的检查、专业化的检查、季节性的检查和专项性的检查，以及群众性的检查等。对于检查出的隐患应进行登记，并采取定人、定时间、定措施的"三定"办法给予解决，同时对整改情况进行复查验收，彻底消除隐患。

4.制定各工种安全操作规程

工种安全操作规程是消除和控制劳动过程中的不安全行为，预防伤亡事故，确保作业人员的安全和健康的需要的措施，也是企业安全管理的重要制度之一。

安全操作规程的内容应根据国家和行业安全生产法律、法规、标准、规范，结合施工现场的实际情况制定出各种安全操作规程。同时根据现场使用的新工艺、新设备、新技术，制定出相应的安全操作规程，并监督其实施。

5.制定安全生产奖罚办法

企业制定安全生产奖罚办法的目的是不断提高劳动者进行安全生产的自觉性，调动劳动者的积极性和创造性，防止和纠正违反法律、法规和劳动纪律的行为，也是企业安全管理重要制度之一。

安全生产奖罚办法规定奖罚的目的、条件、种类、数额、实施程序等。企业只有建立安全生产奖罚办法，做到有奖有罚、奖罚分明，才能鼓励先进、督促落后。

6.制定施工现场安全管理规定

施工现场安全管理规定是施工现场安全管理制度的基础，目的是规范施工现场安全防护设施的标准化、定型化。

施工现场安全管理规定的内容包括：施工现场一般安全规定、安全技术管理、脚手架工程安全管理（包括特殊脚手架、工具式脚手架等）、电梯井操作平台安全管理、马路搭设安全管理、大模板拆装存放安全管理、水平安全网、井字架龙门架安全管理、孔洞临边防护安全管理、拆除工程安全管理等。

7.制定机械设备安全管理制度

机械设备是指目前建筑施工普遍使用的垂直运输和加工机具，由于机械设备本身存在一定的危险性。管理不当就可能造成机毁人亡。所以它是目前施工安全管理的重点对象。

机械设备安全管理制度应规定，大型设备应到上级有关部门备案，符合国家和行业有关规定，还应设专人负责定期进行安全检查、保养，保证机械设备处于良好的状态，以及各种机械设备的安全管理制度。

8. 制定施工现场临时用电安全管理制度

施工现场临时用电是目前建筑施工现场离不开的一项操作，由于其使用广泛、危险性比较大，因此它牵涉到每个劳动者的安全，也是施工现场一项重要的安全管理制度。

施工现场临时用电管理制度的内容应包括：外电的防护、地下电缆的保护、设备的接地与接零保护、配电箱的设置及安全管理规定（总箱、分箱、开关箱）、现场照明、配电线路、电器装置、变配电装置、用电档案的管理等。

9. 制定劳动防护用品管理制度

使用劳动防护用品是为了减轻或避免劳动过程中，劳动者受到的伤害和职业危害，保护劳动者安全健康的一项预防性辅助措施，是安全生产防止职业性伤害的需要，对于减少职业危害起着相当重要的作用。

劳动防护用品制度的内容应包括：安全网、安全帽、安全带、绝缘用品、防职业病用品等。

（二）建立健全安全组织机构

施工企业一般都有安全组织机构，但必须建立健全项目安全组织机构，确定安全生产目标，明确参与各方对安全管理的具体分工，安全岗位责任与经济利益挂钩，根据项目的性质规模不同，采用不同的安全管理模式。对于大型项目，必须安排专门的安全总负责人，并配以合理的班子，共同进行安全管理，建立安全生产管理的资料档案。实行单位领导对整个施工现场负责，专职安全员对部位负责，班组长和施工技术员对各自的施工区域负责，操作者对自己的工作范围负责的"四负责"制度。

（三）安全管理体系建立步骤

1. 领导决策

最高管理者亲自决策，以便获得各方面的支持和在体系建立过程中所需的资源保证。

2. 成立工作组

最高管理者或授权管理者代表成立的工作小组负责建立安全管理体系。工作小组的成员要覆盖组织的主要职能部门，组长最好由管理者代表担任，以保证小组对人力、资金、信息的获取。

3. 人员培训

培训的目的是使有关人员了解建立安全管理体系的重要性，了解标准的主要思想和内容。

4. 初始状态评审

初始状态评审要对组织过去和现在的安全信息、状态进行收集、调查分析、识别和获取现有的、适用的法律、法规和其他要求，进行危险源辨识和风险评价，评审的结果将作为制定安全方针、管理方案、编制体系文件的基础。

5. 制定方针、目标、指标的管理方案

方针是组织对其安全行为的原则和意图的声明，也是组织自觉承担其责任和义务的承诺。方针不仅为组织确定了总的指导方向和行动准则，而是评价一切后续活动的依据，并为更加具体的目标和指标提供一个框架。

安全目标、指标的制定是组织为了实现其在安全方针中所体现出的管理理念及其对整体绩效的期许与原则，与企业的总目标相一致。

管理方案是实现目标、指标的行动方案。为保证安全管理体系的实现，需结合年度管理目标和企业客观实际情况，策划制定安全管理方案。该方案应明确旨在实现目标、指标的相关部门的职责、方法、时间表以及资源的要求。

第三节　施工安全控制与安全应急预案

一、施工安全控制

（一）安全操作要求

1. 爆破作业

（1）爆破器材的运输

气温低于10℃运输易冻的硝化甘油炸药时，应采取防冻措施；气温低于-15℃运输硝化甘油炸药时，也应采取防冻措施；禁止用翻斗车、自卸汽车、拖车、机动三轮车、人力三轮车、摩托车和自行车等运输爆破器材；运输炸药雷管时，装车高度要低于车厢10cm。车厢、船底应加软垫。雷管箱不许倒放或立放，层间也应垫软垫；水路运输爆破器材，停泊地点距岸上建筑物不得小于250m；汽车运输爆破器材，汽车的排气管宜设在车前下侧，并应设置防火罩装置；汽车在视线良好的情况下行驶时，时速不得超过20km（工区内不得超过15km）；在弯多坡陡、路面狭窄的山区行驶，时速应保持在5km以内。平坦道路行车间距应大于50m，上下坡应大于300m。

（2）爆破

明挖爆破音响依次发出预告信号（现场停止作业，人员迅速撤离）、准备信号、起爆信号、解除信号。检查人员确认安全后，由爆破作业负责人通知警报室发出解除信号。在特殊情况下，如准备工作尚未结束，应由爆破负责人通知警报室延后发布起爆信号，并用广播器通知现场全体人员。装药和堵塞应使用木、竹制做的炮棍。严禁使用金属棍棒装填。

深孔、竖井、倾角大于30°的斜井、有瓦斯和粉尘爆炸危险等工作面的爆破，禁止采用火花起爆；炮孔的排距较密时，导火索的外露部分不得超过1.0m，以防止导火索互相交错而起火；一人连续单个点火的火炮，暗挖不得超过5个，明挖不得超过10个；并应在爆破负责人指挥下，作好分工及撤离工作；当信号炮响后，全部人员应立即撤出炮区，迅速到安全地点掩蔽；点燃导火索应使用专用点火工具，禁止使用火柴和打火机等。

用导爆管起爆时，应有设计起爆网络，并进行传爆试验；网络中所使用的连接元件应经过检验合格；禁止导爆管打结，禁止在药包上缠绕；网络的连接处应牢固，两元件应相距2m；敷设后应严加保护，防止冲击或损坏；一个8号雷管起爆导爆管的数量不宜超过40根，层数不宜超过3层，只有确认网络连接正确，与爆破无关人员已经撤离，才准许接入引爆装置。

2.起重作业

钢丝绳的安全系数应符合有关规定。根据起重机的额定负荷，计算好每台起重机的吊点位置，最好采用平衡梁抬吊。每台起重机所分配的荷重不得超过其额定负荷的75%~80%。应有专人统一指挥，指挥者应站在两台起重机司机都能看到的位置。重物应保持水平，钢丝绳应保持铅直受力均衡。具备经有关部门批准的安全技术措施。起吊重物离地面10cm时，应停机检查绳扣、吊具和吊车的刹车可靠性，仔细观察周围有无障碍物。确认无问题后，方可继续起吊。

3.脚手架拆除作业

拆脚手架前，必须将电气设备和其他管、线、机械设备等拆除或加以保护。拆脚手架时，应统一指挥，按顺序自上而下进行；严禁上下层同时拆除或自下而上进行。拆下的材料，禁止往下抛掷，应用绳索捆牢，用滑车、卷扬等方法慢慢放下来，集中堆放在指定地点。拆脚手架时，严禁采用将整个脚手架推倒的方法进行拆除。三级、特级及悬空高处作业使用的脚手架拆除时，必须事先制订安全可靠的措施才能进行拆除。拆除脚手架的区域内，无关人员禁止逗留和通过，在交通要道应设专人警戒。架子搭成后，未经有关人员同意，不得任意改变脚手架的结构和拆除部分杆子。

4.常用安全工具

安全帽、安全带、安全网等施工生产使用的安全防护用具，应符合国家规定的质量标准，具有厂家安全生产许可证、产品合格证和安全鉴定合格证书，否则不得采购、发放和使用。高处临空作业应按规定架设安全网，作业人员使用的安全带，应挂在牢固的物体上或可靠的安全绳上，安全带严禁低挂高用。挂安全带用的安全绳，不宜超过3m。在有毒有害气体可能泄漏的作业场所，应配置必要的防毒护具，以备急用，并及时检查维修更换，保证其处在良好待用状态。电气操作人员应根据工作条件选用适当的安全电工用具和防护用品，电工用具应符合安全技术标准并定期检查，凡不符合技术标准要求的绝缘安全用具、登高作业安全工具、携带式电压和电流指示器以及检修中的临时接地线等，均不得使用。

（二）安全控制要点

1.一般脚手架安全控制要点

（1）脚手架搭设这前应根据工程的特点和施工工艺要求确定搭设（包括拆除）施工方案。

（2）脚手架必须设置纵、横向扫地杆。

（3）高度在24m以下的单，双排脚手架均必须在外侧立面的两端各设置一道剪刀撑并应由底至顶连续设置中间各道剪刀撑。剪刀撑及横向斜撑搭设应随立杆、纵向和横向水平杆等同步搭设，各底层斜杆下端必须支承在垫块或垫板上。

（4）高度在24m以下的单、双排脚手架宜采用刚性连墙件与建筑物可靠连接，亦可采用拉筋和顶撑配合使用的附墙连接方式，严禁使用仅有拉筋的柔性连墙件。24m以上的双排脚手架必须采用刚性连墙件与建筑物可靠连接，连墙件必须采用可承受拉力和压力的构造。50m以下（含50m）脚手架连墙件，应按3步3跨进行布置，50m以上的脚手架连墙件应按2步3跨进行布置。

2. 一般脚手架检查与验收程序

脚手架的检查与验收应由项目经理组织项目施工、技术、安全，作业班组负责人等有关人员参加，按照技术规范、施工方案 . 技术交底等有关技术文件对脚手架进行分段验收，在确认符合要求后方可投入使用。

脚手架及其地基基础应在下列阶段进行检查和验收：

（1）基础完工后及脚手架搭设前。

（2）作业层上施加荷载前。

（3）每搭设完10～13m高度后。

（4）达到设计高度后。

（5）遇有六级及以上大风与大雨后。

（6）寒冷地区土层开冻后。

（7）停用超过一个月的，在重新投入使用之前。

3. 附着式升降脚手架，整体提升脚手架或爬架作业安全控制要点

附着式升降脚手架（整体提升脚手架或爬架）作业要针对提升工艺和施工现场作业条件编制专项施工方案，专项施工方案包括设计，施工，检查、维护和管理等全部内容。

安装搭设必须严格按照设计要求和规定程序进行，安装后经验收并进行荷载试验，确认符合设计要求后，方可正式使用。

进行提升和下降作业时，架上人员和材料的数量不得超过设计规定并尽可能减少。

升降前必须仔细检查附着连接和提升设备的状态是否良好，发现异常应及时查找原因并采取措施解决。

升降作业应统一指挥、协调动作。

在安装，升降，拆除作业时，应划定安全警戒范围并安排专人进行监护。

4. 洞口、临边防护控制

（1）洞口作业安全防护基本规定

①各种楼板与墙的洞口按其大小和性质应分别设置牢固的盖板、防护栏杆、安全网或其他防坠落的防护设施。

②坑槽、桩孔的上口柱形、条形等基础的上口以及天窗等处都要作为洞口采取符合规范的防护措施。

③楼梯口、楼梯口边应设置防护栏杆或者用正式工程的楼梯扶手代替临时防护栏杆。

④井口除设置固定的栅门外还应在电梯井内每隔两层不大于10m处设一道安全平网进行防护。

⑤在建工程的地面入口处和施工现场人员流动密集的通道上方应设置防护棚，防止因落物产生物体打击事故。

⑥施工现场大的坑槽、陡坡等处除需设置防护设施与安全警示标牌外，夜间还应设红灯示警。

（2）洞口的防护设施要求

①楼板、屋面和平台等面上短边尺寸小于25cm但大于2.5cm的孔口必须用坚实的盖板盖严，盖板要有防止挪动移位的固定措施。

②楼板面等处边长为25～50cm的洞口、安装预制构件时的洞口以及因缺件临时形成的洞口可用竹、木等做盖板盖住洞口，盖板要保持四周搁置均衡并有固定其位置不发生挪动移位的措施。

③边长为50～150cm的洞口必须设置一层以扣件连接钢管而成的网格栅，并在其上满铺竹篱笆或脚手板，也可采用贯穿于混凝土板内的钢筋构成防护网栅、钢盘网格，间距不得大于20cm。

④边长在150cm以上的洞口四周必须设防护栏杆，洞口下方设安全平网防护。

（3）施工用电安全控制

①施工现场临时用电设备在5台及以上或设备总容量在50kW及以上者应编制用电组织设计。临时用电设备在5台以下和设备总容量在50kW以下者应制订安全用电和电气防火措施。

②变压器中性点直接接地的低压电网临时用电工程必须采用TN-S接零保护系统。

③当施工现场与外线路共同同一供电系统时，电气设备的接地、接零保护应与原系统保持一致，不得一部分设备做保护接零，另一部分设备做保护接地。

④配电箱的设置

第一，施工用电配电系统应设置总配电箱配电柜、分配电箱、开关箱，并按照"总—分—开"顺序作分级设置形成"三级配电"模式。

第二，施工用电配电系统各配电箱、开关箱的安装位置要合理。总配电箱配电柜要尽量靠近变压器或外电源处以便于电源的引入。分配电箱应尽量安装在用电设备或负荷相对集中区域的中心地带，确保三相负荷保持平衡。开关箱安装的位置应视现场情况和工况尽量靠近其控制的用电设备。

第三，为保证临时用电配电系统三相负荷平衡施工现场的动力用电和照明用电应形成两个用电回路，动力配电箱与照明配电箱应该分别设置。

第四，施工现场所有用电设备必须有各自专用的开关箱。

第五，各级配电箱的箱体和内部设置必须符合安全规定，开关电器应标明用途，箱体应统一编号。停止使用的配电箱应切断电源，箱门上锁。固定式配电箱应设围栏并有防雨防砸措施。

⑤电器装置的选择与装配

在开关箱中作为末级保护的漏电保护器，其额定漏电动作电流不应大于30mA，额定漏电动作时间不应大于0.1s，在潮湿、有腐蚀性介质的场所中，漏电保护器要选用防溅型的产品，其额定漏电动作电流不应大于15mA，额定漏电动作时间不应大于0.1s。

⑥施工现场照明用电

第一，在坑、洞、井内作业，夜间施工或厂房、道路、仓库、办公室、食堂、宿舍、料具堆放场所及自然采光差的场所应设一般照明、局部照明或混合照明。一般场所宜选用额定电压220V的照明器。

第二，隧道、人防工程、高温、有导电灰尘、比较潮湿或灯具离地面高度低于2.5m等场所的照明电源电压不得大于36V。

第三，潮湿和易触及带电体场所的照明电源电压不得大于24V。

第四，特别潮湿场所、导电良好的地面、锅炉或金属容器内的照明电源电压不得大于12V。

第五，照明变压器必须使用双绕组型安全隔离变压器，严禁使用自耦变压器。

第六，室外220V灯具距地面不得低于3m，室内220V灯具距地面不得低于2.5m。

（4）垂直运输机械安全控制

①外用电梯安全控制要点

第一，外用电梯在安装和拆卸之前必须针对其类型特点说明书的技术要求，结合施工现场的实际情况制订详细的施工方案。

第二，外用电梯的安装和拆卸作业必须由取得相应资质的专业队伍进行安装完毕，经验收合格取得政府相关主管部门核发的准用证后方可投入使用。

第三，外用电梯在大雨、大雾和六级及六级以上大风天气时应停止使用。暴风雨过后应组织对电梯各有关安全装置进行一次全面检查。

②塔式起重机安全控制要点

第一，塔吊在安装和拆卸之前必须针对类型特点说明书的技术要求结合作业条件制订详细的施工方案。

第二，塔吊的安装和拆卸作业必须由取得相应资质的专业队伍进行安装完毕，经验收合格取得政府相关主管部门核发的准用证后方可投入使用。

第三，遇六级及六级以上大风等恶劣天气应停止作业将吊钩升起。行走式塔吊要夹好轨钳。当风力达十级以上时应在塔身结构上设置缆风绳或采取其他措施加以固定。

二、安全应急预案

应急预案，又称"应急计划"或"应急救援预案"，是针对可能发生的事故，为迅速、有序地开展应急行动、降低人员伤亡和经济损失而预先制定的有关计划或方案。它是在辨识和评估潜在重大危险、事故类型、发生的可能性、发生的过程、事故后果及影响严重程度的基础上，对应急机构职责、人员、技术、装备、设施、物资、救援行动及其指挥与协调方面预先做出的具体安排。应急预案明确了在事故发生前、事故过程中以及事故发生后，谁负责做什么，何时做，怎么做．以及相应的策略和资源准备等。

（一）事故应急预案

为控制重大事故的发生，防止事故蔓延，有效地组织抢险和救援，政府和生产经营单位应对已初步认定的危险场所和部位进行风险分析。对认定的危险有害因素和重大危险源，应事先对事故后果进行模拟分析，预测重大事故发生后的状态、人员伤亡情况及设备破坏和损失程度，以及由于物料的泄漏可能引起的火灾、爆炸，有毒有害物质扩散对单位可能造成的影响。

依据预测，提前制定重大事故应急预案，组织、培训事故应急救援队伍，配备事故应急救援器材，以便在重大事故发生后，能及时按照预定方案进行救援，在最短时间内使事故得到有效控制。

1.编制事故应急预案主要目的有以下两个方面

（1）采取预防措施使事故控制在局部，消除蔓延条件，防止突发性重大或连锁事故发生。

（2）能在事故发生后迅速控制和处理事故，尽可能减轻事故对人员及财产的影响保障人员生命和财产安全。

2.事故应急预案的作用体现在以下几个方面

事故应急预案是事故应急救援体系的主要组成部分，是事故应急救援工作的核心内容之一，是及时、有序、有效地开展事故应急救援工作的重要保障。

（1）事故应急预案确定了事故应急救援的范围和体系，使事故应急救援不再无据可依、无章可循，尤其是通过培训和演练，可以使应急人员熟悉自己的任务，具备完成指定任务所需的相应能力，并检验预案和行动程序，评估应急人员的整体协调性。

（2）事故应急预案有利于做出及时的应急响应，降低事故后果。应急行动对时间要求十分敏感，不允许有任何拖延。事故应急预案预先明确了应急各方的职责和响应程序，在应急救援等方面进行了先期准备，可以指导事故应急救援迅速、高效、有序地开展，将事故造成的人员伤亡、财产损失和环境破坏降到最低限度。

（3）事故应急预案是各类突发事故的应急基础。通过编制事故应急预案，可以对那些事先无法预料到的突发事故起到基本的应急指导作用，成为开展事故应急救援的"底线"。在此基础上，可以针对特定事故类别编制专项事故应急预案，并有针对性制定应急措施、进行专项应对准备和演习。

（4）事故应急预案建立了与上级单位和部门事故应急救援体系的衔接。通过编制事故应急预案可以确保当发生超过本级应急能力的重大事故时与有关应急机构的联系和协调。

（5）事故应急预案有利于提高风险防范意识。事故应急预案的编制、评审、发布、宣传、推演、教育和培训，有利于各方了解可能面临的重大事故及其相应的应急措施，有利于促进各方提高风险防范意识和能力。

（二）应急预案的编制

事故应急预案的编制过程可分为 4 个步骤。

1. 成立事故预案编制小组

应急预案的成功编制需要有关职能部门和团体的积极参与，并达成一致意见，尤其是应寻求与危险直接相关的各方进行合作。成立事故应急预案编制小组是将各有关职能部门、各类专业技术有效结合起来的最佳方式，可有效地保证应急预案的准确性、完整性和实用性，而且为应急各方提供了一个非常重要的协作与交流机会，有利于统一应急各方的不同观点和意见。

2. 危险分析和应急能力评估

为了准确策划事故应急预案的编制目标和内容，应开展危险分析和应急能力评估工作。为有效开展此项工作，预案编制小组首先应进行初步的资料收集，包括相关法律法规、应急预案、技术标准、国内外同行业事故案例分析、本单位技术资料、重大危险源等。

（1）危险分析

危险分析是应急预案编制的基础和关键过程。在危险因素辨识分析、评价及事故隐患排查、治理的基础上，确定本区域或本单位可能发生事故的危险源、事故的类型、影响范围和后果等，并指出事故可能产生的次生、衍生事故，形成分析报告，分析结果作为应急预案的编制依据。危险分析主要内容为危险源的分析和危险度评估。危险源的分析主要包括有毒、有害、易燃、易爆物质的企事业单位的名称、地点、种类、数量、分布、产量、储存、危险度、以往事故发生情况和发生事故的诱发因素等。事故源潜在危险度的评估就是在对危险源进行全面调查的基础上，对企业单位的事故潜在危险度进行全面的科学评估，为确定目标单位危险度的等级找出科学的数据依据。

（2）应急能力评估

应急能力评估就是依据危险分析的结果，对应急资源的准备状况充分性和从事应急救援活动所具备的能力评估，以明确应急救援的需求和不足，为事故应急预案的编制奠定基础。应急能力包括应急资源（应急人员、应急设施、装备和物资）、应急人员的技术、经验和接受的培训等，它将直接影响应急行动的快速、有效性。制定应急预案时应当在评估与潜在危险相适应的应急能力的基础上，选择最现实、最有效地应急策略。

3. 应急预案编制

针对可能发生的事故，结合危险分析和应急能力评估结果等信息，按照应急预案的相关法律法规的要求编制应急救援预案。应急预案编制过程中，应注意编制人员的参与和培训，充分发挥他们各自的专业优势，使他们掌握危险分析和应急能力评估结果，明确应急预案的框架、应急过程行动重点以及应急衔接、联系要点等。同时编制的应急预案应充分利用社会应急资源，考虑与政府应急预案、上级主管单位以及相关部门的应急预案相衔接。

4. 应急预案的评审和发布

（1）应急预案的评审

为使预案切实可行、科学合理以及与实际情况相符，尤其是重点目标下的具体行动预案，编制前后需要组织有关部门、单位的专家、领导到现场进行实地勘察，如重点目标周围地形、环境、指挥所位置、分队行动路线、展开位置、人口疏散道路及流散地域等实地勘察、实地确定。经过实地勘察修改预案后，应急预案编制单位或管理部门还要依据我国有关应急的方针、政策、法律、法规、规章、标准和其他有关应急预案编制的指南性文件与评审检查表，组织有关部门、单位的领导和专家进行评议，取得政府有关部门和应急机构的认可。

（2）应急预案的发布

事故应急救援预案经评审通过后，应由最高行政负责人签署发布，并报送有关部门和应急机构备案。预案经批准发布后，应组织落实预案中的各项工作，如开展应急预案宣传、教育和培训，落实应急资源并定期检查，组织开展应急演习和训练，建立电子化的应急预案，对应急预案实施动态管理与更新，并不断完善。

（三）事故应急预案主要内容

一个完整的事故应急预案主要包括以下6个方面的内容：

1.事故应急预案概况

事故应急预案概况主要描述生产经营单位概总工以及危险特性状况等，同时对紧急情况下事故应急救援紧急事件、适用范围提供简述并作必要说明，如明确应急方针与原则，作为开展应急的纲领。

2.预防程序

预防程序是对潜在事故、可能的次生与衍生事故进行分析，并说明所采取的预防和控制事故的措施。

3.准备程序

准备程序应说明应急行动前所需采取的准备工作，包括应急组织及其职责权限、应急队伍建设和人员培训、应急物资的准备、预案的演练、公众的应急知识培训、签订互助协议等。

4.应急程序

在事故应急救援过程中，存在一些必需的核心功能和任务，如接警与通知、指挥与控制、警报和紧急公告、通信、事态监测与评估、警戒与治安、人群疏散与安置、医疗与卫生、公共关系、应急人员安全、消防和抢险、泄漏物控制等，无论何种应急过程都必须围绕上述功能和任务开展。应急程序主要指实施上述核心功能和任务的步骤。

（1）接警与通知

准确了解事故的性质和规模等初始信息是决定启动事故应急救援的关键。接警作为应急响应的第一步，必须对接警要求作出明确规定，保证迅速、准确地向报警人员询问事故现场的重要信息。接警人员接受报警后，应按预先确定的通报程序，迅速向有关应急机构、政府及上级部门发出事故通知，以采取相应的行动。

（2）指挥与控制

建立统一的应急指挥、协调和决策程序，便于对事故进行初始评估，确认紧急状态，从而迅速有效地进行应急响应决策，建立现场工作区域，确定重点保护区域和应急行动的优先原则，指挥和协调现场各救援队伍开展救援行动，合理高效地调配和使用应急资源等。

（3）警报和紧急公告

当事故可能影响到周边地区，对周边地区的公众可能造成威胁时，应及时启动警报系统，向公众发出警报，同时通过各种途径向公众发出紧急公告，告知事故性质、对健康的影响、自我保护措施、注意事项等，以保证公众能够及时做出自我保护响应。决定实施疏散时，应通过紧急公告确保公众了解疏散的有关信息，如疏散时间、路线、随身携带物、交通工具及目的地等。

（4）通信

通信是应急指挥、协调和与外界联系的重要保障，在现场指挥部、应急中心、各事故应急救援组织、新闻媒体、医院、上级政府和外部救援机构之间，必须建立完善的应急通讯网络，在事故应急救援过程中应始终保持通讯网络畅通，并设立备用通信系统。

（5）事态监测与评估

在事故应急救援过程中必须对事故的发展势态及影响及时进行动态的监测，建立对事故现场及场外的监测和评估程序。事态监测在事故应急救援中起着非常重要的决策支持作用，其结果不仅是控制事故现场，制定消防、抢险措施的重要决策依据，也是划分现场工作区域、保障现场应急人员安全、实施公众保护措施的重要依据。即使在现场恢复阶段，也应当对现场和环境进行监测。

（6）警戒与治安

为保障现场事故应急救援工作的顺利开展，在事故现场周围建立警戒区域，实施交通管制，维护现场治安秩序是十分必要的，其目的是要防止与救援无关人员进入事故现场，保障救援队伍、物资运输和人群疏散等的交通畅通，并避免发生不必要的伤亡。

（7）人群疏散与安置

人群疏散是防止人员伤亡扩大的关键，也是最彻底的应急响应。应当对疏散的紧急情况和决策、预防性疏散准备、疏散区域、疏散距离、疏散路线、疏散运输工具、避难场所以及回迁等作出细致的规定和准备，应考虑疏散人群的数量、所需要的时间、风向等环境变化以及老弱病残等特殊人群的疏散等问题。对已实施临时疏散的人群，要做好临时生活安置，保障必要的水、电、卫生等基本条件。

（8）医疗与卫生

对受伤人员采取及时、有效地现场急救，合理转送医院进行治疗，是减少事故现场人员伤亡的关键。医疗人员必须了解城市主要的危险并经过培训，掌握对受伤人员进行正确消毒和治疗方法。

（9）公共关系

事故发生后，不可避免地引起新闻媒体和公众的关注。应将有关事故的信息、影响、救援工作的进展等情况及时向媒体和公众公布，以消除公众的恐慌心理，避免公众的猜疑和不满。应保证事故和救援信息的统一发布，明确事故应急救援过程中对媒体和公众的发言人和信息批准、发布的程序，避免信息的不一致性。同时，还应处理好公众的有关咨询，接待和安抚受害者家属。

（10）应急人员安全

水利水电工程施工安全事故的应急救援工作危险性极大，必须对应急人员自身的安全问题进行周密的考虑，包括安全预防措施、个体防护设备、现场安全监测等，明确紧急撤离应急人员的条件和程序，保证应急人员免受事故的伤害。

（11）抢险与救援

抢险与救援是事故应急救援工作的核心内容之一，其目的是为了尽快地控制事故的发展，防止事故的蔓延和进一步扩大，从而最终控制住事故，并积极营救事故现场的受害人员。尤其是涉及危险物质的泄漏、火灾事故，其消防和抢险工作的难度和危险性十分巨大，应对消防和抢险的器材和物资、人员的培训、方法和策略以及现场指挥等做好周密的安排和准备。

（12）危险物质控

危险物质的泄漏或失控，将可能引发火灾、爆炸事故，对工人和设备等造成严重危险。而且，泄漏的危险物质以及夹带了有毒物质的灭火用水，都可能对一环境造成重大影响，同时也会给现场救援工作带来更大的危险。因此，必须对危险物质进行及时有效地控制，如对泄漏物的围堵、收容和洗消，并进行妥善处置。

5.恢复程序

恢复程序是说明事故现场应急行动结束后所需采取的清除和恢复行动。现场恢复是在事故被控制住后进行的短期恢复，从应急过程来说意味着事故应急救援工作的结束，并进入到另一个工作阶段，即将现场恢复到一个基本稳定的状态。经验教训表明，在现场恢复的过程中往往仍存在潜在的危险，如余烬复燃、受损建筑物倒塌等，所以，应充分考虑现场恢复过程中的危险，制定恢复程序，防止事故再次发生。

6.预案管理与评审改进

事故应急预案是事故应急救援工作的指导文件。应当对预案的制定、修改、更新、批准和发布作出明确的管理规定，保证定期或在应急演习、事故应急救援后对事故应急预案进行评审，针对各种变化的情况以及预案中所暴露出的缺陷，不断地完善事故应急预案体系。

（四）应急预案的内容

综合应急预案是应急预案体系的总纲，主要从总体上阐述事故的应急工作原则，包括应急组织机构及职责、应急预案体系、事故风险描述、预警及信息报告、应急响应、保障措施、应急预案管理等内容。

专项应急预案是为应对某一类型或某几种类型事故，或者针对重要生产设施、重大危险源、重大活动等内容而制定的应急预案。专项应急预案主要包括事故风险分析、应急指挥机构及职责、处置程序和措施等内容。

现场处置方案是根据不同事故类别，针对具体的场所、装置或设施所制定的应急处置措施，主要包括事故风险分析、应急工作职责、应急处置和注意事项等内容。水利水电工程建设参建各方应根据风险评估、岗位操作规程以及危险性控制措施，组织本单位现场作业人员及相关专业人员共同编制现场处置方案。

应急预案应形成体系，针对各级各类可能发生的事故和所有危险源制定专项应急预案和现场处置方案，并明确事前、事发、事中、事后各个过程中相关单位、部门和有关人员的职责。水利水电工程建设项目应根据现场情况，详细分析现场具体风险（如某处易发生滑坡事故），编制现场处置方案，主要由施工企业编制，监理单位审核，项目法人备案；分析工程现场的风险类型（如人身伤亡），编写专项应急预案，由监理单位与项目法人起草，相关领导审核，向各施工企业发布；综合分析现场风险，应急行动、措施和保障等基本要求和程序，编写综合应急预案，由项目法人编写，项目法人领导审批，向监理单位、施工企业发布。

由于综合应急预案是综述性文件，因此需要要素全面，而专项应急预案和现场处置方案要素重点在于制定具体救援措施，因此对于单位概况等基本要素不做内容要求。

（五）应急预案的编制步骤

1. 成立预案编制工作组

水利水电工程建设参建各方应结合本单位实际情况，成立以主要负责人为组长的应急预案编制工作组，明确编制任务、职责分工，制定工作计划，组织开展应急预案编制工作。应急预案编制需要安全、工程技术、组织管理、医疗急救等各方面的知识，因此应急预案编制工作组是由各方面的专业人员或专家、预案制定和实施过程中所涉及或受影响的部门负责人及具体执行人员组成。必要时，编制工作组也可以邀请地方政府相关部门、水行政主管部门或流域管理机构代表作为成员。

2. 收集相关资料

收集应急预案编制所需的各种资料是一项非常重要的基础工作。掌握相关资料的多少、资料内容的详细程度和资料的可靠性将直接关系到应急预案编制工作是否能够顺利进行，以及能否编制出质量较高的事故应急预案。

3. 风险评估

风险评估是编制应急预案的关键，所有应急预案都建立在风险分析基础之上。在危险因素分析、危险源辨识及事故隐患排查、治理的基础上，确定本水利水电工程建设项目的危险源、可能发生的事故类型和后果，进行事故风险分析，并指出事故可能产生的次生、衍生事故及后果，形成分析报告，分析结果将作为事故应急预案的编制依据。

4. 应急能力评估

应急能力评估就是依据危险分析的结果，对应急资源准备状况的充分性和从事应急救援活动所具备的能力评估，以明确应急救援的需求和不足，为应急预案的编制奠定基础。水利水电工程建设项目应针对可能发生的事故及事故抢险的需要，实事求是地评估本工程的应急装备、应急队伍等应急能力。对于事故应急所需但本工程尚不具备的应急能力，应采取切实有效措施予在弥补。

5. 应急预案编制

在以上工作的基础上，针对本水利水电工程建设项目可能发生的事故，按照有关规定和要求，充分借鉴国内外同行业事故应急工作经验，编制应急预案。应急预案编制过程中，应注重编制人员的参与和培训，充分发挥他们各自的专业优势，告知其风险评估和应急能力评估结果，明确应急预案的框架、应急过程行动重点以及应急衔接、联系要点等。同时，应急预案应充分考虑和利用社会应急资源，并与地方政府、流域管理机构、水行政主管部门以及相关部门的应急预案相衔接。

6.应急预案评审

（1）评审方法

应急预案评审分为形式评审和要素评审，评审可采取符合、基本符合、不符合三种方式简单判定。对于基本符合和不符合的项目，应指出指导性意见或建议。

①形式评审

依据有关规定和要求，对应急预案的层次结构、内容格式、语言文字和制定过程等内容进行审查。形式评审的重点是应急预案的规范性和可读性。

②要素评审

依据有关规定和标准，从符合性、适用性、针对性、完整性、科学性、规范性和衔接性等方面对应急预案进行评审。要素评审包括关键要素和一般要素。为细化评审，可采用列表方式分别对应急预案的要素进行评审。评审应急预案时，将应急预案的要素内容与表中的评审内容及要求进行对应分析，判断是否符合表中要求，发现存在问题及不足。

关键要素指应急预案构成要素中必须规范的内容。这些要素内容涉及水利水电工程建设项目参建各方日常应急管理及应急救援时的关键环节，如应急预案中的危险源与风险分析、组织机构及职责、信息报告与处置、应急响应程序与处置技术等要素。

（2）评审程序

应急预案编制完成后,应在广泛征求意见的基础上,采取会议评审的方式进行审查,会议审查规模和参加人员根据应急预案涉及范围和重要程度确定。

①评审准备

应急预案评审应做好下列准备工作：

成立应急预案评审组，明确参加评审的单位或人员；

通知参加评审的单位或人员具体评审时间；

将被评审的应急预案在评审前送达参加评审的单位或人员。

②会议评审

会议评审可按照下列程序进行：

介绍应急预案评审人员构成，推选会议评审组组长；

应急预案编制单位或部门向评审人员介绍应急预案编制或修订情况；

评审人员对应急预案进行讨论，提出修改和建设性意见；

应急预案评审组根据会议讨论情况，提出会议评审意见；

讨论通过会议评审意见，参加会议评审人员签字。

③意见处理

评审组组长负责对各位评审人员的意见进行协调和归纳，综合提出预案评审的结论性意见。按照评审意见，对应急预案存在的问题以及不合格项进行分析研究，并对应急预案进行修订或完善。反馈意见要求重新审查的，应按照要求重新组织审查。

（3）评审要点

应急预案评审应包括下列内容：

①符合性

应急预案的内容是否符合有关法规、标准和规范的要求。

②适用性

应急预案的内容及要求是否符合单位实际情况。

③完整性

应急预案的要素是否符合评审表规定的要素。

④针对性

应急预案是否针对可能发生的事故类别、重大危险源、重点岗位部位。

⑤科学性

应急预案的组织体系、预防预警、信息报送、响应程序和处置方案是否合理。

⑥规范性

应急预案的层次结构、内容格式、语言文字等是否简洁明了，便于阅读和理解。

⑦衔接性

综合应急预案、专项应急预案、现场处置方案以及其他部门或单位预案是否衔接。

（六）应急预案管理

1.应急预案备案

中央管理的企业综合应急预案和专项应急预案，报国务院国有资产监督管理部门、国务院安全生产监督管理部门和国务院有关主管部门备案；其所属单位的应急预案分别抄送所在地的省、自治区、直辖市或者设区的市人民政府安全生产监督管理部门和有关主管部门备案。

受理备案登记的安全生产监督管理部门及有关主管部门应当对应急预案进行形式审查，经审查符合要求的，予以备案并出具应急预案备案登记表；不符合要求的，不予备案并说明理由。

2.应急预案宣传与培训

应急预案宣传和培训工作是保证预案贯彻实施的重要手段，是增强参建人员应急意识，提高事故防范能力的重要途径。

水利水电工程建设参建各方应采取不同方式开展安全生产应急管理知识和应急预案的宣传和培训工作。对本单位负责应急管理工作的人员以及专职或兼职应急救援人员进行相应知识和专业技能培训，同时，加强对安全生产关键责任岗位员工的应急培训，使其掌握生产安全事故的紧急处置方法，增强自救互救和第一时间处置事故的能力。在此基础上，确保所有从业人员具备基本的应急技能，熟悉本单位应急预案，掌握本岗位事故防范与处置措施和应急处置程序，提高应急水平。

3.应急预案演练

应急预案演练是应急准备的一个重要环节。通过演练，可以检验应急预案的可行性和应急反应的准备情况；通过演练，可以发现应急预案存在的问题，完善应急工作机制，提高应急反应能力；通过演练，可以锻炼队伍，提高应急队伍的作战能力，熟悉操作技能；通过演练，可以教育参建人员，增强其危机意识，提高安全生产工作的自觉性。为此，预案管理和相关规章中都应有对应急预案演练的要求。

4.应急预案修订与更新

应急预案必须与工程规模、机构设置、人员安排、危险等级、管理效率及应急资源等状况相一致。随着时间推移，应急预案中包含的信息可能会发生变化。因此，为了不断完善和改进应急预案并保持预案的时效性，水利水电工程建设参建各方应根据本单位实际情况，及时更新和修订应急预案。

应急预案修订前，应组织对应急预案进行评估，以确定是否需要进行修订以及哪些内容需要修订。通过对应急预案更新与修订，可以保证应急预案的持续适应性。同时，更新的应急预案内容应通过有关负责人认可，并及时通告相关单位、部门和人员；修订的预案版本应经过相应的审批程序，并及时发布和备案。

第四节　安全健康管理体系与安全事故处理

一、安全健康管理体系认证

职业健康安全管理的目标使企业的职业伤害事故、职业病持续减少。实现这一目标的重要组织保证体系，是企业建立持续有效并不断改进的职业健康安全管理体系（Occupational safety and health management systems，简称 OSHMS）。

（一）管理体系认证程序

建筑企业可参考如下步骤来制订建立与实施职业安全健康管理体系的推进计划。

1.学习与培训

职业安全健康管理体系的建立和完善的过程，是始于教育、终于教育的过程，也是提高认识和统一认识的过程。教育培训要分层次、循序渐进地进行，需要企业所有人员的参与和支持。在全员培训基础上，要有针对性地抓好管理层和内审员的培训。

2.初始评审

初始评审的目的是为职业安全健康管理体系建立和实施提供基础，为职业安全健康管理体系的持续改进建立绩效基准。

初始评审主要包括以下内容：

（1）收集相关的职业安全健康法律、法规和其他要求，对其适用性及需遵守的内容进行确认，并对遵守情况进行调查和评价；

（2）对现有的或计划的建筑施工相关活动进行危害辨识和风险评价；

（3）确定现有措施或计划采取的措施是否能够消除危害或控制风险；

（4）对所有现行职业安全健康管理的规定、过程和程序等进行检查，并评价其对管理体系要求的有效性和适用性；

（5）分析以往建筑安全事故情况以及员工健康监护数据等相关资料，包括人员伤亡、职业病、财产损失的统计、防护记录和趋势分析；

（6）对现行组织机构、资源配备和职责分工等进行评价。

初始评审的结果应形成文件，并作为建立职业安全健康管理体系的基础。

3.体系策划

根据初始评审的结果和本企业的资源，进行职业安全健康管理体系的策划。策划工作主要包括：

（1）确立职业安全健康方针；

（2）制订职业安全健康体系目标及其管理方案；

（3）结合职业安全健康管理体系要求进行职能分配和机构职责分工；

（4）确定职业安全健康管理体系文件结构和各层次文件清单；

（5）为建立和实施职业安全健康管理体系准备必要的资源；

（6）文件编写。

4.体系试运行

各个部门和所有人员都按照职业安全健康管理体系的要求开展相应的安全健康管理和建筑施工活动，对职业安全健康管理体系进行试运行，以检验体系策划与文件化规定的充分性、有效性和适宜性。

5.评审完善

通过职业安全健康管理体系的试运行，特别是依据绩效监测和测量、审核以及管理评审的结果，检查与确认职业安全健康管理体系各要素是否按照计划安排有效运行，是否达到了预期的目标，并采取相应的改进措施，使所建立的职业安全健康管理体系得到进一步的完善。

（二）管理体系认证的重点

1.建立健全组织体系

建筑企业的最高管理者应对保护企业员工的安全与健康负全面责任，并应在企业内设立各级职业安全健康管理的领导岗位，针对那些对其施工活动、设施（设备）和管理过程的职业安全健康风险有一定影响的从事管理、执行和监督的各级管理人员，规定其作用、职责和权限，以确保职业安全健康管理体系的有效建立、实施与运行并实现职业安全健康目标。

2.全员参与及培训

建筑企业为了有效地开展体系的策划、实施、检查与改进工作，必须基于相应的培训来确保所有相关人员均具备必要的职业安全健康知识，熟悉有关安全生产规章制度和安全操作规程，正确使用和维护安全和职业病防护设备及个体防护用品，具备本岗位的安全健康操作技能，及时发现和报告事故隐患或者其他安全健康危险因素。

3. 协商与交流

建筑企业应通过建立有效地协商与交流机制，确保员工及其代表在职业安全健康方面的权利，并鼓励他们参与职业安全健康活动，促进各职能部门之间的职业安全健康信息交流和及时接收处理相关方关于职业安全健康方面的意见和建议，为实现建筑企业职业安全健康方针和目标提供支持。

4. 应急预案与响应

建筑企业应依据危害体系文件的层次关系识、风险评价和风险控制的结果、法律法规等的要求，以往事故、事件和紧急状况的经历以及应急响应演练及改进措施效果的评审结果，针对施工安全事故、火灾、安全控制设备失灵、特殊气候、突然停电等潜在事故或紧急情况从预案与响应的角度建立并保持应急计划。

5. 评价

评价的目的是要求建筑企业定期或及时地发现其职业安全健康管理体系的运行过程或体系自身所在的问题，并确定出问题产生的根源或需要持续改进的地方。体系评价主要包括绩效测量与监测、事故和事件以及不符合的调查、审核、管理评审。

6. 改进措施

改进措施的目的是要求建筑企业针对组织职业安全健康管理体系绩效测量与监测、事故和事件，以及不符合的调查、审核以及管理评审活动所提出的纠正与预防措施的要求，制订具体的实施方案并予以保持，确保体系的自我完善功能，并依据管理评审等评价的结果，不断寻求方法持续改进建筑企业自身职业安全健康管理体系及其职业安全健康绩效，从而不断消除、降低或控制各类职业安全健康危害和风险。职业安全健康管理体系的改进措施主要包括纠正与预防措施和持续改进两个方面。

二、安全事故处理

水利工程施工安全是指在施工过程中，工程组织方应该采取必要的安全措施和手段来保证。施工人员的生命和健康安全，降低安全事故的发生概率。

（一）概述

1. 概念

工伤事故就是企业员工在为公司或工厂进行施工建设中因为某种原因造成的工伤亡事故。从目前的情况来看，除了施工单位的员工以外，工伤事故的发生群体还包括民工、临时工和参加生产劳动的学生、教师、干部等。

2. 伤亡事故的分类

一般来说，伤亡事故的分类都是根据受伤害者受到的伤害程度进行划分的。

（1）轻伤

轻伤是职工受到伤害程度最低的一种工伤事故，按照相关法律的规定，员工如果受到轻伤而造成歇工一天或一天以上就应视为轻伤事故处理。

（2）重伤事故

重伤的情况分为很多种，一般来说凡是有下列情况之一者，都属于重伤，作重伤事故处理。

①经医生诊断成为残废或可能成为残废的；

②伤势严重，需要进行较大手术才能挽救的；

③人体要害部位严重灼伤、烫伤或非要害部位，但灼伤、烫伤占全身面积1/3以上的；严重骨折，严重脑震荡等；

④眼部受伤较重，对视力产生影响，甚至有失明可能的；

⑤手部伤害：大拇指轧断一切的，食指、中指、无名指任何一只轧断两节或任何两只轧断一节的局部肌肉受伤严重，引起肌能障碍，有不能自由伸屈的残废可能的；

⑥脚部伤害：一脚脚趾轧断三只以上的，局部肌肉受伤甚剧，有不能行走自如的残废的可能的；内部伤害，内脏损伤、内出血或伤及腹膜等；

⑦其他部位伤害严重的：不在上述各点内，经医师诊断后，认为受伤较重，根据实际情况由当地劳动部门审查认定。

（3）多人事故

在施工过程中如果出现多人（3人或3人以上）受伤的情况，那么应认定为多人工伤事故处理。

（4）急性中毒

急性中毒是指由于食物、饮水、接触物等原因造成的员工中毒。急性中毒会对受害者的机体造成严重的伤害，一般作为工伤事故处理。

（5）重大伤亡事故

重大伤亡事故是指在施工过程中，由于事故造成一次死亡1~2人的事故，应作重大伤亡处理。

（6）多人重大伤亡事故

多人重大伤亡事故是指在施工过程中，由于事故造成一次死亡3人或3人以上10人以下的重大工伤事故。

（7）特大伤亡事故

特大伤亡事故是指在施工过程中，由于事故造成一次死亡10人或10人以上的伤亡事故。

（二）事故处理程序

一般来说如果在施工过程中发生重大伤亡事故，企业负责人员应在第一时间组织伤员的抢救，并及时将事故情况报告给各有关部门，具体来说主要分为以下三个主要步骤。

1.迅速抢救伤员、保护好事故现场

在工伤事故发生之后，施工单位的负责人应迅速组织人员对伤员展开抢救，并拨打120急救热线，另外，还要保护好事故现场，帮助劳动责任认定部门进行劳动责任认定。

2.组织调查组

轻伤、重伤事故，由企业负责人或其指定人员组织生产、技术、安全等部门及工会组成事故调查组，进行调查；伤亡事故，由企业主管部门会同同级行政安全管理部门、公安部门、监察部门、工会组成事故调查组，进行调查。死亡和重大死亡事故调查组应邀请人民检察院参加，还可邀请有关专业技术人员参加，与发生事故有直接利害关系的人员不得参加调查组。

3.现场勘察

（1）作出笔录

通常情况下，笔录的内容包括事发时间、地点以及气象条件等；现场勘察人员的姓名、单位、职务；现场勘察起止时间、勘察过程；能量逸散所造成的破坏情况、状态、程度；设施设备损坏情况及事故发生前后的位置；事故发生前的劳动组合，现场人员的具体位置和行动；重要物证的特征、位置及检验情况等。

（2）实物拍照

包括方位拍照，反映事故现场周围环境中的位置；全面拍照，反映事故现场各部位之间的联系；中心拍照，反映事故现场中心情况；细目拍照，提示事故直接原因的痕迹物、致害物；人体拍照，反映伤亡者主要受伤和造成伤害的部位。

（3）现场绘图

根据事故的类别和规模以及调查工作的需要应绘制；建筑物平面图、剖面图；事故发生时人员位置及疏散图；破坏物立体图或展开图；涉及范围图；设备或工、器具构造图等。

（4）分析事故原因、确定事故性质

分析的步骤和要求是：

①通过详细的调查、查明事故发生的经过；

②整理和仔细阅读调查资料，对受伤部位、受伤性质、起因物、致害物、伤害方法、不安全行为和不安全状态等七项内容进行分析；

③根据调查所确认的事实，从直接原因入手，逐渐深入到间接原因。通过对原因的分析、确定出事故的直接责任者和领导责任者，根据在事故发生中的作用，找出主要责任者；

④确定事故的性质。如责任事故、非责任事故或破坏性事故。

（5）写出事故调查报告

事故调查组应着重把事故发生的经过、原因、责任分析和处理意见以及本次事故的教训和改进工作的建议等写成报告，以调查组全体人员签字后报批。如内部意见不统一，应进一步弄清事实，对照政策法规反复研究，统一认识。对于个别同志仍持有不同意见的，可在签字时写明自己的意见。

（6）事故的审理和结案

建设部对事故的审批和结案有以下几点要求：

①事故调查处理结论，应经有关机关审批后，方可结案。伤亡事故处理工作应当在 90 日内结案，特殊情况不得超过 180 日；

②事故案件的审批权限，同企业的隶属关系及人事管理权限一致；

③对事故责任人的处理，应根据其情节轻重和损失大小，谁有责任，主要责任，其次责任，重要责任，一般责任，还是领导责任等，按规定给予处分；

④要把事故调查处理的文件、图纸、照片、资料等记录长期完整地保存起来。

第八章 水利工程施工用电安全

第一节 施工现场临时用电原则与管理

一、施工现场临时用电的原则

(一)采用TN-S接零保护系统

TN-S 接零保护系统(简称 TN-S 系统)是指在施工现场临时用电工程中采用具有专用保护零线(PE线)、电源中性点直接接地的 220/380 V 三相四线制的低压电力系统,或称三相五线系统。该系统的主要技术特点如下。

电力变压器低压侧中性点直接接地;

电力变压器低压侧共引出 5 条线,其中除引出三条分别为黄、绿、红的绝缘相线(火线)L1、L2、L3(A、B、C)外,尚须于变压器二次侧中性点(N)接地处同时引出两条零线,一条叫工作零线(浅蓝色绝缘线)(N线),另一条叫作保护零线(PE线)。其中工作零线(N线)与相线一起作为三相四线制工作线路使用;保护零线(PE线)只作电气设备接零保护使用,即只用于连接电气设备正常情况下不带电的金属外壳、基座等。两种零线(N和PE)不得混用,为防止无意识混用,保护零线(PE线)应采用具有绿/黄双色绝缘标志的绝缘铜线,以与工作零线和相线区别。同时,为保证接零保护系统可靠,在整个施工现场的 PE 线上还应做不少于 3 处重复接地。

(二)采用三级配电系统

所谓三级配电系统是指施工现场从电源进线开始至用电设备中间应经过三级配电装置配送电力,即由总配电箱(配电室内的配电柜)经分配电箱(负荷或若干用电设备相对集中处),到开关箱(用电设备处)分三个层次逐级配送电力。而开关箱作为末级配电装置，与用电设备之间必须实行"一机一闸制"，即每一台用电设备必须有自己专用的控制开关箱，而每一个开关箱只能用于控制一台用电设备。总配电箱、分配电箱内开关电器可设若干分路，且动力与照明宜分路设置。

（三）采用二级漏电保护系统

所谓二级漏电保护是指在整个施工现场临时用电工程中，总配电箱中必须装设漏电保护器，开关箱中也必须装设漏电保护器。这种由总配电箱和所有开关箱中的漏电保护器所构成的漏电保护系统称为二级漏电保护系统。

在施工现场临时用电工程中，除应记住有三项基本原则以外，还应理解有两道防线：一道防线是采用TN-S接零保护系统，另一道防线设立了两级漏电保护系统。在施工现场用电工程中采用TN-S系统，是在工作零线（N）以外又增加了一条保护零线（PE），是十分必要的。当三相火线用电量不均匀时，工作零线N就容易带电，而PE线始终不带电，那么随着PE线在施工现场的敷设和漏电保护器的使用，就形成一个覆盖整个施工现场防止人身（间接接触）触电的安全保护系统。因此TN-S接零保护系统与两级漏电保护系统一起被称为防触电保护系统的两道防线。

二、施工现场临时用电管理

（一）施工现场用电组织设计

施工现场用电设备在5台及以上或设备总容量在50 kW及以上者，应编制用电组织设计。

临时用电组织设计及变更时，必须履行"编制、审核、批准"程序，由电气技术人员负责编制，经相关部门审核及具有法人资格企业的技术负责人批准后实施。变更用电组织设计时应补充有关图纸资料。

临时用电工程必须经编制、审核、批准部门和使用单位共同验收，合格后方可投入使用。

编制用电组织设计的目的是用以指导建造适应施工现场特点和用电特性的用电工程，并且指导所建用电工程的正确使用。用电组织设计应由电气工程技术人员组织编写。

施工现场用电组织设计的基本内容如下。

1.确定电源进线、变电所或配电室、配电装置、用电设备位置及线路走向

电源进线、变电所或配电室、配电装置、用电设备位置及线路走向的确定要依据现场勘测资料提供的技术条件综合确定；

2.进行负荷计算

负荷是电力负荷的简称，是指电气设备（例如变压器、发电机、配电装置、配电线路、用电设备等）中的电流和功率。

负荷在配电系统设计中是选择电器、导线、电缆，以及供电变压器和发电机的重

要依据；

3. 选择变压器

施工现场电力变压器的选择主要是指为施工现场用电提供电力的 10/0.4 kV 级电力变压器的型式和容量的选择；

4. 设计配电系统

配电系统主要由配电线路、配电装置和接地装置三部分组成。其中配电装置是整个配电系统的枢纽，经过配电线路、接地装置的连接，形成一个分层次的配电网络，这就是配电系统；

5. 设计防雷装置

施工现场的防雷主要是防止雷击，对于施工现场专设的临时变压器还要考虑防感应雷的问题；

施工现场防雷装置设计的主要内容是选择和确定防雷装置设置的位置、防雷装置的型式、防雷接地的方式和防雷接地电阻值；

6. 确定防护措施

施工现场在电气领域里的防护主要是指施工现场外电线路和电气设备对易燃易爆物、腐蚀介质、机械损伤、电磁感应、静电等危险环境因素的防护；

7. 制订安全用电措施和电气防火措施

安全用电措施和电气防火措施是指为了正确使用现场用电工程，并保证其安全运行，防止各种触电事故和电气火灾事故而制定的技术性和管理性规定。

对于用电设备在 5 台以下和设备总容量在 50 kW 以下的小型施工现场，可以不系统编制用电组织设计，但仍应制定安全用电措施和电气防火措施，并且要履行与用电组织设计相同的"编、审、批"程序。

（二）建筑电工及用电人员

1. 建筑电工

电工属于特种作业人员，必须是经过按国家现行标准考核合格后，持证上岗工作；其他用电人员必须通过相关安全教育培训和技术交底，考核后方可上岗工作。

2. 用电人员

用电人员是指施工现场操作用电设备的人员，诸如各种电动建筑机械和手持式电动工具的操作者和使用者。各类用电人员必须通过安全教育培训和技术交底，掌握安全用电基本知识，熟悉所用设备性能和操作技术，掌握劳动保护方法，并且考核合格。

（三）安全技术档案

施工现场用电安全技术档案应包括以下八个方面的内容，它们是施工现场用电安全管理工作重点的集中体现。

1. 用电组织设计的全部资料；

2. 修改用电组织设计资料；

3. 用电技术交底资料；

4. 用电工程检查验收表；

5. 电气设备试、检验凭单和调试记录；

6. 接地电阻、绝缘电阻、漏电保护器、漏电动作参数测定记录表；

7. 定期检（复）查表；

8. 电工安装、巡检、维修、拆除工作记录。

临时用电工程定期检查应按分部、分项工程进行，对安全隐患必须及时处理，并应履行复查验收手续。

第二节　接地装置与防雷

一、接地装置

（一）接地装置种类

设备与大地做电气连接或金属性连接，称谓接地。电气设备的接地，通常的方法是将金属导体埋入地中，并通过导体与设备做电气连接（金属性连接）。这种埋入地中直接与地接触的金属物体称为接地体，而连接设备与接地体的金属导体称为接地线，接地体与接地线的连接组合就称为接地装置。

1. 接地体

接地体一般分为自然接地体和人工接地体两种。

（1）自然接地体

自然接地体是指原已埋入地下并可兼作接地用的金属物体。例如原已埋入地中的直接与地接触的钢筋混凝土基础中的钢筋结构、金属井管、非燃气金属管道、铠装电缆（铅包电缆除外）的金属外皮等，均可作为自然接地体。

（2）人工接地体

人工接地体是指人为埋入地中直接与地接触的金属物体。简言之，即人工埋入地中的接地体。用作人工接地体的金属材料通常可以采用圆钢、钢管、角钢、扁钢，及其焊接件，但不得采用螺纹钢和铝材。

2. 接地线

接地线可以分为自然接地线和人工接地线。

（1）自然接地线

自然接地线是指设备本身原已具备的接地线。如钢筋混凝土构件的钢筋、穿线钢管、铠装电缆（铅包电缆除外）的金属外皮等。自然接地线可用于一般场所各种接地的接地线，但在有爆炸危险场所只能用作辅助接地线。自然接地线各部分之间应保证电气连接，严禁采用不能保证可靠电气连接的水管和既不能保证电气连接又有可能引起爆炸危险的燃气管道作为自然接地线。

（2）人工接地线

人工接地线是指人为设置的接地线。人工接地线一般可采用圆钢、钢管、角钢、扁钢等钢质材料，但接地线直接与电气设备相连的部分以及采用钢接地线有困难时，应采用绝缘铜线。

3.接地装置的敷设

接地装置的敷设应遵循下述原则和要求。

（1）应充分利用自然接地体

当无自然接地体可利用，或自然接地体电阻不符合要求，或自然接地体运行中各部分连接不可靠，或有爆炸危险场所，则需敷设人工接地体。

（2）应尽量利用自然接地线

当无自然接地线可利用，或自然接地线不符合要求，或自然接地线运行中各部分连接不可靠，或有爆炸危险场所，则需要敷设人工接地线。

（3）人工接地体可垂直敷设或水平敷设

垂直敷设时，接地体相互间距不宜小于其长度的2倍，顶端埋深一般为0.8 m；水平敷设时，接地体相互间距不宜小于5 m，埋深一般不小于0.8 m。

（4）接地体和接地线之间的连接必须采用焊接

其焊接长度应符合下列要求。

扁钢与钢管（或角钢）焊接时，搭接长度为扁钢宽度的2倍，且至少3面焊接；

圆钢与钢管（或角钢）焊接时，搭接长度为圆钢直径的6倍，且至少2个长面焊接。

（5）接地线可用扁钢或圆钢

接地线应引出地面，在扁钢上端打孔或在圆钢上焊钢板打孔用螺栓加垫与保护零线（或保护零线引下线）连接牢固，要注意除锈，保证电气连接。

应当特别注意，金属燃气管道不能用作自然接地体或接地线，螺纹钢和铝板不能用作人工接地体。

（二）接地的类型

施工现场临时用电工程中，接地主要包括工作接地、保护接地、重复接地和防雷接地四种。

1.工作接地

施工现场临时用电工程中，因运行需要的接地（例如三相供电系统中，电源中性点的接地）称为工作接地。在工作接地的情况下，大地作为一根导线，而且能够稳定设备导电部分的对地电压。

2.保护接地

施工现场临时用电工程中，因漏电保护需要，将电气设备正常情况下不带电的金属外壳和机械设备的金属构件（架）接地，称为保护接地。在保护接地的情况下，能够保证工作人员的安全和设备的可靠工作。

3.重复接地

在中性点直接接地的电力系统中，为了保证接地的作用和效果，除在中性点处直接接地外，还须在中性线上的一处或多处再做接地，称为重复接地。

电力系统的中性点，是指三相电力系统中绕组或线圈采用星形连接的电力设备（如发电机、变压器等）各相的连接对称点和电压平衡点，其对地电位在电力系统正常运行时为零或接近于零。

4.防雷接地

防雷装置（避雷针、避雷器、避雷线等）的接地，称为防雷接地。防雷接地的设置主要是用作雷击时将雷电流泄入大地，从而保护设备、设施和人员等的安全。

二、防雷

（一）防雷装置

雷电是一种破坏力、危害性极大的大自然现象，要想消除它是不可能的，但消除其危害却是可能的。即可通过设置一种装置，人为控制和限制雷电发生的位置，并使其不至于危害到需要保护的人、设备或设施。这种装置称作防雷装置或避雷装置。

（二）防雷部位的确定

施工现场需要考虑防止雷击的部位主要是塔式起重机、物料提升机、外用电梯等高大机械设备及钢脚手架、在建工程金属结构等高架设施，并且其防雷等级可按三类防雷对待。防感应雷的部位则是设置现场变电所的进、出线处。

首先应考虑邻近建筑物或设施是否有防止雷击装置，如果有，它们是在其保护范围以内，还是在其保护范围以外。如果施工现场的起重机、物料提升机、外用电梯等机械设备，以及钢管脚手架和正在施工的在建工程等的金属结构，在相邻建筑物、构筑物等设施的防雷装置保护范围以外，则应按规定安装防雷装置。

（三）防雷保护范围

防雷保护范围是指接闪器对直击雷的保护范围。

接闪器防止雷击的保护范围是按"滚球法"确定的，所谓滚球法是指选择一个半径为奴，由防雷类别确定的一个可以滚动的球体，沿需要防直击雷的部位滚动，当球体只触及接闪器（包括被利用作为接闪器的金属物），或只触及接闪器和地面（包括与大地接触并能承受雷击的金属物），而不触及需要保护的部位时，则该未被触及部分就得到接闪器的保护。

第三节 供配电与基本保护系统

一、供配电

施工现场用电工程的基本供配电系统应当按三级设置，即采用三级配电。

（一）系统的基本结构

三级配电是指施工现场从电源进线开始至用电设备之间，应经过三级配电装置配送电力。即由总配电箱（一级箱）或配电室的配电柜开始，依次经由分配电箱（二级箱）、开关箱（三级箱）到用电设备。这种分三个层次逐级配送电力的系统就称为三级配电系统。它的基本结构形式可用一个系统框图来形象化地描述。

（二）系统的设置原则

三级配电系统应遵守四项规则，即分级分路规则，动、照分设规则，压缩配电间距规则和环境安全规则。

1.分级分路

从一级总配电箱（配电柜）向二级分配电箱配电可以分路。即一个总配电箱（配电柜）可以分若干分路向若干分配电箱配电，每一分路也可分支支接若干分配电箱；

从二级分配电箱向三级开关箱配电同样也可以分路。即一个分配电箱也可以分若干分路向若干开关箱配电，而其每一分路也可以支接或链接若干开关箱；

从三级开关箱向用电设备配电实行所谓"一机一闸"制，不存在分路问题。即每一开关箱只能连接控制一台与其相关的用电设备（含插座），包括一组不超过 30 A 负荷的照明器，或每一台用电设备必须有其独立专用的开关箱。

按照分级分路规则的要求，在三级配电系统中，任何用电设备均不得越级配电，即其电源线不得直接连接于分配电箱或总配电箱；任何配电装置不得挂接其他临时用电设备。否则，三级配电系统的结构型式和分级分路规则将被破坏。

2.动照分设

动力配电箱与照明配电箱宜分别设置；若动力与照明合置于同一配电箱内共箱配电，则动力与照明应分路配电；动力开关箱与照明开关箱必须分箱设置，不存在共箱分路设置问题。

3.压缩配电间距

压缩配电间距规则是指除总配电箱、配电室（配电柜）外，分配电箱与开关箱之间，开关箱与用电设备之间的空间间距尽量缩短。压缩配电间距规则可用以下三个要点说明。

（1）分配电箱应设在用电设备或负荷相对集中的区域；

（2）分配电箱与开关箱的距离不得超过 30 m；

（3）开关箱与其供电的固定式用电设备的水平距离不宜超过 3 m。

4. 环境安全

环境安全规则是指配电系统对其设置和运行环境安全因素的要求，主要包括对易燃易爆物、腐蚀介质、机械损伤、电磁辐射、静电等因素的防护要求，防止由其引发设备损坏、触电和电气火灾事故。

二、基本保护系统

施工现场的用电系统，不论其供电方式如何，都属于电源中性点直接接地的 220/380 V 三相四线制低压电力系统。为了保证用电过程中系统能够安全、可靠地运行，并对系统本身在运行过程中可能出现的接零、短路、过载、漏电等故障进行自我保护，在系统结构配置中必须设置一些与保护要求相适应的子系统，即接零保护系统、过载与短路保护系统、漏电保护系统等，他们的组合就是用电系统的基本保护系统。

（一）TN-S接零保护系统

1. TN-S 系统的确定

（1）在施工现场用电工程专用的电源中性点直接接地的 220/380 V 三相四线制低压电力系统中，必须采用 TN-S 接零保护系统，严禁采用 TN-C 接零保护系统。

（2）当施工现场与外电线路共用同一供电系统时，电气设备的接地、接零保护应与原系统保持一致。不得一部分设备做保护接零，另一部分设备做保护接地。

当采用 TN 系统做保护接零时，工作零线（N 线）必须通过总漏电保护器，保护零线（PE 线）必须由电源进线零线重复接地处或总漏电保护器电源侧零线处，引出形成局部 TN-S 接零保护系统；

（3）供电方采用三相四线供电，且供电方配电室控制柜内有漏电保护器，此时从施工现场配电室总配电箱电源侧零线或总漏电保护器电源侧零线处引出保护零线（PE 线），供电方配电室内漏电保护器就会跳闸。

2. PE 线的设置规则

采用 TN-S 和局部 TN-S 接零保护系统时，PE 线的设置应遵循下述规则。

（1）PE 线的引出位置

对于专用变压器供电时的 TN-S 接零保护系统，PE 线必须由工作接地线、配电室（总配电箱）电源侧零线或总漏电保护器（RCD）电源侧零线处引出。

（2）PE 线与 N 线的连接关系

经过总漏电保护器 PE 线和 N 线分开，其后不得再做电气连接。

（3）PE 线与 N 线的应用区别

PE 线是保护零线，只用于连接电气设备外露可导电部分，在正常工作情况下无电流通过，且与大地保持等电位；N 线是工作零线，作为电源线用于连接单相设备或三相四线设备，在正常工作情况下会有电流通过，被视为带电部分，且对地呈现电压。所以，在实用中不得混用或代用。

（4）PE 线的重复接地

重复接地的数量不少于 3 处，设置重复接地的部位可为：总配电箱（配电柜）处；各分路分配电箱处；各分路最远端用电设备开关箱处；塔式起重机、施工升降机、物料提升机、混凝土搅拌站等大型施工机械设备开关箱处。

重复接地必须与 PE 线相连接，严禁与 N 线相连接，否则 N 线中的电流将会流经大地和电源中性点工作接地处形成回路，使 PE 线对地电位升高而带电。PE 线重复接地的目的，一是降低 PE 线的接地电阻，二是防止 PE 线断线而导致接零保护失效。

（5）PE 线的绝缘色

为了明显区分 PE 线和 N 线以及相线，按照国家统一标准，PE 线一律采用绿 / 黄双色绝缘线。

（二）漏电保护系统

漏电保护系统的设置要点如下。

1.漏电保护器的设置位置

在施工现场基本供配电系统的总配电箱（配电柜）和开关箱首、末二级配电装置中，设置漏电保护器。其中，总配电箱（配电柜）中的漏电保护器可以设置于总路，也可以设置于分路，但不必重叠设置。

2.实行分级、分段漏电保护原则

实行分级、分段漏电保护的具体体现是合理选择总配电箱（配电柜）、开关箱中漏电保护器的额定漏电动作参数。

（1）漏电保护器极数和线数必须与负荷的相数和线数保持一致；

（2）漏电保护器必须与用电工程合理的接地系统配合使用，才能形成完备可靠的防触电保护系统；

（3）漏电保护器的电源进线类别（相线或零线）必须与其进线端标记——对应，不允许交叉混接，更不允许将 PE 线当 N 线接入漏电保护器；

（4）漏电保护器在结构选型时，宜选用无辅助电源（电磁式）产品，或选用辅助电源故障时能自动断开的辅助电源型（电子式）产品。不能选用辅助电源故障时不能断开的辅助电源型（电子式）产品。

（三）过载短路保护系统

当电气设备和线路因其负荷（电流）超过额定值而发生过载故障，或因其绝缘损坏而发生短路故障时，就会因电流过大而烧毁绝缘，引起漏电和电气火灾。

过载和短路故障使电气设备和线路不能正常使用，造成财产损失，甚至使整个用电系统瘫痪，严重影响正常施工，还可能引发触电伤害事故。所以对过载、短路故障的危害必须采取有效的预防性措施。

预防过载、短路故障危害的有效措施就是在基本供配电系统中设置过载、短路保护系统。过载、短路保护系统可通过在总配电箱、分配电箱、开关箱中设置过载、短路保护电器中实现。这里需要指出，过载、短路保护系统必须按三级设置，即在总配电箱、分配电箱、开关箱及其各分路中都要设置过载、短路保护电器，并且其过载、短路保护动作参数应逐级合理选取，以实现三级保护的选择性配合。用作过载、短路保护的电器主要有各种类型的断路器和熔断器。其中，断路器以塑壳式断路器为宜；熔断器则应选用具有可靠灭弧分段功能的产品，不得以普通熔丝替代。

第四节　配电线路、配电装置及用电设备

一、配电线路

（一）架空线路的选择

架空线路的选择主要是选择架空线路导线的种类和导线的截面，其选择依据主要是线路敷设的要求和线路负荷计算的电流。

架空线中各导线截面与线路工作制的关系为：三相四线制工作时，N 线和 PE 线截面不小于相线（L 线）截面的 50%；单相线路的零线截面与相线截面相同。

架空线的材质为：绝缘铜线或铝线，优先采用绝缘铜线。

（二）电缆的选择

电缆的选择主要是选择电缆的类型、截面和芯线配置，其选择依据主要是线路敷设的要求和线路负荷计算的计算电流。

电缆中必须包含全部工作芯线和用作保护零线或保护线的芯线。需要三相四线制配电的电缆线路必须采用五芯电缆。

五芯电缆必须包含淡蓝、绿/黄二种颜色绝缘芯线。淡蓝色芯线必须用作 N 线；绿/黄双色芯线必须用作 PE 线，严禁混用。其中，N 线和 PE 线的绝缘色规定，同样适用于四芯、三芯等电缆。而五芯电缆中相线的绝缘色则一般由黑、棕、白三色中两种搭配。

（三）室内配线的选择

室内配线必须采用绝缘导线或电缆。其选择要求基本与架空线路或电缆线路相同。

除以上三种配线方式外，在配电室里还有一个配电母线问题。由于施工现场配电母线常常采用裸扁铜板或裸扁铝板制作成所谓裸母线，因此其安装时，必须用绝缘子支撑固定在配电柜上，以保持对地绝缘和电磁（力）稳定。母线规格主要由总负荷计算电流确定。

二、配电装置

施工现场的配电装置是指施工现场用电工程配电系统中设置的总配电箱（配电柜）、分配电箱和开关箱。为叙述方便起见，以下将总配电箱和分配电箱合称为配电箱。

（一）配电装置的箱体结构

这里所谓配电装置的箱体结构，主要是指适合于施工现场用电工程配电系统使用的配电箱、开关箱的箱体结构。

1.箱体材料

配电箱、开关箱的箱体一般应采用冷轧钢板或阻燃绝缘材料制作，但不得采用木板制作。

采用冷轧钢板制作时，厚度应为 1.2 ~ 2.0mm。其中，开关箱箱体钢板厚度应不小于 1.2 mm，配电箱箱体钢板厚度应不小于 1.5 mm。箱体钢板表面应做防腐处理并涂面漆。

采用阻燃绝缘板，例如环氧树脂纤维木板、电木板等。其厚度应保证适应户外使用，具有足够的机械强度。

2.配置电器安装板

配电箱、开关箱内应配置电器安装板，用以安装所配置的电器和接线端子板等。电器安装板应采用金属或非木质阻燃绝缘电器安装板。配电箱、开关箱内的电器（含插座）应先安装在金属或非木质阻燃绝缘电器安装板上，然后方可整体紧固在配电箱、开关箱箱体内。不得将所配置的电器、接线端子板等直接装设在箱体上。

3.加装 N、PE 接线端子板

（1）配电箱、开关箱的电器安装板上必须加装 N 线端子板和 PE 线端子板。N 线端子板必须与金属电器安装板绝缘；PE 线端子板必须与金属电器安装板做电气连接。进出线中的 N 线必须通过 N 线端子板连接，PE 线必须通过 PE 线端子板连接；

（2）配电箱、开关箱的金属箱体，金属电器安装板以及电器正常不带电的金属底座、外壳等必须通过 PE 线端子板与 PE 线做电气连接，金属箱门与金属箱体必须通过采用编织软铜线做电气连接；

（3）N、PE 端子板的接线端子数应与配电箱的进、出线路数保持一致；

（4）N、PE 端子板应采用紫铜板制作。

4.进、出线口

（1）配电箱、开关箱导线的进、出线口应设置在箱体正常安装位置的下底面，并设固定线卡；

（2）进、出线口应光滑，以圆口为宜，加绝缘护套；

（3）导线不得与箱体直接接触。进、出线口应配置固定线卡，将导线加绝缘保护套成束卡固在箱体上；

（4）移动式配电箱和开关箱的进、出线应采用橡皮护套绝缘电缆，不得有接头；

（5）进、出线口数应与进、出线总路数保持一致。

5.门锁

配电箱、开关箱箱体应设箱门并配锁，以适应户外环境和用电管理要求。

6.防雨、防尘

配电箱、开关箱的外形结构应具有防雨、防雪、防尘功能，以适应户外环境和用电安全要求。

（二）配电装置的电器配置

1.总配电箱的电器配置原则

总配电箱的电器应具备电源隔离、正常接通与分断电路，以及短路、过载、漏电保护功能。

（1）当总路设置总漏电保护器时，还应装设总隔离开关、分路隔离开关以及总断路器、分路断路器或总熔断器、分路熔断器。若总漏电保护器是同时具备短路、过载、漏电保护功能的漏电断路器，则可不设总断路器或总熔断器；

（2）当各分路设置分路漏电保护器时，还应装设总隔离开关、分路隔离开关以及总断路器、分路断路器或总熔断器、分路熔断器。若分路所设漏电保护器是同时具备短路、过载、漏电保护功能的漏电断路器，则可不设分路断路器或分路熔断器；

（3）隔离开关应设置于电源进线端，应采用分断时具有可见分断点并能同时断开电源所有极或彼此靠近的单极的隔离电器，不得采用分断时不具有可见分断点的电器。当采用具有可见分断点的断路器时，可不另设隔离开关；

（4）熔断器应选用具有可靠灭弧分断功能的产品；

（5）总开关电器的额定值、动作整定值应与分路开关电器的额定值、动作整定值相适应。

此外，总配电箱应装设电压表、总电流表、电度表及其他需要的仪表。装设电流互感器时，其二次回路必须与保护零线有一个连接点，且严禁断开电路。

2.分配电箱的电器配置原则

分配电箱的电器配置在采用二级漏电保护的配电系统中，分配电箱中不要求设置漏电保护器，但电源隔离开关、过载与短路保护电器必须设置。

（1）总路应设置总隔离开关，以及总断路器或总熔断器；

（2）分路应设置分路隔离开关，以及分路断路器或分路熔断器；

（3）隔离开关应设置于电源进线端，并采用分断时具有可见分断点并能同时断开电源所有极或彼此靠近的单极的隔离电器，不得采用分断时不具有可见分断点的电器。当采用分断时具有可见分断点的断路器时，可不另设隔离开关。

3.开关箱的电器配置原则

每台用电设备必须有各自专用的开关箱，严禁用同一个开关箱直接控制2台及2台以上用电设备（含插座）。

（1）开关箱必须装设隔离开关、断路器或熔断器以及漏电保护器；

（2）当漏电保护器是同时具有短路、过载、漏电保护功能的漏电断路器时，可不装设断路器或熔断器；

（3）隔离开关应采用分断时具有可见分断点，能同时断开电源所有极的隔离电器，并应设置于电源进线端。当断路器具有可见分断点时，可不另设隔离开关。

三、用电设备

用电设备是配电系统的终端设备，是最终将电能转化为机械能、光能等其他形式能量的设备。在施工现场中，用电设备就是直接服务于施工作业的生产设备。

施工现场的用电设备基本上可分四大类，即电动建筑机械、手持式电动工具、照明器和消防水泵等。

通常以触电危险程度来考虑，施工现场的环境条件可分三大类。

（一）一般场所

相对湿度不大于 75% 的干燥场所，无导电粉尘场所，气温不高于 30℃场所，有不导电地板（干燥木地板、塑料地板、沥青地板等）场所等均属于一般场所。

（二）危险场所

相对湿度长期处于 75% 以上的潮湿场所，露天并且能遭受雨、雪侵袭的场所，气温高于 30℃的炎热场所，有导电粉尘场所，有导电泥、混凝土或金属结构地板场所，施工中常处于水湿润的场所等均属于危险场所。

（三）高度危险场所

相对湿度接近 100% 场所，蒸汽环境场所，有活性化学媒质放出腐蚀性气体或液体场所，具有两个及以上危险场所特征（如导电地板和高温，或导电地板和有导电粉尘）场所等均属于高度危险场所。

第五节 施工现场用电安全管理、危险因素防护及安全措施

一、施工现场用电安全管理

（一）接地（接零）与防雷安全技术

1.接地与接零

（1）保护零线除应在配电室或总配电箱处做重复接地外，还应在配电线路的中间处和末端处重复接地；

（2）每一接地装置的接地线应采用两根以上导体，在不同点与接地装置做电气连

接。不应用铝导体做接地体或地下接地线。垂直接地体宜采用角钢、钢管或圆钢，不宜采用螺纹钢材；

（3）电气设备应采用专用芯线做保护接零，此芯线严禁通过工作电流；

（4）手持式用电设备的保护零线，应在绝缘良好的多股铜线橡皮电缆内；

（5）Ⅰ类手持式用电设备的插销上应具备专用的保护接零（接地）触头。所用插头应能避免将导电触头误作接地触头使用；

（6）施工现场所有用电设备，除作保护接零外，应在设备负荷线的首端处设置有可靠的电气连接。

2. 防雷

（1）在土壤电阻率低于 $200\Omega \cdot m$ 区域的电杆可不另设防雷接地装置，但在配电室的架空进线或出线处应将绝缘子铁脚与配电室的接地装置相连接；

（2）施工现场内的起重机、井字架及龙门架等机械设备，若在相邻建筑物、构筑物的防雷装置的保护范围以外。

防雷装置应符合以下要求。

①施工现场内所有防雷装置的冲击接地电阻值不应大于 30Ω。

②各机械设备的防雷引下线可利用该设备的金属结构体，但应保证电气连接。

③机械设备上的避雷针（接闪器）长度应为 $1 \sim 2\,m$。塔式起重机可不另设避雷针（接闪器）。

④安装避雷针的机械设备所用动力、控制、照明、信号及通信等线路，应采用钢管敷设，并将钢管与该机械设备的金属结构体做电气连接。

⑤防雷接地机械上的电气设备，所连接的 PE 线必须同时做重复接地，同一台机械电气设备的重复接地和机械的防雷接地可共用同一接地体，但接地电阻应符合重复接地电阻值的要求。

（二）变压器与配电室安全技术

1. 变压器安装与运行

（1）变压器安装

施工用的 10 kV 及以下变压器装于地面时，应有 0.5 m 的高台，高台的周围应装设栅栏，其高度不应低于 1.7 m，栅栏与变压器外廓的距离不应小于 1 m，杆上变压器安装的高度应不低于 2.5 m，并挂"止步，高压危险"的警示标志。变压器的引线应采用绝缘导线。

（2）变压器的运行

变压器运行中应定期进行检查，主要包括下列内容。

①油的颜色变化、油面指示、有无漏油或渗油现象；

②响声是否正常，套管是否清洁，有无裂纹和放电痕迹；

③接头有无腐蚀及过热现象，检查油枕的集污器内有无积水和污物；

④有防爆管的变压器，要检查防爆隔膜是否完整；

⑤变压器外壳的接地线有无中断、断股或锈烂等情况。

2.配电室设置

（1）一般要求

①配电室应靠近电源，并应设在无灰尘、无蒸汽、无腐蚀介质及振动的地方；

②成列的配电屏（盘）和控制屏（台）两端应与重复接地线及保护零线做电气连接；

③配电室应能自然通风，并应采取防止雨雪和动物进入措施；

④配电屏（盘）正面的操作通道宽度，单列布置应不小于 1.5 m，双列布置应不小于 2 m；配电屏（盘）后面的维护通道宽度，单列布置或双列面对面布置不小于 0.8 m，双列背对背布置不小于 1.5 m，个别地点有建筑物结构凸出的地方，则此点通道宽度可减少 0.2 m；侧面的维护通道宽度应不小于 1 m；盘后的维护通道应不小于 0.8 m；

⑤在配电室内设值班室或检修室时，该室距电屏（盘）的水平距离应大于 1 m，并应采取屏障隔离；

⑥配电室的门应向外开，并配锁；

⑦电室内的裸母线与地面垂直距离小于 2.5 m 时，应采用遮挡隔离，遮挡下面通行道的高度应不小于 1.9 m；

⑧配配电室的围栏上端与垂直上方带电部分的净距，不应小于 0.075 m；

⑨配电室的顶棚与地面的距离不低于 3 m；配电装置的上端距天棚不应小于 0.5 m；

（2）配电屏应符合的要求

①配电屏（盘）应装设有功、无功电度表，并应分路装设电流、电压表。电流表与计费电度表不应共用一组电流互感器；

②配电屏（盘）应装设短路、过负荷保护装置和漏电保护器；

③配电屏（盘）上的各配电线路应编号，并应标明用途标记；

④配电屏（盘）或配电线路维修时，应悬挂"电器检修，禁止合闸"等警示标志；停、送电应由专人负责。

（3）电压为 400/230 V 的自备发电机组，应遵守的规定

①发电机组及其控制、配电、修理室等可分开设置；在保证电气安全距离和满足防火要求情况下可合并设置；

②发电机组的排烟管道必须伸出室外，机组及其控制配电室内严禁存放贮油桶；

③发电机组电源应与外电线路电源连锁，严禁并列运行；

④发电机组应采用三相四线制中性点直接接地系统和独立设置 TN-S 接零保护系统，并须独立设置，其接地阻值不应大于 4Ω；

⑤发电机供电系统应设置电源隔离开关及短路、过载、漏电保护电器。电源隔离开关分断时应有明显可见分断点；

⑥发电机并列运行时，应在机组同期后再向负荷供电；

⑦发电机控制屏宜装设下列仪表：交流电压表、交流电流表、有功功率表、电度表、功率因数表、频率表、直流电流表。

（三）施工用电人员安全技术

1.柴油发电机工

（1）开机检查

开机前柴油发电机工应做好下列检查准备工作。

①发电机在启动前，应检查各部整洁情况、接头连接和绝缘情况，配电器和操纵设备应正常，电刷无卡住，各部螺丝应紧固，整流子或滑环应用布擦净；

②启动前应检查柴油发电机的储气瓶压力、机油油位、燃油箱油位；

③应检查一切连接发电机与线路的开关，励磁机磁场变阻器应在电阻最大位置，发电机及有关设备应完好，临时短路线应拆除；

④发电机周围应无障碍物及遗留工具，机内无异物，"盘车"时转动应灵活，可动部分与固定部分有一定的安全距离。各部润滑系统正常，油杯完好无缺。

（2）运行操作

柴油发电机工柴油发电机运行过程中应遵守下列规定。

①发电机在运行时，即使未加励磁，亦应认为带有电压，严禁在线路上作业和用手接触高压线或进行清扫作业；

②发电机组和配电屏装设的安全保护装置，不应任意拆除；

③发电机组不应带病作业和超负荷运转，发现不正常情况，应停机检查；

④发电机运行时，严禁人体接触带电部分。带电作业时，应有绝缘防护措施；

⑤发电机运行中，操作人员不应离开机械，应经常倾听机械各部声响，留心观察仪表，并触摸轴承等部分，应无过热现象。发现不正常情况时，应立即停机检查，找出原因、排除故障后方可继续作业；

⑥发电机在运行中，严禁任何保养、修理和调整作业；

⑦发电机在运行中检查整流子和滑环时，操作工人应穿绝缘胶鞋、戴绝缘手套，并在靠近励磁机和转子滑环的地板上加铺绝缘垫；

⑧不应在柴油发电机运行过程中擦拭机组；

⑨发电机检修后开始运行前，应对转子与定子之间进行检查，应无工具或其他材料遗留在内。

（3）停机操作

发电机运行时升高的温度不应超过制造厂规定数值，如发现温度过高时，应停机慢慢冷却，查明原因后予以消除。

2.外线电工

（1）立杆作业

①外线电工应有两人以上共同作业，其中由一人进行监护，严禁独自一人带电作业；

②地面立杆作业前应检查作业工器具（如锹、镐、撬棍、抬杠、绳索等），作业工具应齐全可靠；

③进行换杆作业时，应先用临时拉线将该电杆稳固，方可挖掘电杆基脚，严禁任何人立于电杆倒下的方向。在交通要道上进行换杆时，应选择人车来往稀少的时间进行；

④起立电杆时，基坑内不应有人停留。拆除撑杆及拉绳的作业，应在电杆基脚充分埋好夯实牢固后进行。

（2）登杆作业

①登杆准备

a.登杆人员在登杆前，应对杆上情况和上杆后的作业顺序了解清楚，做好准备；

b.登杆前，应检查所用的工器具，如踩板或脚扣、绳索、滑轮、紧线器、工具袋等紧固适用。安全带应完好可靠；

c.外线电工应穿长袖、长裤工作服，登杆前应将衣袖裤腿扣好扎紧；

d.电杆根部腐朽或未夯埋牢固、电杆倾斜、拉线不妥时严禁登杆；

e.登杆前应检查杆根埋土深浅，应无晃动现象；如有晃动，采取措施后方可登杆；登杆后，应拴好安全带方可开始作业。

②登杆操作

a.杆上作业人员应站在踩板、脚扣、固定牢固的踩脚木或牢固的杆构件上。严禁将安全带拴在横担上或磁瓶柱上；

b.在转角杆上作业时，应有防止电线滑出击伤的安全措施；

c.杆上作业时，严禁上下抛丢任何工器具或材料，应用绳索系吊；

d.杆上作业应带工具袋，暂时不用的工具和零星材料应放在工具袋内；

e.上下电杆应使用专用登杆工具（如脚扣、踩板），严禁攀缘拉线或抱杆滑下，不应用绳索代替安全带；

f.冬季作业水泥杆上挂霜时，不应使用脚扣登杆；

g.登杆带电作业时，作业人员应穿束袖工作衣、长裤，穿绝缘鞋，戴安全帽，必要时加戴绝缘手套、护目镜；

h.未受过单独带电作业训练的电工，严禁登杆进行带电作业；

j.作业时，应以一线工作为原则，不应同时接触两线；

k.杆顶同时有两个电工作业时，不应身体互相接触或直接传递工具、材料；

l.在元件或线路较多的电杆上作业时，应先用橡皮布或其他绝缘物体，将靠近电工可能接触的导线遮盖；

m.不应直接割断带负荷的线路，如因作业需要应割断时，应将割断处前后另用导线短接好后，方可割断；

n.带电导线断开后，不应同时接触两端的线头；

o.高空紧线时，操作人员应闪开紧线器，并将夹紧螺丝拧紧；

p.高压线路登杆作业，当接到线路已经停电的命令后，登杆前应检查高压试电器安全可靠，并准备好接地线和绝缘手套；

q.登杆到适当高处（安全距离）后，拴好安全带，进行下列作业后方可开始作业。

验电：以高压试电器验证线路确无电压。如高压试电器接触不到时，可用令克棒试验，应无火花及放电声。

放电：先将地线一端接于地线网上，再以地线另一端绕在绝缘棒上与高压线接触数次以消除静电。

接地：将地线分别接于高压电线三相上。

（3）维护电工

①作业准备

a.作业人员应服装整齐，扎紧袖口，头戴安全帽，脚穿绝缘胶鞋，手戴干燥线手套，不应赤脚、赤膊作业，不应戴金属丝的眼镜，不应用金属制的腰带和金属制的工具套；

b.作业前，应检查安全防护用具，如试电器、绝缘手套、短路地线、绝缘靴等，并应符合规定。

②维护作业

a.维护电工作业时，应有两人一起参加，其中一人操作，另一人监护；

b.常用小工具（如验电笔、钳子、电工刀、螺丝刀、扳手等）应放置于电工专用工具袋中并经常检查。

c.使用梯子，倾斜角应不小于20°，但也不应大于60°，底脚应有防滑设施；严禁两人同登一个梯子；

d.工具袋应合适，背带应牢固，漏孔处应及时缝补好；

e.使用人字梯时，夹角应保持45°左右，梯脚应用软橡皮包住，两平梯间应用链子拉住。必要时派人扶住；

f.室内修换灯头或开关时，应将电源断开，单极拉线开关应控制"火线"，如用螺口灯头，"火线"应接螺口灯头的中心；

g.设备安装完毕，应对设备及接线仔细检查，确认无问题后方可合闸试运转；

h.安装电动机时，应检查绝缘电阻合格，转动灵活，零部件齐全，同时应安装接地线；

i.拖拉电缆应在停电情况下进行；

j.进行停电作业时，应首先拉开刀闸开关，取走熔断器（管），挂上"有人作业，严禁合闸！"的警示标志，并留人监护；

k.在有灰尘或潮湿低洼的地方敷设电线，应采用电缆，如用橡皮线则必须装于胶管中或铁管内；

l.拆除不用的电气设备，不应放在露天或潮湿的地方，应拆洗干净后入库保管，以保证绝缘良好；

m.带熔断器的开关，其熔丝（片）应按负荷电流配装。更换后熔丝（片）的容量，不应过大或过小。更换低压刀闸开关上的熔丝（片），应先拉开闸刀；

n.进户线或屋内电线穿墙时应用瓷管、塑料管。在干燥的地方或竹席墙处，可用胶皮管或缠4层以上胶布，且应与易燃物保持可靠的防火距离；

o.敷设在电线管或木线槽内的电线，不应有接头；

p.应经常移动和潮湿的地方（如廊道）使用的电灯软线应采用双芯橡皮绝缘或塑料绝缘软线，并应经常检查绝缘情况；

q.临时炸药库、油库的电线，应用没有接头的电线，严禁把架空明线直接引进库房。库内不应装设开关或熔断丝等易发生火花的电气元件；库内照明应用防爆灯；

r.熔丝或熔片不应削细削窄使用，也不应随意组合和多股使用，更不应使用铜（铝）导线代替熔丝或者熔片；

s.操作刀闸开关及油开关时，应戴绝缘手套，并设专人监护；

t.40 kW以上电动机，进行试运转时，应配有测量仪表和保护装置。一个电源开关不应同时试验两台以上的电气设备；

u.电气设备试验时，应有接地。电气耐压作业，应穿绝缘靴、戴绝缘手套，并设专人监护；

v.试验电气设备或器具时，应设围栏并挂上"高压危险！止步！"的警示标志，并设专人看守；

w.耐压结束，断开试验电源后，应先对地放电，然后方可拆除接线；

x.准备试验的电气设备，在未做耐压试验前，应先用摇表测量绝缘电阻，绝缘电阻不合格者严禁试验；

y.不应将易燃物和其他物品堆放在干燥室；

z.施工机械设备的电器部分，应由专职电工维护管理，非电气作业人员不应任意拆、卸、装、修。

（4）通信电工

①通信电工应经专业培训，并经考试合格后，方可上岗作业；

②通信电工应熟悉设备技术性能及工具、仪表仪器的使用方法；

③通信设备、线路及杆塔应有可靠的防雷措施。雷雨前后应对防雷设施做认真的检查、测试；

④通信线路与低压交流线路共杆架设时，通信线路应在低压交流线路的下方，与低压交流线路的垂直距离应大于或等于1.5 m；

⑤在共杆上施工作业时，应有可靠的安全技术措施；

⑥应定期对线路、杆塔进行安全检查；

⑦通信电工还应遵守本章外线电工、维护电工及充电电工的有关安全规定。

（5）汽车电工

①汽车电工应经专业培训，考试合格，方可上岗操作；

②汽车电工应穿戴耐酸碱防护用品；

③车间内应备有苏打水和氨水溶液（含氨10%），作为中和落在作业人员身上的硫酸之用；

④作业前应遵守以下规定。

a.检查各种电气设备（充电机、试验台、电烘箱等）及用电器具的接零保护齐全良好，各种插头、开关绝缘良好，如有损坏应及时修复；

b.检查通风设备良好，发现损坏应及时修复；

c.检查酸、碱容器及废液排放、处理装置有无异常情况，发现跑、冒、滴、漏及时修理；

d.检查消防器材齐全、有效，如缺少或失效时，及时增添与更换。

⑤开始作业前，打开通风设备，将酸蒸汽及时排出户外；

⑥作业场所不得使用明火与吸烟，电器闸盒应有防护罩；

⑦搬运蓄电池时，应做到轻搬稳放；

⑧从事铅作业人员应带过滤式防铅或铅烟口罩，并定期更换或经常清洗所用的滤

料；

⑨饭前及下班后应洗手，用肥皂刷洗，或用 2% ~ 3% 醋酸溶液先浸泡 5 min 然后用肥皂刷洗，不得在车间内吸烟、饮食；

⑩在汽车上拆卸蓄电池时，应先将搭铁线、连接线、电动机线依次拆下，最后拆去蓄电池的固定架。安装蓄电池时则与拆卸反序进行；

⑪从车上拆下蓄电池进行小修时，应将蓄电池洗净、擦干，然后将塞盖打开，静放 30 ~ 40 min，再进行作业；

⑫按原车规定安装蓄电池连线时，若产生小火花，应立即停止；

⑬用高功率放电器检查行驶车辆上的蓄电池，应先将蓄电池塞盖打开，静止30 ~ 40 min 后，才进行检查；

⑭拆卸发电机、电动机时，应先切断电源总开关，或将蓄电池的搭铁线从桩头拆开放好；

⑮车上拆装启动电动机时，应按操作规程，轻拿轻放；

⑯在检查车辆电路时，遇有油污和容易着火的部位，应用试灯或电表检查，不得用打火的方法进行检查；

⑰修理和调整带有高压的电器时，应用绝缘工具进行断电后作业；

⑱在试验台上试验发电机、电动机时，应紧固夹牢。

（四）消防水泵的使用安全技术

1.消防水泵的漏电保护要符合配电系统关于潮湿场所选用漏电保护器的要求。

2.消防水泵电机的负荷线应采用防水橡皮护套铜芯软电缆，长度不应小于 1.5 m，且不得承受外力。

3.施工现场的消防水泵应采用专用消防配电线路，专用消防配电线路应自施工现场总配电箱的总断路器上端接入，且应保持不间断供电。

二、施工现场危险因素防护

施工现场与电气安全相关的危险因素主要有外电线路、易燃易爆物、腐蚀介质、机械损伤，以及强电磁辐射的电磁感应和有害静电等。

（一）外电线路防护

在施工现场周围往往存在一些高、低压电力线路，这些不属于施工现场的外接电力线路统称为外电线路。外电线路一般为架空线路，个别现场也会遇到电缆线路。由于外电线路的位置原已固定，因而其与施工现场的相对距离也难以改变，这就给施工现场作业安全带来了一个不利影响因素。如果施工现场距离外电线路较近，往往会因施工人员搬运物料、器具，尤其是金属料具或操作不慎意外触及外电线路，从而发生触电伤害事故。因此当施工现场邻近外电线路作业时，为了防止外电线路对施工现场作业人员可能造成的触电伤害事故，施工现场必须对其采取相应的防护措施，这种对外电线路触电伤害的防护称为外电线路防护，简称外电防护。

外电防护的技术措施有绝缘、屏护、安全距离、限制放电能量和24 V及以下安全特低电压。上述的五项基本措施具有普遍适用的意义。但是对于施工现场外电防护这种特殊的防护，基本上不存在安全特低电压和限制放电能量的问题。因此其防护措施主要应是做到绝缘、屏护、安全距离。

1.安全防护措施

绝缘隔离防护措施，可采用木、竹或其他绝缘材料增设屏障、遮栏、围栏等与外电线路实现强制性绝缘隔离，并应悬挂醒目的警告标志牌。架设安全防护设施，必须符合以下要求。

（1）架设安全防护设施时，必须经有关部门批准，采用线路暂时停电或其他可靠的安全技术措施，并有电气工程技术人员和专职安全人员监护；

（2）防护设施必须与外电线路保持一定的安全距离；

防护设施应坚固、稳定，防护设施的缝隙能够防止直径2.5 mm固体异物穿越。为防止因电场感应可能使防护设施带电，防护设施不得采用金属材料架设。

对外电线路无法架设防护设施的施工现场，必须与有关部门协商，使外电线路停电、迁移或改变在建工程的位置。否则，严禁强行施工。

2.外电防护的方法

（1）若在建工程不超过高压线2 m时。若超过高压线2 m时，主要考虑超过高压线的作业层掉物，可能引起高压线短路或人员操作过近触及高压线的危险，需设置顶部绝缘隔离防护设施；

（2）当建筑物外脚手架与高压线距离较近，无法单独设防护设施，则可以利用外脚手架防护立杆设置防护设施，即脚手架与高压线路平行的一侧用合格的密目式安全网全部封闭，此侧面的钢管脚手架至少做三处可靠接地，接地电阻应小于10 Ω。同时在与高压线等高的脚手架外侧面，挂设与脚手架外侧面等长，高约3~4 m的细格金属网，并把此网用绝缘接地线进行三处可靠接地。当建筑物超过高压线2 m时，仍需搭设顶棚防护屏障。如在搭设顶棚防护设施有困难时，可在外架上直接搭设防护屏障到外部。

（3）跨越架防护设施。起重吊装跨越高压线，这时要注意顶棚防护设施应有足够的强度，以免发生断裂、歪斜及变形。对于搭设的防护设施要有专人从事监护管理；

（4）高压线过路防。在一般情况下，穿过高压线下方的道路，其高压线下方可不做防护。但在施工现场情况比较复杂，现场的开挖堆土、斜坡改道等情况较多，这样使高压线的对地距离达不到规范要求的情况下,高压线下方就必须做相应的防护设施，使车辆通过时有高度限制。高压线防护设施与高压线之间的距离应满足最小安全操作距离。

（二）易燃易爆物与腐蚀介质防护

1.易燃易爆物防护

电气设备周围不得存放易燃易爆物，防止因电火花或电弧引燃易燃易爆物品，当电气设备周围的易燃易爆物无法清除和回避时，要根据防护类别采取绝热隔温及阻燃隔弧、隔爆等措施，可设置阻燃隔离板和采用防爆电机、电器、灯具等。

2.污源和腐蚀介质防护

电气设备现场周围不得存放能对电气设备造成腐蚀作用的酸、碱、盐等污源和介质，电气设备现场周围的污源和腐蚀介质无法清除和回避时，应采取有针对性的隔离接触措施。如在污源和腐蚀介质相对集中的场所，应采用具有相应防护结构、适应相应防护等级的电气设备，采用具有能防雨、防雪、防尘功能的配电装置，导线连接点做防水绝缘包扎，地面上的用电设备采取防止雨水、污水侵蚀措施，酸雨、酸雾和沿海盐雾多的地区采用相应的耐腐电缆代替绝缘导线等。

（三）机械损伤防护

为防止配电装置、配电线路和用电设备可能遭受的机械损伤，可采取以下防护措施。

1.配电装置、电气设备应尽量设在避免各种高处坠物物体打击的位置，如不能避开则应在电气设备上方设置防护棚；

2.塔式起重机起重臂跨越施工现场配电线路上方应有防护隔离设施；

3.用电设备负荷线不得拖地放置；

4.电焊机二次线应避免在钢筋网面上拖拉和踩踏；

5.穿越道路的用电线路应采取架空或者穿管埋地等保护措施；

6.加工废料和施工材料堆场要远离电气设备、配电装置和线路。

（四）电磁感应与静电防护

1.电磁感应防护

有的施工现场离电台、电视台等电磁波源较近，受电磁辐射作用，在施工机械、铁架等金属部件上感应出对人体有害电压。为了防止强电磁波辐射在塔式起重机吊钩或吊索上产生对地电压的危害，可采取以下防护措施。

（1）地面操作者穿绝缘胶鞋，戴绝缘手套；

（2）吊钩用绝缘胶皮包裹或在吊钩与吊索间用绝缘材料隔离；

（3）挂装吊物时，将吊钩挂接临时接地线。

2.静电防护

静止电荷聚集到一定程度，会对人体造成伤害。这是因为当人体接触到带静电的物体时，就会有电荷在人体和带电体之间瞬间转移，在转移的过程中，依静电的聚集量和转移程度，人会有针刺、麻等感觉，甚至造成身体颤抖等。

为了消除静电对人体的危害，应对聚集在机械设备上的静电采取接地泄漏措施。通常的方法是将能产生静电的设备接地，使静电被中和，接地部位与大地保持等电位。

三、安全用电措施和电气防火措施

为了保障施工现场用电安全，除设置合理的用电系统外，还应结合施工现场实际编制并实施相配套的安全用电措施和电气防火措施。

（一）安全用电措施

1.安全用电技术措施要点

（1）选用符合国家强制性标准印证的合格设备和器材，不用残缺、破损等不合格产品；

（2）严格按经批准的用电组织设计构建临时用电工程，用电系统要有完备的电源隔离及过载、短路、漏电保护；

（3）按规定定期检测用电系统的接地电阻，相关设备的绝缘电阻和漏电保护器的漏电动作参数；

（4）配电装置装设端正严实牢固，高度符合规定，不拖地设置，不随意改动；进线端严禁插头、插座作活动连接，进出线上严禁搭、挂、压其他物体；移动式配电装置迁移位置时，必须先将其前一级隔离开关分闸断电，严禁带电搬运；

（5）配电线路不得明设于地面，严禁行人踩踏和车辆碾压；线缆接头必须连接牢固，并做防水绝缘包扎，严禁裸露带电线头；不得拖拉线缆，严禁徒手触摸和严禁在钢筋、地面上拖拉带电线路；

（6）用电设备应防止溅水和浸水，已溅水和浸水的设备必须停电处理，未断电时严禁徒手触摸；用电设备移位时，严禁带电搬运，严禁拖拉其负荷线；

（7）照明灯具的选用必须符合使用场所环境条件的要求，严禁将220 V碘钨灯作行灯使用；

（8）停、送电作业必须遵守以下规则。

①停、送电指令必须由同一人下达；

②停电部位的前级配电装置必须分闸断电，并悬挂停电标志牌；

③停、送电时应由一人操作，一人监护，并穿戴绝缘防护用品。

编制电气防火措施也应从技术措施和组织措施两个方面考虑，并且也要符合施工现场实际。

2.安全用电组织措施要点

（1）建立用电组织技术制度；

（2）建立技术交底制度；

（3）建立安全自检制度；

（4）建立电工安装、巡检、维修、拆除制度；

（5）建立安全培训制度。

（二）电气防火措施

1.电气防火技术措施要点

（1）合理配置用电系统的短路、过载、漏电保护电器；

（2）确保PE线连接点的电气连接可靠；

（3）在电气设备和线路周围不堆放并清除易燃易爆物和腐蚀介质或做阻燃隔离防

护；

（4）不在电气设备周围使用火源，特别是在变压器、发电机等场所严禁烟火；

（5）在电气设备相对集中场所，如变电所、配电室、发电机室等场所配置可扑灭电器着火的灭火器材。

2.电气防火组织措施要点

（1）建立易燃易爆物和腐蚀介质管理制度；

（2）建立电气防火责任制，加强电气防火重点场所烟火管制，并设置禁止烟火标志；

（3）建立电气防护教育制度，定期进行电气防火知识宣传教育，提高各类人员电气防火意识和电气防火知识水平；

（4）建立电气防火检查制度，发现问题，及时处理，不留任何隐患；

（5）建立电气火警预报制，做到防患于未然；

（6）建立电气防火领导体系及电气防火队伍，学会和掌握扑灭电气火灾的组织和方法；

（7）电气防火措施可与一般防火措施一并编制。

第九章 水利工程环境安全保护

第一节　水利工程环境安全保护的概述

一、环境管理术语

（一）环境

环境是指组织运行活动的外部存在，包括空气、水、土地、自然资源、植物、动物、人，以及它们之间的相互关系。

环境是多种介质的组合，如水、空气、土地等。

环境还应包括受体，即当介质改变时受到影响的群体，如动物、植物、人。受体往往是被保护的对象，动物、植物自我保护能力有限．需人类的特别保护才能得以生存。自然资源是环境的重要组成部分，是人类生存、发展不可或缺的，如石油、煤、各类矿物、水、海鲜、生物资源等。

环境并不是以上几个方面的零散集合，而是一个有机整体，包括以上所有物质与形态的组合，即相互关系。它们共存于环境中，相互依赖、相互制约，并保持着一定的动态平衡。基于以上各个方面，"组织运行活动的外部存在"则可从组织的内部环境延伸到全球系统的大环境。

（二）环境因素

环境因素是指一个组织活动、产品或服务中能与环境发生相互作用的要素。重要环境因素是指具有或可能具有重大环境影响的环境因素。

环境因素能与环境发生相互作用，并产生正面或负面的环境影响；环境因素与组织的活动、产品或服务相联系，这些活动、产品或服务中的某些能与环境发生作用，是造成环境影响的原因。

环境因素的重要性应与其可能造成的环境影响的严重程度相一致。能产生重要环境影响的因素，是重要的环境因素。对环境因素重要性的评价应与环境影响的重要性联系起来。

（三）环境影响

环境影响是指全部或部分由组织的活动、产品或服务给环境造成的任何有益或有害的变化。

环境的组成要素或要素间的相互关系发生了改变，也就形成了环境影响。如河流水质的改变、空气成分变化、生物种群的减少、人体的病变等都是改变后的现象，是结果。这些变化可能是有害的，也可能是有益的。人们更关注的是有害的变化，即负面的环境影响。

组织的活动、产品或服务是造成环境影响的根源。活动可包括组织的生产、采购、后勤、经营等多方面，是人类有目的、有组织进行。产品或服务是组织生产与经营的产出，所有这些活动、产品或服务都可能给环境带来正面或负面的影响。

（四）相关方

相关方是指关注组织的环境绩效或受其环境绩效影响的个人或团体。

相关方可以是团体，也可以是个人。他们的共同特点是关注组织的环境绩效，或受到组织环境绩效的影响。

受组织环境绩效影响的相关方与组织环境绩效的改善有较为密切的关系，可能造成其经济或福利的损失，这类相关方可以包括：与组织相邻的，如邻厂、周围的居民、下风向的企业、河流的下游等；与组织的经营生产活动相关的，如股东、供应方、客户、员工等；关注组织环境绩效的相关方可能包括：银行、政府部门（如规划部门、环境部门等）、环境保护组织等，这些相关方可能间接地受到组织环境绩效的影响。从这一意义上讲，组织的相关方可以是整个社会。

（五）环境绩效

环境绩效是指一个组织基于其环境方针、目标、指标，控制其环境因素所取得的可测量的环境管理体系结果。

这一术语也被译为：环境表现、环境行为等。

"绩效"能较好地表达其实际内涵，它是对环境因素控制及环境管理所取得的成绩与效果的综合评价，不仅表现在具体环境因素的控制管理上，还表现在控制管理的结果上。

环境绩效是环境管理体系运行的结果与成效，是根据环境方针和目标、指标的要求，控制环境因素得到的。因此环境绩效可用对环境方针、目标指标的实现程度来描述，并可具体体现在某一或某类环境因素的控制上。

环境绩效是可测量的，因而也是可比较的，可用于组织自身及组织与其他组织间的比较。

（六）持续改进

持续改进是指强化环境管理体系的过程，目的是根据组织的环境方针，改进环境绩效。

持续改进是强化环境管理体系过程，是整体环境绩效的改进与提高。环境绩效的持续改进有赖于环境管理体系的强化与完善。

持续改进不必发生在活动的所有方面。组织的环境绩效是多方面的，表现在对各种活动不同环境因素的控制和不同目标指标的实现与完成上。

（七）污染预防

污染预防是指采用防止、减少或控制污染的各种过程、惯例、材料或产品，可包括再循环、处理、过程更改、控制机制、资源的有效利用和材料替代等。

污染预防是为减少有害环境影响、提高资源利用率、降低成本而采取的各类方法与手段。污染预防的原则：不产生污染为最优选择；其次减少污染产出，最后才采取必要的末端治理，控制污染。

二、水环境问题

（一）水环境问题的由来

水环境问题是由于人类活动作用于人们周围的水环境所引起的环境质量变化，以及这种变化反过来对人类的生产、生活和健康的影响问题。人类生活在环境中，其生产和生活不可避免地对环境产生影响，使环境质量发生变化，这些影响有些是有利的，有些是不利的，反过来，变化了的环境也对人类产生正面的或负面的影响。一般来说，人类对环境产生有利的影响，那么环境也对人类产生正面的影响，人类对环境产生不利的影响，那么环境就对人类产生负面的影响；人类活动对环境的影响大部分是负面的。构成人类周围环境的因素有很多，水环境是其最主要、最重要的因素之一。

（二）水环境问题的分类

水环境问题分类的方法有很多，按发生机制进行分类，主要有水环境破坏和水污染两种类型。

1.水环境破坏

主要是指人类的活动产生的有关环境效应，它们导致了环境结构与功能的变化，对人类的生存与发展产生了不利影响。主要是由于人类违背了自然生态规律，急功近利，盲目开发自然资源而引起的。如地下水过度开发造成的地下水漏斗、地面下沉，水土流失，大型水利工程导致的环境改变、泥沙问题等。这一类环境问题不如工业污染那么显眼，在某些时候，不容易引起人们的关注，但是，对环境的影响（尤其是负面影响）是巨大的，后果是严重的。

2.水污染

是指由于人类活动或自然过程引起某些物质（主要为化学物质）进入水体中，导致其物理、化学及生物学特性的改变和水质的恶化，从而影响水的有效利用，危害人体健康的现象。水污染主要是在工业革命及大规模的城市化后出现的，在此之前，也有水污染，但对整个环境来说，影响很小。目前，各级环保部门对水污染的关注很多，国家也投入了大量的人力、物力及财力进行保护，但总的说来，水污染的形势依然严峻。

三、环境管理

（一）初始环评

若组织尚未建立环境管理体系，可通过初始环境评审对组织本身的环境管理状况进行综合的调查与分析，评审的内容可包括：

1.适用的法律法规及其遵循情况；

2.活动、产品或服务中环境因素的识别，重要环境因素的评价；

3.现有的环境管理活动及程序的审查；

4.以往的事件调查及反馈意见等。

其中，环境因素的识别与评价是进行初始环境评审的最核心内容，也是建立环境管理体系的基础性资料。

（二）识别环境因素

在识别环境因素时应注重：从组织的活动、产品和服务中识别环境因素。环境因素应包括组织自身可以控制的及希望对其施加影响的两大类型；也应重视那些具有或可能具有重大影响环境因素的识别，涉及不同的时态与状态。

1.从组织的活动、产品和服务中识别环境因素

环境因素存在于组织的活动、产品或服务中。组织的生产、经营管理活动通过环境因素直接对环境产生影响，产品中的环境因素则会在流通和消费领域产生环境影响。

2.识别环境因素应包括可控和希望施加影响的

体现生命周期思想，能控制的环境因素是指组织自身可以管理、改变、处理、处置的环境因素，可包括组织自行设计的产品、生产加工过程、设备维护、办公活动中的环境因素等。

可施加影响的环境因素指组织不能直接加以控制管理的，即不能通过行政管理或其他技术手段等改变的某些环境因素。这类环境因素由于多属于与组织关系较密切的相关方，往往可以通过某种利益关系对相关方施以影响，间接实现对环境因素的控制或管理。

识别环境因素时既要考虑现有的环境因素，也应注意到潜在环境因素的识别，从多个角度进行考察，以防缺漏。

（三）评价重要环境因素

评价环境因素是在识别环境因素的基础上，明确管理重点和改进要求的过程，确定出组织的重要环境因素。重要环境因素是具有或可能具有重大环境影响的因素，因此评价重要环境因素离不开对环境因素可能产生的环境影响的评价。

传统的环境影响评价方法中已有不少较为系统和成熟的各类环境影响的评价技术，如等标污染负荷、综合污染指数等，比较适合于有具体的法规排放标准的污染因子的评价。对于资源消耗、废物的产生等环境因素的评价，则可根据外部要求的紧迫程度、技术的成熟度、组织目前的管理水平、对环境因素的控制能力进行评价，可采用类比法、多因子打分法、专家评估、物料平衡算法等方法。

对于潜在环境因素的评价需考虑环境因素的风险大小、发生的概率及产生后果的严重程度等，可采用风险评价等方法，多角度、多侧面、多层次地分析和评判。

（四）制定环境管理方案

依据组织的环境方针和重要的环境因素制订环境目标和指标，并分解到各部门，以实现对环境污染的预防、治理和持续改进。

1. 制订和评审环境目标和指标的依据

（1）环境方针；

（2）环境因素和重要环境因素；

（3）法律法规和其他要求；

（4）技术的先进性和可行性；

（5）环境评审结果；

（6）相关方的期望和要求。

为贯彻环境方针，制订环境管理方案，以确保环境目标和指标的实现。

2. 环境管理方案

（1）实现环境目标和指标的职责和资源；

（2）实现环境目标和指标的方法和措施；

（3）实现环境目标和指标的时间进度。

制订环境管理方案时应考虑：生产活动、产品和服务的性质；除正常运行外，应考虑异常或特殊的运行情况。

遇到新产品的开发、新的或修改的活动、产品和服务，应对原环境管理方案进行调整和修订，确保环境管理方案适应新的情况。

（五）运行控制

根据管理体系要求各部门对环境因素进行控制实施管理方案，对生产活动中可能出现的突发事件，制订应急预案。采取必要的监视测量对环境管理结果进行测量，根据测量结果采取纠正预防措施，以期达到持续改进的目的。

四、施工过程的环境保护

环境保护是按照法律法规、各级主管部门和企业的要求，保护和改善作业现场的环境，控制现场的各种粉尘、废水、废气、固体废弃物、噪声、振动等对环境的污染和危害。环境保护也是文明施工的重要内容之一。

（一）现场环境保护的意义

保护和改善施工环境是保证人们身体健康和社会文明的需要。采取专项措施防止粉尘、噪声和水源污染，保护好作业现场及其周围的环境，是保证职工和相关人员身体健康、体现社会总体文明的一项利国利民的重要工作。保护和改善施工现场环境是消除对外部干扰保证施工顺利进行的需要。随着人们的法制观念和自我保护意识的增强，施工扰民问题反映突出，应及时采取防治措施，减少对环境的污染和对市民的干扰，也是施工生产顺利进行的基本条件。

（二）大气污染的防治

1. 大气污染物的分类

大气污染物的种类有数千种，已发现有危害作用的有 100 多种，其中大部分是有机物。大气污染物通常以气体状态和粒子状态存在于空气中。

（1）气体状态污染物

气体状态污染物具有运动速度较大，扩散较快，在周围大气中分布比较均匀的特点。气体状态污染物包括分子状态污染物和蒸气状态污染物。

分子状态污染物：指在常温常压下以气体分子形式分散于大气中的物质，如燃料燃烧过程中产生的二氧化硫（SO_2）、氮氧化物（NO_X）、一氧化碳（CO）等。

蒸气状态污染物：指在常温常压下易挥发的物质，以蒸气状态进入大气，如机动车尾气、沥青烟中含有的碳氢化合物、苯并［a］花等。

（2）粒子状态污染物

粒子状态污染物又称固体颗粒污染物，是分散在大气中的微小液滴和固体颗粒，粒径在 0.01 ~ 100μm，是一个复杂的非均匀体。通常根据粒子状态污染物在重力作用下的沉降特性又可分为降尘和飘尘。

降尘：指在重力作用下能很快下降的固体颗粒，其粒径大于 10μm。

飘尘：指可长期飘浮于大气中的固体颗粒，其粒径小于10/m。飘尘具有胶体的性质，故又称为气溶胶，它易随呼吸进入人体肺脏，危害人体健康，故称为可吸入颗粒。

施工工地的粒子状态污染物主要有锅炉、熔化炉、厨房烧煤产生的烟尘。还有建材破碎、筛分、碾磨、加料过程、装卸运输过程产生的粉尘等。

2. 大气污染的防治措施

空气污染的防治措施主要针对上述粒子状态污染物和气体状态污染物进行治理。主要方法如下。

（1）除尘技术

在气体中除去或收集固态或液态粒子的设备称为除尘装置。主要种类有机械除尘装置、洗涤式除尘装置、过滤除尘装置和电除尘装置等。工地的烧煤茶炉、锅炉、炉灶等应选用装有上述除尘装置的设备。

工地其他粉尘可用遮盖、淋水等措施防治。

（2）气态污染物治理技术

大气中气态污染物的治理技术主要有以下几种方法。

吸收法：选用合适的吸收剂，可吸收空气中的 SO_2、H_2S，HF、NOX 等。

吸附法：让气体混合物与多孔性固体接触，把混合物中的某个组分吸留在固体表面。

催化法：利用催化剂把气体中的有害物质转化为无害物质。

燃烧法：是通过热氧化作用，将废气中的可燃有害部分，转化为无害物质的方法。

冷凝法：是使处于气态的污染物冷凝，从气体分离出来的方法。该法特别适合处理有较高浓度的有机废气。如对沥青气体的冷凝，回收油品。

生物法：利用微生物的代谢活动过程把废气中的气态污染物转化为少害甚至无害的物质。该法应用广泛，成本低廉，但只适用于低浓度污染物。

3.施工现场空气污染的防治措施

施工现场垃圾渣土要及时清理出现场。

高大建筑物清理施工垃圾时，要使用封闭式的容器或者采取其他措施处理高空废弃物，严禁凌空随意抛撒。

施工现场道路应指定专人定期洒水清扫，形成制度，防止道路扬尘。对于细颗粒散体材料（如水泥、粉煤灰、白灰等）的运输、储存要注意遮盖、密封，防止和减少飞扬。

车辆开出工地要做到不带泥沙，基本做到不撒土、不扬尘，减少对周围环境污染。除设有符合规定的装置外，禁止在施工现场焚烧油毡、橡胶、塑料、皮革、树叶、枯草、各种包装物等废弃物品以及其他会产生有毒、有害烟尘和恶臭气体的物质。机动车都要安装减少尾气排放的装置，确保符合国家标准。工地茶炉应尽量采用电热水器。若只能使用烧煤茶炉和锅炉时，应选用消烟除尘型茶炉和锅炉，大灶应选用消烟节能回风炉灶，使烟尘降至允许排放范围为止。

搅拌站封闭严密，并在进料仓上方安装除尘装置，采用可靠措施控制工地粉尘污染。

拆除旧建筑物时，应适当洒水，防止扬尘。

（三）水污染的防治

1.水污染物主要来源

工业污染源：指各种工业废水向自然水体的排放。

生活污染源：主要有食物废渣、食油、粪便、合成洗涤剂、杀虫剂、病原微生物等。

农业污染源：主要有化肥、农药等。

施工现场废水和固体废物随水流流入水体部分，包括泥浆、水泥、油漆、各种油类、混凝土外加剂、重金属、酸碱盐、非金属无机毒物等。

2.废水处理技术

废水处理的目的是把废水中所含的有害物质清理分离出来。废水处理可分为化学法、物理方法、物理化学方法和生物法。

物理法：利用筛滤、沉淀、气浮等方法。

化学法：利用化学反应来分离、分解污染物，或使其转化为无害物质的处理方法。

物理化学方法：主要有吸附法、反渗透法、电渗析法。

生物法：生物处理法是利用微生物新陈代谢功能，将废水中成溶解和胶体状态的有机污染物降解，并转化为无害物质，使水得到净化。

3.施工过程水污染的防治措施

禁止将有毒有害废弃物作土方回填。

施工现场搅拌站废水，现制水磨石的污水，电石（碳化钙）的污水必须经沉淀池沉淀合格后再排放，最好将沉淀水用于工地洒水降尘或采取措施回收利用。现场存放油料，必须对库房地面进行防渗处理。如采用防渗混凝土地面、铺油毡等措施。使用时，要采取防止油料跑、冒、滴、漏的措施，以免污染水体。施工现场100人以上的临时食堂，污水排放时可设置简易有效的隔油池，并定期清理，防止污染。

（四）施工现场的噪声控制

1.噪声的概念

（1）声音与噪声

声音是由物体振动产生的，当频率在20～20 000Hz时，作用于人的耳鼓膜而产生的感觉称之为声音。由声构成的环境称为"声环境"。当环境中的声音对人类、动物及自然物没有产生不良影响时，就是一种正常的物理现象。相反，对人的生活和工作造成不良影响的声音就称为噪声。

（2）噪声的分类

噪声按照振动性质可分为气体动力噪声、机械噪声、电磁性噪声。

按噪声来源可分为交通噪声（如汽车、火车、飞机等）、工业噪声（如鼓风机、汽轮机、冲压设备等）、建筑施工噪声（如打桩机、推土机、混凝土搅拌机等发出的声音）、社会生活噪声（如高音喇叭、收音机等）。

（3）噪声的危害

噪声是影响与危害非常广泛的环境污染问题。噪声环境可以干扰人的睡眠与工作、影响人的心理状态与情绪，造成人的听力损失，甚至引起许多疾病。此外噪声对人们的对话干扰也是相当大的。

2.施工现场噪声的控制措施

噪声控制技术可从声源、传播途径、接收者防护等方面来考虑。

（1）声源控制

从声源上降低噪声，这是防止噪声污染的最根本的措施。

尽量采用低噪声设备和工艺代替高噪声设备与加工工艺，如低噪声振捣器、风机、电动空压机、电锯等。在声源处安装消声器消声，即在通风机、鼓风机、压缩机、燃气机、内燃机及各类排气放空装置等进出风管的适当位置设置消声器。

（2）传播途径的控制

在传播途径上控制噪声方法主要有以下几种。

吸声：利用吸声材料（大多由多孔材料制成）或由吸声结构形成的共振结构（金属或木质薄板钻孔制成的空腔体）吸收声能，降低噪声。

隔声：应用隔声结构，阻碍噪声向空间传播，将接收者与噪声声源分隔。隔声结构包括隔声室、隔声罩、隔声屏障、隔声墙等。

消声：利用消声器阻止传播。允许气流通过的消声降噪是防治空气动力性噪声的主要装置。如对空气压缩机、内燃机产生的噪声等。

减振降噪：对来自振动引起的噪声，通过降低机械振动减小噪声，如将阻尼材料涂在振动源上，或改变振动源与其他刚性结构的连接方式等。

3.施工现场噪声的限值

在工程施工中，要特别注意不得超过国家标准的限值，尤其是夜间禁止打桩作业。

（五）固体废物的处理

1.固体废物的分类

固体废物是生产、建设、日常生活和其他活动中产生的固态、半固态废弃物质。固体废物是一个极其复杂的废物体系。按照其化学组成可分为有机废物和无机废物；按照其对环境和人类健康的危害程度可以分为一般废物和危险废物。

2.施工工地上常见的固体废物

建筑渣土：包括砖瓦、碎石、渣土、混凝土碎块、废钢铁、碎玻璃、废屑、废弃装饰材料等。

废弃的散装建筑材料包括散装水泥、石灰等。

生活垃圾：包括炊厨废物、丢弃食品、废纸、生活用具、玻璃、陶瓷碎片、废电池、废旧日用品、废塑料制品、煤灰渣、废交通工具等。

设备、材料等的废弃包装材料。

3.固体废物对环境的危害

固体废物对环境的危害是全方位的。主要表现在以下几个方面。

侵占土地：由于固体废物的堆放，可直接破坏土地和植被。

污染土壤：固体废物的堆放中，有害成分易污染土壤，并在土壤中发生积累，给作物生长带来危害。部分有害物质还能杀死土壤中的微生物，使土壤丧失腐解能力。

污染水体：固体废物遇水浸泡、溶解后，其有害成分随地表径流或土壤渗流污染地下水和地表水；固体废物还会随风飘迁进入水体造成污染。

污染大气：以细颗粒状存在的废渣垃圾和建筑材料在堆放和运输过程中，会随风扩散，使大气中悬浮的灰尘废弃物提高；固体废物在焚烧等处理过程中，可能产生有害气体造成大气污染。

影响环境卫生：固体废物的大量堆放，会招致蚊蝇孳生，臭味四溢，严重影响工地以及周围环境卫生，对员工和工地附近居民的健康造成危害。

4.固体废物的处理和处置

固体废物处理的基本思想是采取资源化、减量化和无害化的处理，对固体废物产生的全过程进行控制。

固体废物的主要处理方法：

回收利用：回收利用是对固体废物进行资源化，减量化的重要手段之一。对建筑渣土可视其情况加以利用。废钢可按需要用做金属原材料。对废电池等废弃物应分散回收，集中处理。

减量化处理：减量化是对已经产生的固体废物进行分选、破碎、压实浓缩、脱水等减少其最终处置量，减低处理成本，减少对环境的污染。在减量化处理的过程中，也包括和其他处理技术相关的工艺方法，如焚烧、热解、堆肥等。

焚烧技术：焚烧用于不适合再利用且不宜直接予以填埋处置的废物，尤其是对于受到病菌、病毒污染的物品，可以用焚烧进行无害化处理。焚烧处理应使用符合环境要求的处理装置，注意避免对大气的二次污染。

稳定和固化技术：利用水泥、沥青等胶结材料，将松散的废物包裹起来，减小废物的毒性和迁移性。

填埋：经过无害化、减量化处理后，将固体废弃物残渣集中到填埋场进行处理。填埋场应利用天然或人工隔离屏障，尽量使处置的固体废弃物与周围的生态环境隔离，并注意其稳定性和长期安定性。

第二节　水利工程建设项目环境保护要求

一、环境保护法律法规体系

（一）环境保护行政法规

环境保护行政法规是由国务院制定并公布或经国务院批准有关主管部门公布的环境保护规范性文件。一是根据法律受权制定的环境保护法的实施细则或条例；二是针对环境保护的某个领域而制定的条例、规定和办法等。

（二）政府部门规章

政府部门规章是指国务院环境保护行政主管部门单独发布或与国务院有关部门联合发布的环境保护规范性文件，以及政府其他有关行政主管部门依法制定的环境保护规范性文件。政府部门规章是以环境保护法律和行政法规为依据而制定的，或者是针对某些尚未有相应法律和行政法规调整的领域作出相应规定。

（三）环境保护地方性法规和地方性规章

环境保护地方性法规和地方性规章是享有立法权的地方权力机关和地方政府机关依据宪法和相关法律制定的环境保护规范性文件。这些规范性文件是根据本地实际情况和特定环境问题制定的，并在本地区实施，有较强的可操作性。环境保护地方性法规和地方性规章不能和法律、国务院行政规章相抵触等。

（四）环境标准

环境标准是环境保护法律法规体系的一个组成部分，是环境执法和环境管理工作的技术依据。我国的环境标准分为国家环境标准和地方环境标准。

（五）环境保护国际公约

环境保护国际公约是指我国缔结和参加的环境保护国际公约、条约和议定书。国际公约与我国环境法有不同规定时，优先适用国际公约的规定，但我国声明保留的条款除外。

（六）环境保护法律法规体系中各层次间的关系

国务院环境保护行政法规的法律地位仅次于法律。部门行政规章、地方环境法规和地方政府规章均不得违背法律和行政法规的规定。地方法规和地方政府规章只在制定法规、规章的辖区内有效。

我国的环境保护法律法规如与参加和签署的国际公约有不同规定时，应优先适用国际公约的规定。但我国声明保留的条款除外。

二、建设项目环境保护

（一）环境影响评价

1.概念

环境影响评价是指对规划和建设项目实施后可能造成的环境影响进行分析、预测和评估，提出预防或者减轻不良环境影响的对策和措施，进行跟踪监测的方法与制度。

2.环境影响评价编制资质

国家对从事建设项目环境影响评价工作的单位实行资格审查制度。

从事建设项目环境影响评价工作的单位，必须取得国务院环境保护行政主管部门颁发的资格证书，按照资格证书规定的等级和范围，从事建设项目环境影响评价工作，并对评价结论负责。

国务院环境保护行政主管部门对已经颁发资格证书的从事建设项目环境影响评价工作的单位名单，应当定期予以公布。

从事建设项目环境影响评价工作的单位，必须严格执行国家规定的收费标准。

建设单位可以采取公开招标的方式，选择从事环境影响评价工作的单位，对建设项目进行环境影响评价。任何行政机关不得为建设单位指定从事环境影响评价工作的单位，进行环境影响评价。

3.分类管理

国家根据建设项目对环境的影响程度，按照下列规定对建设项目的环境保护实行分类管理：

（1）建设项目对环境可能造成重大影响的，应当编制环境影响报告书，对建设项目产生的污染和对环境的影响进行全面、详细的评价。

（2）建设项目对环境可能造成轻度影响的，应当编制环境影响报告表，对建设项目产生的污染和对环境的影响进行分析或者专项评价。

（3）建设项目对环境影响很小，不需要进行环境影响评价的，应当填报环境影响登记表。

建设项目环境保护分类管理名录，由国务院环境保护行政主管部门制订并公布。

4.环境影响报告书的内容

建设项目环境影响报告书，应当包括下列内容：

（1）建设项目概况；

（2）建设项目周围环境现状；

（3）建设项目对环境可能造成影响的分析和预测；

（4）环境保护措施及其经济、技术论证；

（5）环境影响经济损益分析；

（6）对建设项目实施环境监测的建议；

（7）环境影响评价结论。

涉及水土保持的建设项目，还必须有经水行政主管部门审查同意的水土保持方案。

5.环境影响报告要求

（1）建设项目的环境影响评价工作，由取得相应资质证书的单位承担。

（2）建设单位应当在建设项目可行性研究阶段报批建设项目环境影响报告书、环境影响报告表或者环境影响登记表。

（3）建设项目环境影响报告书、环境影响报告表或者环境影响登记表，由建设单位报有审批权的环境保护行政主管部门审批；建设项目有行业主管部门的，其环境影响报告书或者环境影响报告表应当经行业主管部门预审后，报有审批权的环境保护行政主管部门审批。

（4）海岸工程建设项目环境影响报告书或者环境影响报告表，经海洋行政主管部门审核并签署意见后，报环境保护行政主管部门审批；环境保护行政主管部门应当自收到建设项目环境影响报告书之日起60日内、收到环境影响报告表之日起30日内、收到环境影响登记表之日起15日内，分别作出审批决定并书面通知建设单位；预审、审核、审批建设项目环境影响报告书、环境影响报告表或者环境影响登记表，不得收取任何费用。

（5）建设项目环境影响报告书、环境影响报告表或者环境影响登记表经批准后，建设项目的性质、规模、地点或者采用的生产工艺发生重大变化的，建设单位应当重新报批建设项目环境影响报告书、环境影响报告表或者环境影响登记表；建设项目环境影响报告书、环境影响报告表或者环境影响登记表自批准之日起满 5 年，建设项目方开工建设的，其环境影响报告书、环境影响报告表或者环境影响登记表应当报原审批机关重新审核。原审批机关应当自收到建设项目环境影响报告书、环境影响报告表或者环境影响登记表之日起 10 日内，将审核意见书面通知建设单位；逾期未通知的，视为审核同意。

（二）环境保护设施建设

1. 建设项目需要配套建设的环境保护设施，必须与主体工程同时设计、同时施工、同时投产使用。

2. 建设项目的初步设计，应当按照环境保护设计规范的要求，编制环境保护篇章，并依据经批准的建设项目环境影响报告书或者环境影响报告表，在环境保护篇章中落实防治环境污染和生态破坏的措施以及环境保护设施投资概算。

3. 建设项目的主体工程完工后，需要进行试生产的，其配套建设的环境保护设施必须与主体工程同时投入试运行。

4. 建设项目试生产期间，建设单位应当对环境保护设施运行情况和建设项目对环境的影响进行监测。

5. 建设项目竣工后，建设单位应当向审批该建设项目环境影响报告书、环境影响报告表或者环境影响登记表的环境保护行政主管部门，申请该建设项目需要配套建设的环境保护设施竣工验收。

6. 分期建设、分期投入生产或者使用的建设项目，其相应的环境保护设施应当分期验收。

7. 环境保护行政主管部门应当自收到环境保护设施竣工验收申请之日起 30 日内，完成验收。

8. 建设项目需要配套建设的环境保护设施经验收合格，该建设项目方可正式投入生产或者使用。

（三）法律责任

1. 违反规定，有下列行为之一的，由负责审批建设项目环境影响报告书、环境影响报告表或者环境影响登记表的环境保护行政主管部门责令限期补办手续；逾期不补办手续，擅自开工建设的，责令停止建设，可以处 10 万元以下的罚款：

（1）未报批建设项目环境影响报告书、环境影响报告表或者环境影响登记表的。

（2）建设项目的性质、规模、地点或者采用的生产工艺发生重大变化，未重新报批建设项目环境影响报告书、环境影响报告表或者环境影响登记表的。

（3）建设项目环境影响报告书、环境影响报告表或者环境影响登记表自批准之日起满 5 年，建设项目方开工建设，其环境影响报告书、环境影响报告表或者环境影响登记表未报原审批机关重新审核的。

2. 建设项目环境影响报告书、环境影响报告表或者环境影响登记表未经批准或者未经原审批机关重新审核同意，擅自开工建设的，由负责审批该建设项目环境影响报告书、环境影响报告表或者环境影响登记表的环境保护行政主管部门责令停止建设，限期恢复原状，可以处 10 万元以下的罚款。

3. 违反本条例规定，试生产建设项目配套建设的环境保护设施未与主体工程同时投入试运行的，由审批该建设项目环境影响报告书、环境影响报告表或者环境影响登记表的环境保护行政主管部门责令限期改正；逾期不改正的，责令停止试生产，可以处 5 万元以下的罚款。

4. 违反本条例规定，建设项目投入试生产超过 3 个月，建设单位未申请环境保护设施竣工验收的，由审批该建设项目环境影响报告书、环境影响报告表或者环境影响登记表的环境保护行政主管部门责令限期办理环境保护设施竣工验收手续；逾期未办理的，责令停止试生产，可以处 5 万元以下的罚款。

5. 违反本条例规定，建设项目需要配套建设的环境保护设施未建成、未经验收或者经验收不合格，主体工程正式投入生产或者使用的，由审批该建设项目环境影响报告书、环境影响报告表或者环境影响登记表的环境保护行政主管部门责令停止生产或者使用，可以处 10 万元以下的罚款。

6. 从事建设项目环境影响评价工作的单位，在环境影响评价工作中弄虚作假的，由国务院环境保护行政主管部门吊销资格证书，并处所收费用 1 倍以上 3 倍以下的罚款。

7. 环境保护行政主管部门的工作人员徇私舞弊、滥用职权、玩忽职守，构成犯罪的，依法追究刑事责任；尚不构成犯罪的，依法给予行政处分。

三、建设项目环境保护程序

建设项目环境保护包括五个主要阶段的环境管理及程序。

（一）项目建议书阶段或预可行性研究阶段的环境管理

1. 建设单位结合选址，对建设项目组成投产后可能造成的环境影响，进行简要说明（或环境影响初步分析）。

2. 环保部门参加厂址现场踏勘。

3. 省级环境保护部门签署意见，纳入项目建议书作为立项依据。

（二）可行性研究（设计任务书）阶段的环境管理

1. 国家环境保护总局及行业主管部门根据国家发改委及有关部门立项批复，督促建设单位执行环境影响报告书（表）审查制度。

2. 建设单位征求国家环境保护总局意见，确定作报告书或报告表。委托持甲级评价证书的单位，编制环境影响报告表，或评价大纲（环评实施方案）。

3. 建设单位向国家环境保护总局申报环境影响评价大纲（环评实施方案），抄送行业主管部门，同时附立项文件及环评经费概算，国家环境保护总局根据情况确定审查方式（组织专家评审会，专家现场考察及征求有关部门意见），提出审查意见。

4.根据国家环境保护总局对"大纲"审查的意见和要求（主要包括评价范围，选用的标准，确定的保护目标，环境要素的取舍和评价经费等）及确定的大纲内容，评价单位与建设单位签订合同，开展评价工作，编制环境影响报告书。

5.建设项目如有重大变动，建设单位及评价单位应及时向环保部门报告。

6.建设单位将编制完成的"报告书（表）"，按审批权限上报主管部门的环保机构，抄报国家环境保护总局和项目所在地省、市环保部门。

7.主管部门组织报告书（表）预审，将预审意见和修改确定的两套环评报告书报国家环境保护总局审批。省级环保部门应同时向国家环境保护总局报送审查意见。国家环境保护总局在接到预审意见之日起，两个月内批复或签署意见。逾期不批复或未签署意见，可视其上报方案已被确认。

8.国家环境保护总局可委托省级环保部门审查"大纲"或审批"报告书"。

9.国家环境保护总局参加对环境有重大影响的项目可行性研究报告评估。

（三）设计阶段的环境管理

一般建设项目按两个阶段进行设计，即初步设计和施工图设计。对于技术上复杂而又缺乏设计经验的项目，经行业主管部门确定，可以增加技术设计阶段；为解决总体开发方案和建设部署等重大问题，有些行业，可包括总体规划设计或总体设计。

1.初步设计阶段的环境管理

（1）建设单位在设计会审前向政府环保部门报送设计文件。

（2）特大型（重点）建设项目按审查权限由国家环境保护总局或由国家环境保护总局委托省级政府环保部门参加设计审查，一般建设项目由省级政府环保部门参加设计审查。必要时环保部门可单独审查环保篇章。

2.施工图设计阶段的环境管理

（1）根据初步设计审查的审批意见，建设单位会同设计单位，在施工图中落实有关环保工程的设计及其环保投资。

（2）环保部门组织监督检查。

（3）建设单位报批开工报告。批准后，建设项目列入年度计划，其中应包括相应环保投资。

（四）施工阶段的环境管理

1.建设单位会同施工单位做好环保工程设施的施工建设、资金使用情况等资料、文件的整理建档工作备查，以季报的形式将环保工程进度情况上报政府环保部门。

2.环保部门检查环保报批手续是否完备，环保工程是否纳入施工计划及建设进度和资金落实情况，提出意见。

3.建设单位与施工单位负责落实环保部门对施工阶段的环保要求以及施工过程中的环保措施；主要是保护施工现场周围的环境，防止对自然环境造成不应有的破坏；防止和减轻粉尘、噪声、震动等对周围生活居住区的污染和危害。建设项目竣工后，施工单位应当修整和恢复在建设过程中受到破坏的环境。

（五）试生产和竣工验收阶段的环境管理

1.建设单位向主管部门和政府环保部门提交试运转申请报告。

2.经批准后，环保工程与主体工程同时投入试运行。做好试运转记录，并应由当地环保监测机构进行监测。

3.建设单位向行业主管部门和政府环保部门提交环保工程预验收申请报告，附试运转监测报告。

4.省级政府环保部门组织环保工程的预验收。

5.建设单位根据环保部门在预验收中提出的要求，认真组织实施，预验收合格后，方可进行正式竣工验收。

6.特大型（重点）建设项目由国家环境保护总局参加或委托省级政府环保部门参加正式竣工验收，并办理建设项目环保工程验收合格证。

第三节　水利工程建设项目水土保持管理

一、水土流失

（一）水土流失的定义

水土流失是指在水力、风力、重力等外力作用下，山丘区及风沙区水土资源和土地生产力的破坏和损失。水土流失包括土壤侵蚀及水的损失，也称水土损失。土壤侵蚀的形式除雨滴溅蚀、片蚀、细沟侵蚀、浅沟侵蚀、切沟侵蚀等典型的形式外，还包括山洪侵蚀、泥石流侵蚀以及滑坡等形式。水的损失一般是指植物截留损失、地面及水面蒸发损失、植物蒸腾损失、深层渗漏损失、坡地径流损失。在我国水土流失概念中水的损失主要指坡地径流损失。

（二）水土流失的危害

水土流失在我国的危害已达到十分严重的程度，它不仅造成土地资源的破坏，导致农业生产环境恶化，生态平衡失调，水旱灾害频繁，而且影响各业生产的发展。具体危害如下：

1.破坏土地资源，蚕食农田，威胁群众生存

土壤是人类赖以生存的物质基础，是环境的基本要素，是农业生产的最基本资源。年复一年的水主流失，使有限的土地资源遭受严重的破坏，土层变薄，地表物质"沙化""石化"。

2. 削弱地力，加剧干旱发展

由于水土流失，使坡耕地成为跑水、跑土、跑肥的"三跑田"，致使土地日益贫瘠，而且土壤侵蚀造成的土壤理化性状的恶化，土壤透水性、持水力的下降，加剧了干旱的发展，使农业生产低而不稳，甚至绝产。

3. 泥沙淤积河床，洪涝灾害加剧

水土流失使大量泥沙下泄，淤积下游河道，削弱行洪能力，一旦上游来洪量增大，引起洪涝灾害。近几十年来，特别是最近几年，长江、松花江、嫩江、黄河、珠江、淮河等发生的洪涝灾害，所造成的损失令人触目惊心。这都与水土流失使河床淤高有非常重要的关系。

4. 泥沙淤积水库湖泊，降低其综合利用功能

水土流失不仅使洪涝灾害频繁，而且产生的泥沙大量淤积水库、湖泊，严重威胁到水利设施和效益的发挥。

5. 影响航运，破坏交通安全

由于水土流失造成河道、港口的淤积，致使航运里程和泊船吨位急剧降低，而且每年汛期由于水土流失形成的山体塌方、泥石流等造成交通中断，在全国各地时有发生。

二、水土保持

（一）我国水土保持的成功做法

我国水土保持经过半个世纪的发展，走出了一条具有中国特色综合防治水土流失的路子。主要做法有：

1. 预防为主，依法防治水土流失。加强执法监督，加强项目管理，控制人为水土流失。

2. 以小流域为单元，科学规划，综合治理。

3. 治理与开发利用相结合，实现三大效益的统一。

4. 优化配置水资源，合理安排生态用水，处理好生产、生活和生态用水的关系。同时在水土保持和生态建设中，充分考虑水资源的承载能力，因地制宜，因水制宜，适地适树，宜林则林，宜灌则灌，宜草则草。

5. 依靠科技，提高治理的水平和效益。

6. 建立政府行为和市场经济相结合的运行机制。

7. 广泛宣传，提高全民的水土保持意识。

（二）水土保持的基本原则

水土保持必须贯彻预防为主，全面规划，综合防治，因地制宜，加强管理。要贯彻好注重效益的方针，必须遵循以下治理原则：

1. 因地制宜，因害设防，综合治理开发。

2. 防治结合。

3.治理开发一体化。

4.突出重点，选好突破口。

5.规模化治理，区域化布局。

6.治管结合。

（三） 治理措施

为实现水土保持战略目标和任务，采取以下措施：

1.依法行政

不断完善水土保持法律法规体系，强化监督执法。通过宣传教育，不断增强群众的水土保持意识和法制观念，坚决遏制人为水土流失，保护好现有植被。重点抓好开发建设项目水土保持管理。把水土流失的防治纳入法制化轨道。

2.实行分区治理，分类指导

西北黄土高原区以建设稳产高产基本农田为突破口，突出沟道治理，退耕还林还草。东北黑土区大力推行保土耕作，保护和恢复植被。南方红壤丘陵区采取封禁治理，提高植物覆盖率，通过以电代柴解决农村能源问题。北方土石山区改造坡耕地，发展水土保持林和水源涵养林。西南石灰岩地区陡坡退耕，大力改造坡耕地，蓄水保土，控制石漠化。风沙区营造防风固沙林带，实施封育保护，防止沙漠扩展，草原区实行围栏、封育、轮牧、休牧、建设人工草场。

3.加强封育保护

依靠生态的自我修复能力，促进大范围的生态环境改善。按照人与自然和谐相处的要求控制人类活动对自然的过度索取和侵害。大力调整农牧业生产方式，在生态脆弱地区，封山禁牧，舍饲圈养，依靠大自然的力量，特别是生态的自我修复能力，增加植被，减轻水土流失，改善生态环境。

4.大规模地开展生态建设工程

继续开展以长江上游、黄河中游地区以及环京津地区的一系列重点生态工程建设，加大退耕还林力度。搞好天然林保护。加快跨流域调水和水资源、工程建设，尽快实施南水北调工程，缓解北方地区水资源短缺矛盾，改善生态环境。在内陆河流域合理安排生态用水，恢复绿洲和遏制沙漠化。

5.科学规划，综合治理

实行以小流域为单元的山、水、田、林、路统一规划，尊重群众的意愿，综合运用工程、生物和农业技术三大措施，有效控制水土流失，合理利用水土资源。通过经济结构、产业结构和种植结构的调整，提高农业综合生产能力和农民收入，使治理区的水土流失程度减轻，经济得到发展，人居环境得到改善，实现人口、资源、环境和社会的协调发展。

6.加强水土保持科学研究，促进科技进步

不断探索有效控制土壤侵蚀，提高土地综合生产能力的措施，加强对治理区群众的培训．搞好水土保持科学普及和技术推广工作。积极开展水土保持监测预报，大力应用"3S"等高新技术，建立全国水土保持监测网络和信息系统，努力提高科技在水土保持中的贡献率。

7.完善和制定优惠政策

建立适应市场经济要求的水土保持发展机制，明晰治理成果的所有权，保护治理者的合法权益，鼓励和支持广大农民和社会各界人士，积极参与治理水土流失。

8.加强水土保持方面的国际合作和对外交流

增进相互了解，不断学习、借鉴和吸收先进技术、先进理念和先进管理经验，不断提高我国水土保持的水平。

三、水土保持方案编报审批规定

1.凡从事有可能造成水土流失的开发建设单位和个人，必须在项目可行性研究阶段编报水土保持方案，并根据批准的水土保持方案进行前期勘测设计工作。

2.水土保持方案分为水土保持方案报告书和水土保持方案报告表在山区、丘陵区、风沙区修建铁路、公路、水工程、开办矿山企业、电力企业和其他大中型工业企业，必须编报"水土保持方案报告书。

3.水土保持方案的编报工作由生产建设单位负责。编制水土保持方案资格证书管理办法由国务院水行政主管部门另行制定。

4.编制水土保持方案所需费用应当根据编制工作量确定，并纳入项目前期费用。

5.水行政主管部门审批水土保持方案实行分级审批制度，县级以上地方人民政府水行政主管部门审批的水土保持方案，应报上一级人民政府水行政主管部门备案。

中央审批立项的生产建设项目和限额以上技术改造项目水土保持方案，由国务院水行政主管部门审批。

地方审批立项的生产建设项目和限额以下技术改造项目水土保持方案，由相应级别的水行政主管部门审批。

乡镇、集体、个体及其他项目水土保持方案，由其所在县级水行政主管部门审批。跨地区的项目水土保持方案，报上一级水行政主管部门审批。

6.县级以上各级水行政主管部门应在接到"水土保持方案报告书"或"水土保持方案报告表"之日起，分别在60天、30天内办理审批手续。逾期未审批或者未予答复的，项目单位可视其编报的水土保持方案已被确认。

对特殊性质或特大型生产建设项目水土保持方案的审批时限可适当延长，延长时限最长不得超过半年。

7.经审批的项目，如性质、规模、建设地点等发生变化时，项目单位或个人应及时修改水土保持方案，并按照本规定的程序报原批准单位审批。

8.项目单位必须严格按照水行政主管部门批准的水土保持方案进行设计、施工。项目工程竣工验收时，必须由水行政主管部门同时验收水土保持设施。水土保持设施验收不合格的，项目工程不得投产使用。

9.地方人民政府根据当地实际情况设立的水土保持机构，可行使本规定中水行政主管部门的职权。

第四节　水利工程文明施工

一、文明施工的意义

文明施工是现代化施工的一个重要标志，是施工企业一项基本的管理工作，坚持文明施工具有重要意义：

（一）文明施工是施工企业各项管理水平的综合反映

建筑工程体积庞大、结构复杂、工种工序繁多，立体交叉作业平行流水施工，生产周期长，需用原料多，工程能否顺利进行受环境影响很大。文明施工就是要通过对施工现场中的质量、安全防护、安全用电、机械设备、技术、消防保卫、场容、卫生等各个方面的管理，创造良好的施工环境和施工秩序，文明施工能促进安全生产、加快施工进度、保证工程质量、降低工程成本、提高经济和社会效益。文明施工涉及人、财、物各个方面，贯穿于施工全过程之中，是企业各项管理在施工现场的综合反映。

（二）文明施工是适应现代化施工的客观要求

现代化施工采用先进的技术、工艺、材料、设备和科学的施工方案，需要严密的施工组织、严格的要求、标准化的管理和较好的职工素质等。文明施工能适应现代化施工的要求，是实现优质、高效、低耗、安全、清洁、卫生的有效手段。

（三）文明施工能树立企业的形象

良好的施工环境与施工秩序，可以得到社会的支持和信赖，提高企业的知名度和市场竞争力。

（四）文明施工有利于员工的身心健康，有利于培养和提高施工队伍的整体素质

文明施工可以提高职工队伍的文化、技术和思想素质，培养尊重科学、遵守纪律、团结协作的大生产意识，促进企业精神文明建设。从而还可以促进施工队伍整体素质的提高。

二、文明施工的组织与管理

（一）组织和制度管理

施工现场应成立以项目经理为第一责任人的文明施工管理组织。分包单位应服从总包单位的文明施工管理组织的统一管理，并接受监督检查。各项施工现场管理制度应有文明施工的规定，包括个人岗位责任制、经济责任制、安全检查制度、持证上岗制度、奖惩制度、竞赛制度和各项专业管理制度等。加强和落实现场文明检查、考核及奖惩管理，以促进施工文明管理工作提高。检查范围和内容应全面周到，包括生产区、生活区、场容场貌、环境文明及制度落实等内容。检查发现的问题应采取整改措施。

（二）建立收集文明施工的资料

上级关于文明施工的标准、规定、法律法规等资料。

施工组织设计（方案）中对文明施工的管理规定，各阶段施工现场文明施工的措施。文明施工自检资料。

文明施工教育、培训、考核计划的资料。

文明施工活动各项记录资料。

（三）加强文明施工的宣传和教育

在坚持岗位练兵基础上，要采取走出去、请进来、短期培训、上技术课、登黑板报、广播、看录像、看电视等方法狠抓教育工作。

要特别注意对临时工的岗前教育。

专业管理人员应熟悉掌握文明施工的规定。

三、现场文明施工的基本要求

1.施工现场必须设置明显的标牌，标明工程项目名称、建设单位、设计单位、施工单位、项目经理和施工现场总代表人的姓名、开、竣工日期、施工许可证批准文号等。施工单位负责施工现场标牌的保护工作。

2.施工现场的管理人员在施工现场应当佩戴证明其身份的证件。

3.应当按照施工总平面布置图设置各项临时设施。现场堆放的大宗材料、成品、半成品和机具设备不得侵占场内道路及安全防护等设施。

4.施工现场的用电线路、用电设施的安装和使用必须符合安装规范和安全操作规程，并按照施工组织设计进行架设，严禁任意拉线接电。施工现场必须设有保证施工安全要求的夜间照明；危险潮湿场所的照明以及手持照明灯具，必须采用符合安全要求的电压。

5.施工机械应当按照施工总平面布置图规定的位置和线路设置，不得任意侵占场内道路。施工机械进场须经过安全检查，经检查合格的方能使用。施工机械操作人员必须建立机组责任制，并依照有关规定持证上岗，禁止无证人员操作。

6.应保证施工现场道路畅通，排水系统处于良好的使用状态；保持场容场貌的整洁，随时清理建筑垃圾。在车辆、行人通行的地方施工，应当设置施工标志，并对沟井坎穴进行覆盖。

7.施工现场的各种安全设施和劳动保护器具，必须定期进行检查和维护，及时消除隐患，保证其安全有效。

8.施工现场应当设置各类必要的职工生活设施，并符合卫生、通风、照明等要求。职工的膳食、饮水供应等应当符合卫生要求。

9.应当做好施工现场安全保卫工作，采取必要的防盗措施，在现场周边设立围护设施。

10 在施工现场建立和执行防火管理制度，设置符合消防要求的消防设施，并保持完好的备用状态。在容易发生火灾的地区施工，或者储存、使用易燃易爆器材时，应当采取特殊的消防安全措施。

四、水利工程建设项目文明施工要求

创建文明建设工地是工程建设物质文明和精神文明建设的最佳结合点，是工程项目管理的中心环节，同时也是水利水电企业按照现代企业制度要求，加强企业管理，树立企业良好形象的需要。

（一）文明建设工地的基本条件

水利系统文明建设工地由项目法人负责申报。申报水利系统文明建设工地的项目应满足下列基本条件：

1.已完工程量一般应达全部建安工程量的30%以上。

2.工程未发生严重违法乱纪事件和重大质量、安全事故。

3.符合水利系统文明建设工地考核标准的要求。

（二）文明建设工地考核内容

1.工程建设管理水平考核

（1）基本建设程序；

（2）工程质量管理；

（3）施工安全措施；

（4）内部管理制度。

2.基本建设程序考核

（1）工程建设符合国家的政策、法规，严格按建设程序建设；

（2）按部有关文件实行招标投标制和建设监理制规范；

（3）工程实施过程中，能严格按合同管理，合理控制投资、工期、质量，验收程序符合要求；

（4）项目法人与监理、设计、施工单位关系融洽。

3.质量管理考核

（1）工程施工质量检查体系及质量保证体系健全；

（2）工地实验室拥有必要的检测设备；

（3）各种档案资料真实可靠，填写规范、完整；

（4）工程内在、外观质量优良，单元工程优良品率达到70%以上，未出现过重大质量事故；

（5）出现质量事故能按照四不放过原则及时处理。

4.施工安全措施考核

（1）建立了以责任制为核心的安全管理和保证体系，配备了专职或兼职安全员；

（2）认真贯彻国家有关施工安全的各项规定和标准，并制定了安全保证制度；

（3）施工现场无不符合安全操作规程状况；

（4）一般伤亡事故控制在标准内，未发生重大安全事故。

5.施工区环境考核

（1）现场材料堆放、施工机械停放有序、整齐；

（2）施工现场道路平整、畅通；

（3）施工现场排水畅通，无严重积水现象；

（4）施工现场做到工完场清，建筑垃圾集中堆放并及时清运；

（5）危险区域有醒目的安全警示牌，夜间作业要设警示灯；

（6）施工区与生活区应挂设文明施工标牌或文明施工规章制度；

（7）办公室、宿舍、食堂等公共场所整洁卫生、有条理；

（8）工区内社会治安环境稳定，未发生严重打架斗殴事件，无黄、赌、毒等社会丑恶现象；

（9）能注意正确协调处理与当地政府和周围群众关系。

第十章 水利工程发展战略与工程验收

第一节 水利工程发展战略的保障措施和政策

一、我国水利工程管理发展战略的支撑条件和保障措施

水利工程是国民经济和社会发展的重要基础设施，国家对水利工程管理发展的重视促进了水利工程事业的发展。因而为了我国水利工程管理战略的发展，国家应该开放政策，对于具备一定条件的重大水利工程，通过深化改革向社会投资敞开大门，建立权利平等、机会平等、规则平等的投资环境和合理的投资收益机制，放开增量，盘活存量，加强试点示范，鼓励和引导社会资本参与工程建设和运营，有利于优化投资结构，建立健全水利投入资金多渠道筹措机制；有利于引入市场竞争机制，提高水利管理效率和服务水平；有利于转变政府职能，促进政府与市场有机结合、两手发力；有利于加快完善水安全保障体系，支撑经济社会可持续发展，从而为促进我国建立一套完备的水利工程管理发展战略措施提供支撑条件和保障措施。

国家应从以下几个方面为我国水利工程管理的发展提供支撑条件和保障措施：

一是改进组织发动方式。进一步落实行政首长负责制，强化部门协作联动，完善绩效考核和问责问效机制，充分发挥政府主导和推动作用。

二是拓展资金投入渠道。在进一步增加公共财政投资和强化规划统筹整合的同时，落实和完善土地出让收益计提、民办公助、以奖代补、财政贴息、开发性金融支持等政策措施，鼓励和吸引社会资本投入水利建设。

三是创新建设管护模式。因地制宜推行水利工程代建制、设计施工总承包等专业化、社会化建设管理，扶持和引导农户、农民用水合作组织、新型农业经营主体等参与农田水利建设、运营与管理。

四是强化监督检查考核。加强对各地的督导、稽查、审计，及时发现问题并督促

整改落实，确保工程安全、资金安全、生产安全、干部安全。

五是加大宣传引导力度。充分利用广播、电视、报纸、网络等传统媒体和新媒体，大力宣传党中央、国务院兴水惠民政策举措，总结、推广基层经验，营造良好舆论氛围。

二、我国水利工程管理发展战略的相关政策

按照党中央、国务院的部署和要求，2015 年 3 月，国家发展改革委、财政部和水利部制定印发了《关于鼓励和引导社会资本参与重大水利工程建设运营的实施意见》（发改农经〔2015〕488 号，以下简称《意见》）。《意见》的印发实施，对于建立公平开放透明的市场规则，营造权利平等、机会平等、规则平等的投资环境，激发市场主体活力和潜力，建立健全水利投入资金多渠道筹措机制，加快重大水利工程建设，提高水利管理效率和服务水平，加快完善水安全保障体系，支撑经济社会可持续发展具有重要意义。

《意见》一是敞开大门鼓励社会资本进入。《意见》明确提出，除法律、法规、规章特殊规定的情形外，重大水利工程建设运营一律向社会资本开放。只要是社会资本，包括符合条件的各类国有企业、民营企业、外商投资企业、混合所有制企业，以及其他投资、经营主体愿意投入的重大水利工程，原则上应优先考虑由社会资本参与建设和运营。

二是明确社会资本参与方式。《意见》提出，要放开增量、盘活存量，盘活现有重大水利工程国有资产，筹得的资金用于新工程建设；对新建项目，要建立健全政府和社会资本合作（PPP）机制，鼓励社会资本以特许经营、参股控股等多种形式参与重大水利工程建设运营。其中，综合水利枢纽、大城市供排水管网的建设经营需按规定由中方控股。

三是推动完善价格形成机制。《意见》提出，完善主要由市场决定价格的机制，对社会资本参与的重大水利工程供水、发电等产品价格，探索实行由项目投资经营主体与用户协商定价。鼓励通过招标、电力直接交易等市场竞争方式确定发电价格。

四是发挥政府投资的引导带动作用。《意见》明确，对同类项目，中央水利投资优先支持引入社会资本的项目。公益性部分政府投入形成的资产归政府所有，同时可按规定不参与生产经营收益分配。鼓励发展支持重大水利工程的投资基金。

五是完善项目财政补贴管理。对承担一定公益性任务、项目收入不能覆盖成本和收益，但社会效益较好的政府和社会资本合作（PPP）重大水利项目，政府可对工程维修养护和管护经费等给予适当补贴。

六是明确投资经营主体的权利义务。《意见》提出，社会资本投资建设或运营管理重大水利工程，与政府投资项目享有同等政策待遇，不另设附加条件。项目投资经营主体应严格执行基本建设程序，建立健全质量安全管理体系和工程维修养护机制，按照协议约定的期限、数量、质量和标准提供产品或服务，依法承担防洪、抗旱、水资源节约保护等责任和义务，服从国家防汛抗旱、水资源统一调度，保障工程功能发挥和安全运行。

（一）明确参与范围和方式

1.拓宽社会资本进入领域

除法律、法规、规章特殊规定的情形外，重大水利工程建设运营一律向社会资本开放。只要是社会资本，包括符合条件的各类国有企业、民营企业、外商投资企业、混合所有制企业，以及其他投资、经营主体愿意投入的重大水利工程，原则上应优先考虑由社会资本参与建设和运营。鼓励统筹城乡供水，实行水源工程、供水排水、污水处理、中水回用等一体化建设运营。

2.合理确定项目参与方式

盘活现有重大水利工程国有资产，选择一批工程通过股权出让、委托运营、整合改制等方式，吸引社会

资本参与，筹得的资金用于新工程建设。对新建项目，要建立健全政府和社会资本合作（PPP）机制，鼓励社会资本以特许经营、参股控股等多种形式参与重大水利工程建设运营。其中，综合水利枢纽、大城市供排水管网的建设经营需按规定由中方控股。对公益性较强、没有直接收益的河湖堤防整治等水利工程建设项目，可通过与经营性较强项目组合开发、按流域统一规划实施等方式，吸引社会资本参与。

3.规范项目建设程序

重大水利工程按照国家基本建设程序组织建设。要及时向社会发布鼓励社会资本参与的项目公告和项目信息，按照公开、公平、公正的原则通过招标等方式择优选择投资方，确定投资经营主体，由其组织编制前期工作文件，报有关部门审查审批后实施。实行核准制的项目，按程序编制核准项目申请报告；实行审批制的项目，按程序编制审批项目建议书、可行性研究报告、初步设计，根据需要可适当合并简化审批环节。

4.签订投资运营协议

社会资本参与重大水利工程建设运营，县级以上人民政府或其授权的有关部门应与投资经营主体通过签订合同等形式，对工程建设运营中的资产产权关系、责权利关系、建设运营标准和监管要求、收入和回报、合同解除、违约处理、争议解决等内容予以明确。政府和投资者应对项目可能产生的政策风险、商业风险、环境风险、法律风险等进行充分论证，完善合同设计，健全纠纷解决和风险防范机制。

（二）完善优惠和扶持政策

1.保障社会资本合法权益。社会资本投资建设或运营管理重大水利工程，与政府投资项目享有同等政策待遇，不另设附加条件。社会资本投资建设或运营管理的重大水利工程，可按协议约定依法转让、转租、抵押其相关权益；征收、征用或占用的，要按照国家有关规定或约定给予补偿或者赔偿。

2.充分发挥政府投资的引导带动作用。重大水利工程建设投入，原则上按功能、效益进行合理分摊和筹措，并按规定安排政府投资。对同类项目，中央水利投资优先支持引入社会资本的项目。政府投资安排使用方式和额度，应根据不同项目情况、社会资本投资合理回报率等因素综合确定。公益性部分政府投入形成的资产归政府所有，

同时可按规定不参与生产经营收益分配。鼓励发展支持重大水利工程的投资基金，政府可以通过认购基金份额、直接注资等方式予以支持。

3.完善项目财政补贴管理

对承担一定公益性任务、项目收入不能覆盖成本和收益，但社会效益较好的政府和社会资本合作（PPP）重大水利项目，政府可对工程维修养护和管护经费等给予适当补贴。财政补贴的规模和方式要以项目运营绩效评价结果为依据，综合考虑产品或服务价格、建设成本、运营费用、实际收益率、财政中长期承受能力等因素合理确定、动态调整，并以适当方式向社会公示公开。

4.完善价格形成机制

完善主要由市场决定价格的机制，对社会资本参与的重大水利工程供水、发电等产品价格，探索实行由项目投资经营主体与用户协商定价。鼓励通过招标、电力直接交易等市场竞争方式确定发电价格。需要由政府制定价格的，既要考虑社会资本的合理回报，又要考虑用户承受能力、社会公众利益等因素；价格调整不到位时，地方政府可根据实际情况安排财政性资金，对运营单位进行合理补偿。

5.发挥政策性金融作用

加大重大水利工程信贷支持力度，完善贴息政策。允许水利建设贷款以项目自身收益、借款人其他经营性收入等作为还款来源，允许以水利、水电等资产作为合法抵押担保物，探索以水利项目收益相关的权利作为担保财产的可行性。积极拓展保险服务功能，探索形成"信贷＋保险"合作模式，完善水利信贷风险分担机制以及融资担保体系。进一步研究制定支持从事水利工程建设项目的企业直接融资、债券融资的政策措施，鼓励符合条件的上述企业通过IPO（首次公开发行股票并上市）、增发、企业债券、项目收益债券、公司债券、中期票据等多种方式筹措资金。

6.推进水权制度改革

开展水权确权登记试点，培育和规范水权交易市场，积极探索多种形式的水权交易流转方式，鼓励开展地区间、用水户间的水权交易，允许各地通过水权交易满足新增合理用水需求，通过水权制度改革吸引社会资本参与水资源开发利用和节约保护。依法取得取水权的单位或个人通过调整产品和产业结构、改革工艺、节水等措施节约水资源的，可在取水许可有效期和取水限额内，经原审批机关批准后，依法有偿转让其节约的水资源，在保障灌溉面积、灌溉保证率和农民利益的前提下，建立健全工农业用水水权转让机制。

7.落实建设用地指标

国家和各省（自治区、直辖市）土地利用年度计划要适度向重大水利工程建设倾斜，予以优先保障和安排项目库区（淹没区）等不改变用地性质的用地，可不占用地计划指标，但要落实耕地占补平衡。重大水利工程建设的征地补偿、耕地占补平衡实行与铁路等国家重大基础设施建设项目同等政策。

（三）落实投资经营主体责任

1.完善法人治理结构

项目投资经营主体应依法完善企业法人治理结构，健全和规范企业运行管理、产品和服务质量控制、财务、用工等管理制度，不断提高企业经营管理和服务水平改革完善项目国有资产管理和授权经营体制，以管资本为主加强国有资产监管，保障国有资产公益性、战略性功能的实现。

2.认真履行投资经营权利义务

项目投资经营主体应严格执行基本建设程序，落实项目法人责任制、招标投标制、建设监理制和合同管理制，对项目的质量、安全、进度和投资管理负总责，已通过招标方式选定的特许经营项目投资人依法能够自行建设、生产或者提供的，可以不进行招标。要建立健全质量安全管理体系和工程维修养护机制，按照协议约定的期限、数量、质量和标准提供产品或服务，依法承担防洪、抗旱、水资源节约保护等责任和义务，服从国家防汛抗旱、水资源统一调度。要严格执行工程建设运行管理的有关规章制度、技术标准，加强日常检查检修和维修养护，保障工程功能发挥和安全运行

（四）加强政府服务和监管

1.加强信息公开

发展改革、财政、水利等部门要及时向社会公开发布水利规划、行业政策、技术标准、建设项目等信息，保障社会资本投资主体及时享有相关信息。加强项目前期论证、征地移民、建设管理等方面的协调和指导，为工程建设和运营创造良好条件。积极培育和发展为社会投资提供咨询、技术、管理和市场信息等服务的市场中介组织。

2.加快项目审核审批

深化行政审批制度改革，建立健全重大水利项目审批部际协调机制，优化审核审批流程，创新审核审批方式，开辟绿色通道，加快审核审批进度。地方也要建立相应的协调机制和绿色通道。对于法律、法规没有明确规定作为项目审批前置条件的行政审批事项，一律放在审批后、开工前完成。

3.强化实施监管

水行政主管部门应依法加强对工程建设运营及相关活动的监督管理，维护公平竞争秩序，建立健全水利建设市场信用体系，强化质量、安全监督，依法开展检查、验收和责任追究，确保工程质量、安全和公益性效益的发挥。发展改革、财政、城乡规划、土地、环境等主管部门也要按职责依法加强投资、规划、用地、环保等监管。落实大中型水利水电工程移民安置工作责任，由移民区和移民安置区县级以上地方人民政府负责移民安置规划的组织实施。

4.落实应急预案

政府有关部门应加强对项目投资经营主体应对自然灾害等突发事件的指导，监督投资经营主体完善和落实各类应急预案。在发生危及或可能危及公共利益、公共安全等紧急情况时，政府可采取应急管制措施。

5.完善退出机制

政府有关部门应建立健全社会资本退出机制，在严格清产核资、落实项目资产处理和建设与运行后续方案的情况下，允许社会资本退出，妥善做好项目移交接管，确保水利工程的顺利实施和持续安全运行，维护社会资本的合法权益，保证公共利益不受侵害

6.加强后评价和绩效评价

开展社会资本参与重大水利工程项目后评价和绩效评价，建立健全评价体系和方式方法，根据评价结果，依据合同约定对价格或补贴等进行调整，提高政府投资决策水平和投资效益，激励社会资本通过管理、技术创新提高公共服务质量和水平。

7.加强风险管理

各级财政部门要做好财政承受能力论证，根据本地区财力状况、债务负担水平等合理确定财政补贴、政府付费等财政支出规模，项目全生命周期内的财政支出总额应控制在本级政府财政支出的一定比例内，减少政府不必要的财政负担。各省级发展改革委要将符合条件的水利项目纳入PPP项目库，及时跟踪调度、梳理汇总项目实施进展，并按月报送情况。各省级财政部门要建立PPP项目名录管理制度和财政补贴支出统计监测制度，对不符合条件的项目，各级财政部门不得纳入名录，不得安排各类形式的财政补贴等财政支出。

（五）做好组织实施

1.加强组织领导

各地要结合本地区实际情况，抓紧制订鼓励和引导社会资本参与重大水利工程建设运营的具体实施办法和配套政策措施。发展改革、财政、水利等部门要按照各自职责分工，认真做好落实工作。

2.开展试点示范

国家发展改革委、财政部、水利部选择一批项目作为国家层面联系的试点，加强跟踪指导，及时总结经验，推动完善相关政策，发挥示范带动作用，争取尽快探索形成可复制、可推广的经验。各省（区、市）和新疆生产建设兵团也要因地制宜选择一批项目开展试点。

3.搞好宣传引导

各地要大力宣传吸引社会资本参与重大水利工程建设的政策、方案和措施，宣传社会资本在促进水利发展，特别是在重大水利工程建设运营方面的积极作用，让社会资本了解参与方式、运营方式、盈利模式、投资回报等相关政策，稳定市场预期，为社会资本参与工程建设运营营造良好社会环境和舆论氛围。

三、完善我国水利工程管理体系的措施

（一）强化水利工程管理意识

水利工程管理水平的提升，需要有效的转变工程管理人员的观念，强化现代的水利工程管理意识。从传统的水利管理淡薄，转变为重视水利工程管理工作。要从思想入手从根本上解决问题，切实提高认识，改变"重建设轻管理"的观念，把工程工作的重心转移到工程管理上来，从而促进工程管理的发展，要树立可持续发展的水利工程管理，保证水资源的可持续发展，从而实现经济和社会的可持续发展的新思路。需要加快思想观念的转变，在水利工程管理工作中，管理者应该有效益管理的观念，在保证经济效益的同时要实现环境、社会和生态效益。在加强对水利资源保护的基础上，注意对水利资源进行合理开发和优化配置。要树立以人为本，服务人们的意识。水利工程建设及管理是为了人民群众的切实利益，保证人民群众的财产安全，提供安全可靠的防洪以及供水保障，并且水利管理者应该具备全面服务人民群众的思想，重视生态环境问题，实现人与自然和谐相处，最终实现水利工程经济、环境和社会效益的协调发展。

（二）强化水利工程管理体系的创新策略

在科技和产业革命的推动下，水利工程也由传统向现代全方位多层次的发生变化。水利工程建设行业自身是资本和技术密集型行业，科技和产业的创新始终贯穿于行业发展的全过程。强化水利工程管理体系创新策略不仅要求在水利工程建设过程中的科技和行业创新，而且还要求在管理方式中，要树立创新意识，始终将先进的、创新的管理理念贯穿在管理的全过程中。既要求科技和行业的创新推动管理的创新，又要管理主动创新推动行业创新。

（三）强化水利工程的标准化、精细化目标管理

通过对水管单位全面系统地考核，促进管理法规与技术标准的贯彻落实，强化安全管理、运行管理、经营管理和组织管理，并初步提高规范化管理的水平。水利工程管理体系的基本目标就是在保证水利设施完好无损的条件下，保证水利工程可以长期安全的作业，确保长期实现水利工程的效益。结合水利管理的情况，为了推进水利管理进程，实现水利管理的具体目标可以从以下方面做起：改革和健全水利工程管理，实现工程管理模式的创新，努力完善与市场经济要求相适应、符合水利工程管理特征以及发展规律的水利工程标准及其考核办法。

（四）强化公共服务、社会管理职能

水利工程肩负着我国涉水公共服务和社会管理的职能在水利工程管理过程中，要强化公共服务和社会管理的责任，特别是要进一步加强河湖工程与资源管理，以及工程管理范围内的涉水事务管理，维护河湖水系的引排调蓄能力，充分发挥河湖水系的

水安全、水资源、水环境功能，并为水生态修复创造条件。

（五）强化高素质人才队伍的培养

水管单位普遍存在技术人员偏少，学历层次偏低，技术力量薄弱，队伍整体素质不高等问题，难以适应工程管理现代化的需要随着水利事业的发展和科学技术的进步，水利工程管理队伍结构不合理、管理水平不高问题更为突出。迫切需要打造一支高素质、结构合理、适应工程管理现代化要求的水利工程管理队伍。制定人才培养规划；制定人才培养机制及科技创新激励机制；加大培训力度、大力培养和引进既掌握技术又懂管理的复合型人才；采取多种形式，培养一批能够掌握信息系统开发技术、精通信息系统管理、熟悉水利工程专业知识的多层次、高素质的信息化建设人才。

第二节　水利工程验收监督管理

一、水利水电工程验收的分类及工作内容

（一）工程验收的目的

1.考察工程的施工质量

通过对已完工程各个阶段的检查、试验，考核承包人的施工质量是否达到了设计和规范的要求，施工成果是否满足设计要求形成的生产或使用能力。通过各阶段的验收工作，及时发现和解决工程建设中存在的问题，以保证工程项目按照设计要求的各项技术经济指标正常投入运行。

2.明确合同责任

由于项目法人将工程的设计、监理、施工等工作内容通过合同的形式委托给不同的经济实体，项目法人与设计、监理、承包人都是经济合同关系，因此通过验收工作可以明确各方的责任。承包人在合同验收结束后可及时将所承包的施工项目交付项目法人照管，及时办理结算手续，减少自身管理费用。

3.规范建设程序，发挥投资效益

由于一些水利工程工期较长，其中某些能够独立发挥效益的子项目（如分期安装的电站、溢洪道等），需要提前投入使用。但根据验收规范要求，不经验收的工程不得投入使用，为保证工程提前发挥效益，需要对提前使用的工程进行验收。

（二）验收的分类

水利工程验收按照验收主持单位可分为法人验收和政府验收。

1.法人验收

法人验收包括分部工程验收、单位工程验收、水电站（泵站）中间机组启动验收、

合同工程完工验收等。

2.政府验收

政府验收包括阶段验收、枢纽工程导（截）流验收、水库下闸蓄水验收、引（调）排水工程通水验收、水电站（泵站）机组启动验收、部分工程投入使用验收、专项验收（征地移民工程验收、水土保持验收、环境工程验收、档案资料验收等）、竣工验收等。

3.验收主持单位

法人验收由项目法人（分部工程可委托监理机构）主持，勘测、设计、监理、施工、主要设备制造（供应）商组成验收工作组，运行管理单位可视具体情况而定。政府验收主持单位根据工程项目具体情况而不同，一般为政府的行业主管部门或项目主管单位。

（三）工程验收的主要依据和工作内容

1.工程验收的主要依据

（1）国家现行有关法律、法规、规章和技术标准。

（2）有关主管部门的规定。

（3）经批准的工程立项文件、初步设计文件、调整概算文件。

（4）经批准的设计文件及相应的工程变更文件。

（5）施工图纸及主要设备技术说明书等。

（6）施工合同。

2.工程验收的主要内容

（1）检查工程是否按照批准的设计进行建设。

（2）检查已完工程在设计、施工、设备制造安装等方面的质量及相关资料的收集、整理和归档情况。

（3）检查工程是否具备运行或进行下一阶段建设的条件。

（4）检查工程投资控制和资金使用情况。

（5）对验收遗留问题提出处理意见。

（6）对工程建设作出评价和结论。

二、法人验收

法人验收包括：分部工程验收、单位工程验收、水电站（泵站）中间机组启动验收、合同工程完工验收等。

（一）分部工程验收

1.分部工程验收工作组组成

分部工程验收应由项目法人（或委托监理机构）主持，验收工作组应由项目法人、勘测、设计、监理、施工、主要设备制造（供应）商等单位的代表组成。运行管理单位根据具体情况决定是否参加。对于大型枢纽工程主要建筑物的分部工程验收会议，质量监督单位宜列席参加。

2.验收工作组成员的资格

大型工程分部工程验收工作组成员应具有中级及以上技术职称或相应执业资格；其他工程的验收工作组成员应具有相应的专业知识或执业资格。参加分部工程验收的每个单位代表人数不宜超过2名。

3.分部工程验收应具备的条件

（1）所有单元工程已经完成。

（2）已完单元工程施工质量经评定全部合格，有关质量缺陷已处理完毕或有监理机构批准的处理意见。

（3）合同约定的其他条件。

4.分部工程验收的主要内容

（1）检查工程是否达到设计标准或合同约定标准的要求。

（2）评定工程施工质量等级。

（3）对验收中发现的问题提出处理意见。

5.分部工程验收的程序

（1）分部工程具备验收条件时，由承包人向项目法人提交验收申请报告项目法人应在收到验收申请报告之日起10个工作日内决定是否同意进行验收。

（2）进行分部工程验收时，验收工作组听取承包人工程建设和单元工程质量评定情况的汇报。

（3）现场检查工程完成情况和工程质量。

（4）检查单元工程质量评定及相关档案资料。

（5）讨论并通过分部工程验收鉴定书，验收工作组成员签字；如有遗留问题应有书面记录并有相关责任单位代表签字；书面记录随验收鉴定书一并归档。

6.其他

项目法人应在分部工程验收通过之日起10个工作日内，将验收质量结论和相关资料报质量监督机构核备。大型枢纽工程主要建筑物分部工程的验收质量结论应报质量监督机构核定。质量监督机构应在收到验收结论之日起20个工作日内，将核备（定）意见书反馈项目法人。项目法人在验收通过30个工作日内，将验收鉴定书分发有关单位。

（二）单位工程验收

1.单位工程验收工作组组成

单位工程验收应由项目法人主持，验收工作组应由项目法人、勘测、设计、监理、施工、主要设备制造（供应）商、运行管理等单位的代表组成。必要时可邀请上述单位以外的专家参加。

2.验收工作组成员的资格

单位工程验收工作组成员应具有中级及以上技术职称或相应执业资格。每个单位代表人数不宜超过3名。

3.单位工程验收应具备的条件

（1）所有分部工程已完建并验收合格。

（2）分部工程验收遗留问题已处理完毕并通过验收，未处理的遗留问题不影响单位工程质量评定并有处理意见。

（3）合同约定的其他条件。

4.单位工程验收的主要内容

（1）检查工程是否按照批准的设计的内容完成。

（2）评定工程施工质量等级。

（3）检查分部工程验收遗留问题处理情况及相关记录。

（4）对验收中发现的问题提出处理意见。

5.单位工程验收的程序

（1）单位工程具备验收条件时，由承包人向项目法人提交验收申请报告项目法人应在收到验收申请报告之日起10个工作日内决定是否同意进行验收。项目法人决定验收时，还应提前通知质量和安全监督机构，质量监督和安全监督机构应派员列席参加验收会议。

（2）进行单位工程验收时，验收工作组听取参建单位工程建设有关情况的汇报。

（3）现场检查工程完成情况和工程质量。

（4）检查分部工程验收有关文件及相关档案资料。

（5）讨论并通过单位工程验收鉴定书，验收工作组成员签字；如有遗留问题需书面记录并由相关责任单位代表签字；书面记录随验收鉴定书一并归档。

6.其他

（1）需要提前投入使用的单位工程应进行单位工程投入使用验收。验收主持单位为项目法人，根据具体情况，经验收主持单位同意，单位工程投入使用验收也可由竣工验收主持单位或其委托的单位主持。

（2）项目法人应在单位工程验收通过10个工作日内，将验收质量结论和相关资料报质量监督机构核定。质量监督机构应在收到验收结论之日起20个工作日内，将核备（定）意见书反馈项目法人。项目法人在验收通过30个工作日内，将验收鉴定书分发有关单位。

（三）合同工程完工验收

1.合同工程验收工作组组成

合同工程验收应由项目法人主持，验收工作组应由项目法人、勘测、设计、监理、施工、主要设备制造（供应）商等单位的代表组成。

2.合同工程验收应具备的条件

（1）合同范围内的工程项目和工作已按合同约定完成。

（2）工程已按规定进行了有关验收。

（3）观测仪器和设备已测得初始值及施工期各项观测值。

（4）工程质量缺陷已按要求进行处理。

第十章 水利工程发展战略与工程验收

（5）工程完工结算已完成。

（6）施工现场已经进行清理。

（7）需移交项目法人的档案资料已按要求整理完毕。

（8）合同约定的其他条件。

3.合同工程验收的主要内容

（1）检查合同范围内工程项目和工作完成情况。

（2）检查施工现场清理情况。

（3）检查已投入使用工程运行情况。

（4）检查验收资料整理情况。

（5）鉴定工程施工质量。

（6）检查工程完工结算情况。

（7）检查历次验收遗留问题的处理情况。

（8）对验收中发现的问题提出处理意见。

（9）确定合同工程完工日期。

（10）讨论并通过合同工程完工验收鉴定书。

4.合同工程验收的程序

合同工程具备验收条件时，由承包人向项目法人提交验收申请报告。项目法人应在收到验收申请报告之日起20个工作日内决定是否同意进行验收。

5.其他

项目法人应在合同工程验收通过30个工作日内，将验收鉴定书分发有关单位，并报送法人验收监督管理机关备案。

三、阶段验收

（一）阶段验收的一般规定

1.阶段验收应包括枢纽工程导（截）流验收、水库下闸蓄水验收、引（调）排水工程通水验收、水电站（泵站）首（末）台机组启动验收、部分工程投入使用验收，以及竣工验收主持单位根据工程建设需要增加的其他验收。

2.阶段验收应由竣工验收主持单位或其委托的单位主持。其验收委员会应由验收主持单位、质量和安全监督机构、运行管理单位的代表以及有关专家组成；必要时可邀请地方人民政府以及有关部门的代表参加。工程参建单位应派代表参加阶段验收，并作为被验收单位在验收鉴定书上签字。

3.工程建设具备阶段验收条件时，项目法人应提出阶段验收申请报告，阶段验收申请报告应由法人验收监督管理机关审查后转报竣工验收主持单位，竣工验收主持单位应自收到申请报告之日起20个工作日内决定是否同意进行阶段验收。

- 225 -

（二）阶段验收的主要内容

1. 检查已完工程的形象面貌和工程质量。

2. 检查在建工程的建设情况。

3. 检查未完工程的计划安排和主要技术措施落实情况，以及是否具备施工条件。

4. 检查拟投入使用的工程是否具备运行条件。

5. 检查历次验收遗留问题的处理情况。

6. 鉴定已完工程施工质量。

7. 对验收中发现的问题提出处理意见。

8. 讨论并通过阶段验收鉴定书。

（三）枢纽工程导（截）流验收

1. 导（截）流验收应具备的条件

（1）导流工程已基本完成，具备过流条件，投入使用（包括采取措施后）不影响其他后续工程继续施工。

（2）满足截流要求的水下隐蔽工程已完成。

（3）截流设计已获批准，截流方案已编制完成，并做好各项准备工作。

（4）工程度汛方案已经由有管辖权的防汛指挥部门批准，相关措施已落实。

（5）截流后壅高水位以下的移民搬迁安置和库底清理已完成并通过验收。

（6）有航运功能的河道，碍航问题已得到解决。

2. 导（截）流验收包括的主要内容

（1）检查已完水下工程、隐蔽工程、导（截）流工程是否满足导（截）流要求。

（2）检查建设征地、移民搬迁安置和库底清理完成情况。

（3）审查截流方案，检查导（截）流措施和准备工作落实情况。

（4）检查为解决碍航等问题而采取的工程措施落实情况。

（5）鉴定与截流有关的已完工程施工质量。

（6）对验收中发现的问题提出处理意见。

（7）讨论并通过阶段验收鉴定书。

（四）水库下闸蓄水验收

1. 下闸蓄水验收应具备的条件

（1）挡水建设物的形象面貌满足蓄水位的要求。

（2）蓄水淹没范围内的移民搬迁安置和库底清理已完成并通过验收。

（3）蓄水后需要投入使用的泄水建筑物已基本完成，具备过流条件。

（4）有关观测仪器、设备已按设计要求安装和调试，并已测得初始值和施工期观测值。

（5）蓄水后未完工程的建设计划和施工措施已落实。

（6）蓄水安全鉴定报告已提交。

（7）蓄水后可能影响工程安全运行的问题已处理，有关重大技术问题已有结论。

（8）蓄水计划、导流洞封堵方案等已编制完成，并做好各项准备工作。

（9）年度度汛方案（包括调度运用方案）已经由有管辖权的防汛指挥部门批准，相关措施已落实。

2. 下闸蓄水验收的主要内容

（1）检查已完工程是否满足蓄水要求。

（2）检查建设征地、移民搬迁安置和库底清理完成情况。

（3）检查近坝库岸处理情况。

（4）检查蓄水准备工作落实情况。

（5）鉴定与蓄水有关的已完工程施工质量。

（6）对验收中发现的问题提出处理意见。

（7）讨论并通过阶段验收鉴定书。

（五）引（调）排水工程通水验收

1. 通水验收应具备的条件

（1）引（调）排水建筑物的形象面貌满足通水的要求。

（2）通水后未完工程的建设计划和施工措施已落实。

（3）引（调）排水位以下的移民搬迁安置和障碍物清理已完成并通过验收。

（4）引（调）排水的调度运用方案已编制完成；度汛方案已得到有管辖权的防汛指挥部门批准，相关措施已落实。

2. 通水验收的主要内容

（1）检查已完工程是否满足通水的要求。

（2）检查建设征地、移民搬迁安置和清障完成情况。

（3）检查通水准备工作落实情况。

（4）鉴定与通水有关的工程施工质量。

（5）对验收中发现的问题提出处理意见。

（6）讨论并通过阶段验收鉴定书。

（六）水电站（泵站）机组启动验收

1. 启动验收的主要工作

机组启动试运行工作组应进行的主要工作如下：

（1）审查批准承包人编制的机组启动试运行试验文件和机组启动试运行操作规程等。

（2）检查机组及相应附属设备安装、调试、试验以及分部试验运行情况，决定是否进行充水试验和空载试运行。

（3）检查机组充水试验和空载试运行情况。

（4）检查机组带主变压器与高压配电装置试验和并列及符合试验情况，决定是否进行机组带负荷连续运行。

（5）检查机组带负荷连续运行情况。

（6）检查带负荷连续运行结束后处理情况。

（7）审查承包人编写的机组带负荷连续运行情况报告。

2.机组带负荷连续运行的条件

机组带负荷连续运行应符合以下条件：

（1）水电站机组带额定负荷连续运行时间为72h；泵站机组带额定负荷连续运行时间为24h或7天内累计运行时间为48h，包括机组无故障停机次数不少于3次。

（2）受水位或水量限制无法满足上述要求时，经过项目法人组织论证并提出专门报告报验收主持单位批准后，可适当降低机组启动运行负荷以及减少连续运行的时间。

3.技术预验收

在首（末）台机组启动验收前，验收主持单位应组织进行技术预验收，技术预验收应在机组启动试运行后进行。

4.技术预验收应具备的条件

（1）与机组启动运行有关的建筑物基本完成，满足机组启动运行要求。

（2）与机组启动运行有关的金属结构及启闭设备安装完成，并经过调试合格，可满足机组启动运行要求。

（3）过水建筑物已具备过水条件，满足机组启动运行要求。

（4）压力容器、压力管道以及消防系统等已通过有关主管部门的检测或验收。

（5）机组、附属设备以及油、水、气等辅助设备安装完成，经调试合格并经分部试运转，满足机组启动运行要求。

（6）必要的输配电设备安装调试完成，并通过电力部门组织的安全性评价或验收，送（供）电准备工作已就绪，通信系统满足机组启动运行要求。

（7）机组启动运行的测量、监测、控制和保护等电气设备已安装完成并调试合格。

（8）有关机组启动运行的安全防护措施已落实，并准备就绪

（9）按设计要求配备的仪器、仪表、工具及其他机电设备已能满足机组启动运行的需要。

（10）机组启动运行操作规程已编制，并得到批准。

（11）水库水位控制与发电水位调度计划已编制完成，并得到相关部门的批准。

（12）运行管理人员的配备可满足机组启动运行的要求。

（13）水位和引水量满足机组启动运行最低要求。

（14）机组按要求完成带负荷连续运行。

5.技术预验收的主要内容

（1）听取有关建设、设计、监理、施工和试运行情况报告。

（2）检查评价机组及其辅助设备质量、有关工程施工安装质量；检查试运行情况和消缺处理情况。

（3）对验收中发现的问题提出处理意见。

（4）讨论形成机组启动技术预验收工作报告。

6.首（末）台机组启动验收应具备的条件

（1）技术预验收工作报告已提交。

（2）技术预验收工作报告中提出的遗留问题已处理。

7.首（末）台机组启动验收的主要内容

（1）听取工程建设管理报告和技术预验收工作报告。

（2）检查机组和有关工程施工和设备安装以及运行情况。

（3）鉴定工程施工质量。

（4）讨论并通过机组启动验收鉴定书。

（七）部分工程投入使用验收

主要是指项目施工工期因故拖延，并预期完成计划不确定的工程项目，部分已完成工程需要投入使用的，应进行部分工程投入使用验收。

在部分工程投入使用验收申请报告中，应包含项目施工工期拖延的原因、预期完成计划的有关情况和部分已完成工程提前投入使用的理由等内容。

1.部分工程投入使用验收应具备的条件

（1）拟投入使用工程已按批准设计文件规定的内容完成并已通过相应的法人验收。

（2）拟投入使用工程已具备运行管理条件。

（3）工程投入使用后，不影响其他工程正常施工，且其他工程施工不影响拟投入使用工程安全运行（包括采取防护措施）。

（4）项目法人与运行管理单位已签订工程提前使用协议。

（5）工程调度运行方案已编制完成；度汛方案已经由有管辖权的防汛指挥部门批准，相关措施已落实。

2.部分工程投入使用验收的主要内容

（1）检查拟投入使用工程是否已按批准设计完成。

（2）检查工程是否已具备正常的运行条件。

（3）鉴定工程施工质量。

（4）检查工程的调度运用、度汛方案落实情况。

（5）对验收中发现的问题提出处理意见。

（6）讨论并通过部分工程投入使用验收鉴定书。

四、专项验收

水利工程的专项验收一般分为档案资料验收、征地移民工程验收、环境工程验收、消防工程等。专项验收主持单位应按国家和相关行业的有关规定确定。

（一）档案资料专项验收

1.档案验收应具备的条件

（1）项目主体工程、辅助工程和公用设施，已按批准的设计文件要求建成，各项指标已达到设计能力并满足一定运行条件。

（2）项目法人与各参建单位已基本完成应归档文件材料的收集、整理、归档和移交工作。

（3）监理单位对本单位和主要承包人提交的工程档案的整理情况与内在质量进行了审核，认为已达到验收标准，并提交了专项审核报告。

（4）项目法人基本实现了对项目档案的集中统一管理，且按要求完成了自检工作，并达到了规定的评分标准合格以上分数。

2. 档案验收申请

（1）档案验收申请的内容：项目法人开展档案自检工作的情况说明、自检得分数、自检结论等内容，并附以项目法人的档案自检工作报告和监理单位专项审核报告

（2）档案自检工作报告的主要内容：工程概况，工程档案管理情况，文件材料收集、整理、归档与保管情况，竣工图编制与整理情况，档案自检工作的组织情况，对自检或以往阶段验收发现问题的整改情况，按照规定的评分标准自检得分与扣分情况，目前仍存在的问题，对工程档案完整、准确、系统性的自我评价等内容。

（3）专项审核报告的主要内容：监理单位履行审核责任的组织情况，对监理和承包人提交的项目档案审核、把关情况，审核档案的范围、数量，审核中发现的主要问题与整改情况，对档案内容与整理质量的综合评价，目前仍存在的问题，审核结果等内容。

3. 验收组织

（1）档案验收由项目竣工验收主持单位的档案业务主管部门负责组织。

（2）档案验收的组织单位，应对申请验收单位报送的材料进行认真审核，并根据项目建设规模及档案收集、整理的实际情况，决定先进行预验收或直接进行验收。对预验收合格或直接进行验收的项目，应在收到验收申请后的 40 个工作日内组织验收。

（3）档案验收的组织单位应会同国家或地方档案行政管理部门成立档案验收组进行验收。验收组成员，一般应包括档案验收组织单位的档案部门、国家或地方档案行政管理部门、有关流域机构和地方水行政主管部门的代表及有关专家。

（4）档案验收应形成验收意见。验收意见须经验收组 2/3 以上成员同意，并履行签字手续，注明单位、职务、专业技术职称。验收成员对验收意见有异议的，可在验收意见中注明个人意见并签字确认。验收意见应由档案组织单位印发给申请验收单位，并报国家或省级档案行政管理部门备案。

4. 档案验收会议主要议程

（1）验收组组长宣布验收会议文件及验收组组成人员名单。

（2）项目法人汇报工程概况和档案管理与自检情况。

（3）监理单位汇报工程档案审核情况。

（4）已进行预验收的，由预验收组织单位汇报预验收意见及有关情况。

（5）验收组对汇报有关情况提出质询，并察看工程建设现场。

（6）验收组检查工程档案管理情况，并按比例抽查已归档文件材料。

（7）验收组结合检查情况按验收标准逐项赋分，并进行综合评议、讨论，形成档案验收意见。

（8）验收组与项目法人交换意见，通报验收情况。

（9）验收组组长宣读验收意见。

5.档案验收意见的内容

（1）前言（验收会议的依据、时间、地点及验收组组成情况，工程概况，验收工作的步骤、方法与内容简述）。

（2）档案工作基本情况：工程档案工作管理体制与管理状况。

（3）文件材料的收集、整理质量，竣工图的编制质量与整理情况，已归档文件材料的种类与数量。

（4）工程档案的完整、准确、系统性评价。

（5）存在问题及整改要求。

（6）得分情况及验收结论。

（7）附件：档案验收组成员签字表。

（二）征地移民专项验收

征地移民工程是水利工程中重要的组成部分，做好征地移民工程的验收工作对主体工程发挥效益具有重要的意义。

1.征地移民验收应具备的条件

（1）移民工程已按批准设计文件规定的内容完成，并已通过相应的验收。

（2）移民全部搬迁，并按照移民规划全部安置完毕。

（3）征地和移民各项补偿费全部足额到位，并下发到移民户。

（4）土地征用的各项手续齐全。

（5）征地移民中遗留问题全部处理完毕，或已经落实。

2.征地移民验收的主要内容

（1）检查移民工程是否按照批准设计完成，工程质量是否满足设计要求。

（2）检查移民搬迁安置是否全部完成。

（3）检查征地移民各项补偿费用是否足额到位，并是否下发到移民户

（4）检查征地的各项手续是否齐全。

（5）对验收中发现的问题提出处理意见。

（6）讨论并通过阶段验收鉴定书。

（三）其他专项工程验收

环保工程、消防工程的验收按照国家和相关行业的规定进行。

在上述工程完成后，项目法人应按照国家和相关行业主管部门的规定，向有关部门提出专项验收申请报告，并做好有关准备和配合工作。

专项验收成果性文件是工程竣工验收成果文件的组成部分，项目法人提交竣工验收申请报告时，应附相关专项验收成果性文件复印件。

五、竣工验收

（一）竣工验收的一般规定

1.竣工验收应在工程建设项目全部完成并满足一定运行条件后1年内进行。不能按期进行竣工验收的，经竣工验收主持单位同意，可适当延长期限，但不应超过6个月。一定运行条件是指：

（1）泵站工程经过一个排水或抽水期。

（2）河道疏浚工程完成后。

（3）其他工程经过6个月（经过一个汛期）至12个月。

2.工程具备验收条件时，项目法人应提出竣工验收申请报告。竣工验收申请报告应由法人验收监督管理机关审查后转报竣工验收主持单位。

3.工程未能按期进行竣工验收的，项目法人应向竣工验收主持单位提出延期竣工验收专题申请报告。申请报告应包括延期竣工验收的主要原因及计划延长的时间等内容。

4.项目法人编制竣工财务决算后，应报送竣工验收主持单位财务部门进行审查和审计部门进行竣工审计。审计部门应出具竣工审计意见。项目法人应对审计意见中提出的问题进行整改并提交整改报告。

5.竣工验收应具备如下条件：

（1）工程已按设计全部完成。

（2）工程重大设计变更已经有审批权的单位批准。

（3）各单位工程能正常运行。

（4）历次验收所发现的问题已基本处理完毕。

（5）各专项验收已通过。

（6）工程投资已全部到位。

（7）竣工财务决算已通过竣工审计，审计意见中提出的问题已整改并提交了整改报告。

（8）运行管理单位已明确，管理养护经费已基本落实。

（9）质量和安全监督工作报告已提交，工程质量达到合格标准。

（10）竣工验收资料已准备就绪。

6.工程少量建设内容未完成，但不影响工程正常运行，且能符合财务有关规定，项目法人已对尾工作出安排，经竣工验收主持单位同意，可进行竣工验收。

7.竣工验收的程序如下：

（1）项目法人组织进行竣工验收自查。

（2）项目法人提交竣工验收申请报告。

（3）竣工验收主持单位批复竣工验收申请报告。

（4）进行竣工技术预验收。

（5）召开竣工验收会议。

（6）印发竣工验收鉴定书。

（二）竣工验收自查

1.申请竣工验收前，项目法人应组织竣工验收自查。自查工作应由项目法人主持，勘测、设计、监理、施工、主要设备制造（供应）商以及运行管理等单位的代表参加。

2.竣工验收自查报告应包括以下主要内容：

（1）检查有关单位的工作报告。

（2）检查工程建设情况，评定工程项目施工质量等级。

（3）检查历次验收、专项验收的遗留问题和工程初期运行所发现问题的处理情况。

（4）确定工程尾工内容及其完成期限和责任单位。

（5）对竣工验收前应完成的工作作出安排。

（6）讨论并通过竣工验收自查工作报告。

3.项目法人组织工程竣工验收自查前，应提前10个工作日通知质量和安全监督机构，同时向法人验收监督管理机关报告。质量和安全监督机构应派员列席自查工作会议。

4.项目法人应在完成竣工验收自查工作之日起10个工作日内，将自查的工程项目质量结论和相关资料报质量监督机构。

5.参加竣工验收自查的人员应在自查工作报告上签字。项目法人应自竣工验收自查工作报告通过之日起30个工作日内，将自查报告报法人验收监督管理机关。

（三）工程质量抽样检测

1.根据竣工验收的需要，竣工验收主持单位可以委托具有相应资质的工程质量检测单位对工程质量进行抽样检测。项目法人应与工程质量检测单位签订工程质量检测合同。检测所需费用由项目法人列支，质量不合格工程所发生的检测费用由责任单位承担。

2.工程质量检测单位不应与参与工程建设的项目法人、设计、监理、施工、设备制造（供应）商等单位隶属同一经营实体。

3.根据竣工验收主持单位的要求和项目的具体情况，项目法人应负责提出工程质量抽样检测的项目、内容、数量，经质量监督机构审核后报竣工验收主持单位核定。

4.工程质量检测单位应按有关技术标准对工程进行质量检测，按合同要求及时提出质量检测报告并对检测结论负责任。项目法人应自收到检测报告10个工作日内将检测报告报竣工验收主持单位。

5.对抽样检测中发现的质量问题，应及时组织有关单位研究处理。在影响工程安全运行以及使用功能的质量问题未处理完毕前，不应进行竣工验收。

（四）竣工技术预验收

1.竣工技术预验收由竣工验收主持单位组织的专家组负责。技术预验收专家组成员应具有高级技术职称或相关职业资格，成员2/3以上应来自工程非参建单位。工程参建单位的代表应参加技术预验收，负责回答专家组提出的问题。

2.竣工技术预验收专家组可下设专业工作组，并在各专业工作组检查意见的基础上形成竣工技术预验收工作报告。

3.竣工技术预验收

（1）检查工程是否按批准的设计完成。

（2）检查工程是否存在质量隐患和影响工程安全运行的问题。

（3）检查历次验收、专项验收的遗留问题和工程初期运行中所发现的问题的处理情况。

（4）对工程重大技术问题作出评价。

（5）检查工程尾工安排情况。

（6）鉴定工程施工质量。

（7）检查工程投资、财务情况。

（8）对验收中发现的问题提出处理意见。

4.竣工技术预验收的程序

（1）现场检查工程建设情况并查阅有关工程建设资料。

（2）听取项目法人、设计、监理、施工、质量和安全监督机构、运行管理等单位工作报告。

（3）听取竣工验收技术鉴定报告和工程质量抽样检测报告。

（4）专业工作组讨论并形成各专业工作组意见。

（5）讨论并通过竣工技术预验收工作报告。

（6）讨论并形成竣工验收鉴定书初稿。

（五）竣工验收

1.竣工验收委员会可设主任委员1名，副主任委员以及委员若干名，主任委员应由验收主持单位代表担任。竣工验收委员会应由竣工验收主持单位、有关地方人民政府和部门、有关水行政主管部门和流域管理机构、质量和安全监督机构、运行管理单位的代表以及有关专家组成。

2.项目法人、勘测、设计、监理、施工和主要设备制造（供应）商等单位应派代表参加竣工验收，负责解答验收委员会提出的问题，并作为被验收单位代表在验收鉴定书上签字。

3.竣工验收会议的主要内容和程序

（1）现场检查工程建设情况及查阅有关资料。

（2）召开大会，会议包括以下议程：

宣布验收委员会组成人员名单；

观看工程建设声像资料；

听取工程建设管理工作报告；

听取竣工技术预验收工作报告；

听取验收委员会确定的其他报告；

讨论并通过竣工验收鉴定书；

验收委员会和被验单位代表在竣工验收鉴定书上签字。

4. 工程项目质量达到合格以上等级的，竣工验收的质量结论意见应为合格。

5. 竣工验收鉴定书数量应按验收委员会组成单位、工程主要参建单位各 1 份以及归档所需要份数确定。自鉴定书通过之日起 30 个工作日内，应由竣工验收主持单位发送有关单位。

参考文献

[1] 赵永前 . 水利工程施工质量控制与安全管理 [M]. 郑州：黄河水利出版社，2020.

[2] 王伟灵 . 中小型水利工程质量监督实践与示例 [M]. 北京：中国水利水电出版社，2019.

[3] 郭海，彭立前 . 水利水电混凝土工程单元工程施工质量验收评定表实例及填表说明 [M]. 北京：中国水利水电出版社，2019.

[4] 陈三潮，关晓明，张荣贺 . 水利水电工程安全监测、计算机监控及通信系统安装单元工程施工质量评定表实例及填表说明 [M]. 沈阳：辽宁科学技术出版社，2019.

[5] 姬志军，邓世顺 . 水利工程与施工管理 [M]. 哈尔滨：哈尔滨地图出版社，2019.

[6] 孙玉玥，姬志军，孙剑 . 水利工程规划与设计 [M]. 长春：吉林科学技术出版社，2019.

[7] 曹广稳 . 水利工程质量管理研究 [M]. 北京：中国国际广播出版社，2018.

[8] 郭海，彭立前 . 水利水电水工金属结构安装工程单元工程施工质量验收评定表实例及填表说明 [M]. 北京：中国水利水电出版社，2018.

[9] 胡春涛 . 水利工程质量检测技术 [M]. 昆明：云南科技出版社，2017.

[10] 陆维杰，徐志远 . 水利水电工程单元工程施工质量验收评定表填写指导与示例 [M]. 北京：新华出版社，2017.

[11] 刘儒博 . 校企合作特色教材水利水电工程施工质量监控技术 [M]. 北京：中国水利水电出版社，2017.

[12] 苗兴皓，高峰 . 水利工程施工技术 [M]. 北京：中国环境出版社，2017.

[13] 曾光宇，王鸿武 . 水利水安全与经济建设保障 [M]. 昆明：云南大学出版社，2017.

[14] 唐荣桂 . 水利工程运行系统安全 [M]. 镇江：江苏大学出版社，2020.

[15] 王仁龙 . 水利工程混凝土施工安全管理手册 [M]. 北京：中国水利水电出版社，2020.

[16] 罗永席 . 水利水电工程现场施工安全操作手册 [M]. 哈尔滨：哈尔滨出版社，

2020.

[17] 王东升，徐培蓁．水利水电工程施工安全生产技术 [M].北京：中国建筑工业出版社，2019.

[18] 张莹，王东升．水利水电工程机械安全生产技术 [M].北京：中国建筑工业出版社，2019.

[19] 王东升，苗兴皓．水利水电工程建设从业人员安全培训丛书水利水电工程安全生产管理 [M].北京：中国建筑工业出版社，2019.

[20] 鲁杨明，赵铁斌，赵峰．水利水电工程建设与施工安全 [M].海口：南方出版社，2018.

[21] 王东升，王海洋．水利水电工程安全生产法规与管理知识 [M].徐州：中国矿业大学出版社有限责任公司，2018.

[22] 贺小明．水利水电工程建设安全生产资格考核培训指导书 [M].北京：中国水利水电出版社，2018.

[23] 王海雷，王力，李忠才．水利工程管理与施工技术 [M].北京：九州出版社，2018.

[24] 高占祥．水利水电工程施工项目管理 [M].南昌：江西科学技术出版社，2018.

[25] 沈凤生．节水供水重大水利工程规划设计技术 [M].郑州：黄河水利出版社，2018.

[26] 邱祥彬．水利水电工程建设征地移民安置社会稳定风险评估 [M].天津：天津科学技术出版社，2018.

[27] 冯旭，芦琴．校企合作特色教材水利水电工程施工安全监控技术 [M].北京：中国水利水电出版社，2017.

[28] 尚永立，杜全兵，张金刚．水利工程与安全施工 [M].长春：吉林大学出版社，2017.

[29] 刘学应，王建华．水利工程施工安全生产管理 [M].北京：中国水利水电出版社，2017.

[30] 孔晓．水利水电工程安全管理指南 [M].天津：天津科学技术出版社，2017.